互联网＋职业技能系列微课版创新教材

Animate
动画制作实训教程

束开俊　陈亚玲　编著

北京希望电子出版社
Beijing Hope Electronic Press
www.bhp.com.cn

内 容 简 介

随着"互联网＋"时代的到来，职业教育和互联网技术日益融合发展。为提升职业院校培养高素质技能人才的教学能力，现推出"互联网＋职业技能系列微课版创新教材"。

本书采用知识点配套项目微课方式进行讲解，将理论知识与操作技巧有效地结合起来。全书分为 5 章，主要内容包括初识动画、原画设计、动画制作、代码实现和后期加工，对 Animate 的镜头运用、时间调度、特效表现等有较为深入的解析。本书结构清晰，知识点集中，案例覆盖标志设计、角色设计、场景设计、广告设计、电子相册设计、网页设计、手机 APP 界面设计等多个领域，可以帮助读者加深对核心知识点的理解和掌握。

本书适合应用型本科院校、职业院校、技工学校、培训机构作为教材使用，也适合对 Animate 有兴趣的读者自学参考。

为帮助读者更好地学习，本书提供配套微课视频文件、案例素材文件和源文件，读者可通过扫描书中和封底的二维码获取相关文件。

图书在版编目（CIP）数据

Animate 动画制作实训教程 / 束开俊，陈亚玲编著.
--北京：北京希望电子出版社，2022.9
互联网＋职业技能系列微课版创新教材
ISBN 978-7-83002-841-1

I. ①A… II. ①束… ②陈… III. ①动画制作软件—教材 IV. ①TP391.414

中国版本图书馆 CIP 数据核字（2022）第 159714 号

出版：北京希望电子出版社	封面：汉字风
地址：北京市海淀区中关村大街 22 号	编辑：李小楠
中科大厦 A 座 10 层	校对：付寒冰
邮编：100190	开本：787mm×1092mm 1/16
网址：www.bhp.com.cn	印张：16.25
电话：010-82626227	字数：385 千字
传真：010-62543892	印刷：北京昌联印刷有限公司
经销：各地新华书店	版次：2022 年 10 月 1 版 1 次印刷

定价：43.00 元

编 委 会

PREFACE 前言

Animate是一款专业的交互式动画制作软件，可用于构建游戏环境、设计启动画面并集成音频，将动画作为增强现实体验进行共享，在应用程序中完成资源设计和编码工作。借助 Animate，可以将动画快速发布到各平台（包括 HTML5 Canvas、WebGL、Flash/Adobe AIR ，以及SVG 的自定义平台），并推送到受众的桌面、移动设备和电视上。

本书为"互联网＋职业技能系列微课版创新教材"系列丛书之一，是关于Animate动画制作的实战教程，以"案例实训为主，知识讲解为辅"的教学方式为主导，由浅入深地组织知识内容，全面、系统地讲解了Animate的核心功能，案例覆盖标志设计、角色设计、场景设计、广告设计、电子相册设计、网页设计、手机APP界面设计等多个领域，对Animate的镜头运用、时间调度、特效表现等有较为深入的解析，内容丰富，结构清晰，图例精美，语言通俗易懂。针对Animate的版本升级，本书还增加了对骨骼工具、字体嵌入等知识的扩展讲解，可以切实满足读者对于新技术的需求。通过学习本书，读者可以触类旁通，举一反三。

本书旨在培养能够掌握视觉设计、创意设计和数字媒体应用开发等技能的创新型人才，使其能够灵活使用Animate，将Animate作为创建动画及多媒体效果的理想开发环境，并与其他工具无缝协作。本书分为5章，分别为初识动画、原画设计、动画制作、代码实现和后期加工，重要知识点包括动画基础，工具和绘图，帧和关键帧，传统补间、补间动画、补间形状，逐帧动画，引导层和遮罩层，脚本语言等。本书配套提供书中案例的素材文件、源文件、视频教学文件等数字资源，技术含量较高，对书中内容进行了多维度的补充，可以充分调动读者的学习积极性。

由于水平有限，书中存在疏漏之处在所难免，希望读者朋友批评指正。

编著者

2022年8月

前言

CONTENTS 目录

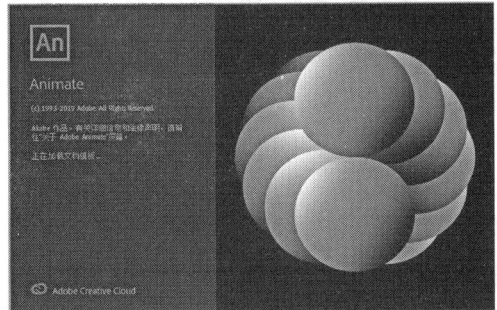

第1章 初识动画

第2章 原画设计

第 3 章　动画制作

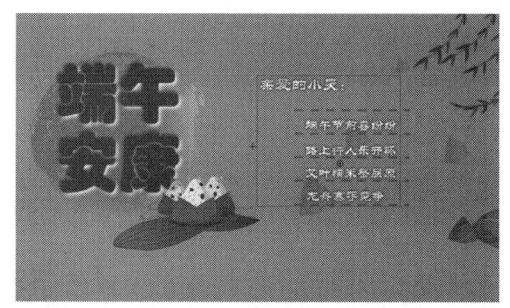

第4章　代码实现

第5章　后期加工

第1章

初识动画

▲ **本章导读**

本章主要讲解Animate的基础知识和基础操作。通过对本章的学习，可以初步了解Animate工作界面，并掌握安装、打开、新建、保存等基本操作。

▲ **学习目标**

了解动画的起源和概念。

掌握Animate的安装。

掌握Animate的新建、打开和保存文件等基本操作。

掌握Animate工作界面中各元素的使用。

▲ **实训任务**

Animate的基础知识

Animate的基本操作

▲ **效果欣赏**

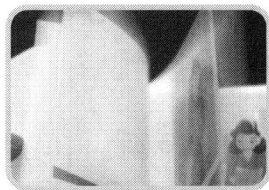 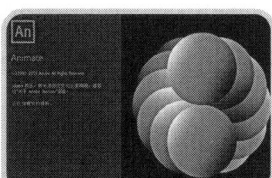 

1.1 关于动画

要想使动画能够表达所思、所想，看起来生动并且富有感染力，需要综合考虑故事情节、画面、情感表达和特效等多方面要素。下面从语言（词藻）、剧本（故事）和动画（动作）三个方面进行讲解。

1.1.1 语言

语言，是人与人之间沟通的桥梁。从广义上讲，语言是指采用一套具有共同处理规则来进行表达的沟通指令，指令会以视觉、声音或者触觉的方式传递。从狭义上讲，语言是指人类沟通所使用的自然语言。人们都是通过学习而获得语言能力，学习语言的目的是交流观念、意见和思想等。肢体语言也是语言的一种形式。肢体语言又被称为身体语言，是指通过身体各个部位（头、眼、颈、手、肘、臂、身、胯、足等）的动作表达思想进行沟通。肢体语言可以表现为一种画面感，将语言以画面的形式呈现，可以强化表达的力度。

1.1.2 剧本

剧本是艺术创作的文本基础，是一种以人物台词为手段、集中反映矛盾冲突的文学体裁。剧本创作是所有动画制作的开始，也是构建动画整个框架的过程。通常来说，剧本创作阶段属于文学创作阶段，通过剧本，可以在脑海中初步厘清整个故事的脉络，对故事中的主要场景和主要任务有一个相对鲜明的概念或者较为具体的画面。

剧本包括小说式剧本和运镜式剧本。小说式剧本侧重于刻画人物形象、故事情节；运镜式剧本是使用能够明确表达视觉印象的语言来写作，使用文字形式来划分镜头。有时剧本只是讲述了故事，不能让观众产生直观的印象，这时就需要将其从小说式剧本转换成运镜式剧本，使用视觉特征强烈的元素作为表达方式，将各种时间、空间氛围直观地营造出来。

深入地理解剧本、剖析剧本的核心思想，对于制作动画来说至关重要。对于剧本，一开始关注的必然是故事情节，要通过时空关系和逻辑关系厘清故事的来龙去脉，即剧本所描述的故事究竟是什么，还要了解故事的起承转合，即故事的发生、发展、高潮和结局，从而获知要怎样去展示这个故事。要清楚故事的本来面貌，而不要因为错综复杂的情节失去对剧本节奏的把控。

剧本在动画创作中也具有十分重要的意义，动画剧本示例如图1-1所示。

动画《一生》剧本

镜头	画面内容	画面描述	配音	时间 / s
1		标题渐入渐出，此时场景为黑色，中间突然出现一个小亮点，逐渐变大，直至照亮整个场景	柔和之光	6
		亮点中出现一只白鸽，低头打理羽毛，然后白鸽展翅，缓慢飞进一扇窗户，画面淡出，切换场景		10
2		白鸽从窗户飞进房间，镜头切至房间中一个轻轻晃动的摇篮，摇篮中有婴儿在熟睡；白鸽飞到旁边的柜子上停留了一会儿，然后飞向婴儿，画面淡出		14
3		全景，镜头切换至挂满油画的墙面，停在一幅白鸽油画上，油画放大再缩小；一个小男孩（背影）驻足在白鸽油画前，抬起手抚摸油画，对油画产生强烈的兴趣		11
4	……	……		……

图1-1　动画剧本

1.1.3　动画

1. 动画的概念

动画，简单地说，就是"静变动"。从专业角度来说，是将一幅幅静态画面串起来连续播放。可以设想手中有一本书，书中的每一页都是不同的静态画面，经过无数静态画面进行组合，快速翻页就形成了动画，如图1-2所示。

图1-2 翻书效果

动画，也可以说是一门想象的艺术，它集绘画、电影、数字媒体、摄影、音乐、文学等众多艺术门类于一身，可以抒发创作者的情感，可以实现在现实中不可能发生的事情，可以无限发挥人们的创造力。

2. 动画的起源

动画最早起源于19世纪上半叶的英国，兴起于美国，是一门富有活力的艺术。1892年10月28日，埃米尔·雷诺首次在巴黎著名的葛莱凡蜡像馆向观众放映光学影戏，标志着动画的正式诞生，埃米尔·雷诺也因此被誉为"动画之父"。动画艺术经过一百多年的发展，已经形成了较为完善的理论体系和产业体系，并以其独特的艺术魅力深受人们的喜爱。

3. 动画制作的基本流程

动画制作的基本流程为：剧本创作（策化，分析）→前期准备（角色设计，道具设计，场景设计）→中期创作（动作设计）→镜头语言设计（设计镜头画面）→后期加工（音响，特效）→后期合成→完成作品，如图1-3所示。

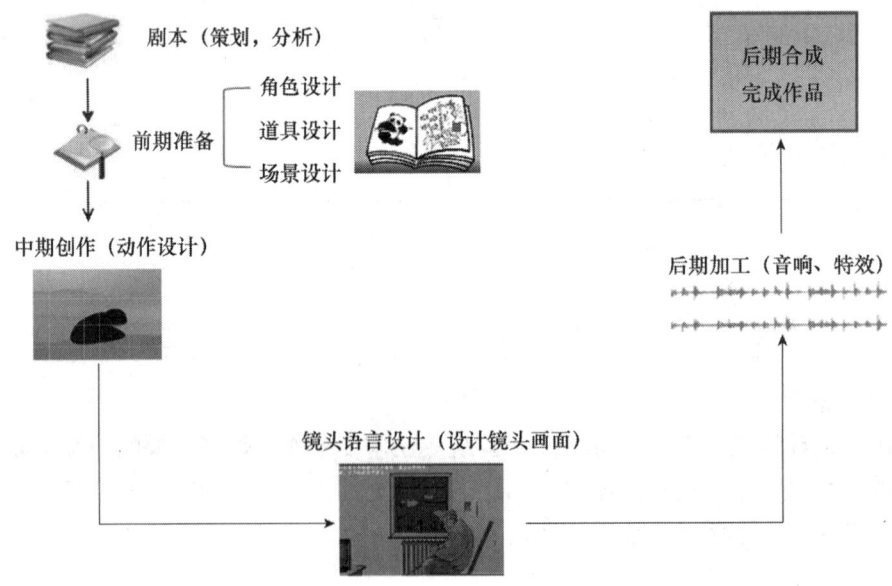

图1-3 动画制作的基本流程

其中，角色是作品的主体，角色设计包括角色的服饰、特征、表情、动作等，还包括角色不同角度的状态，以及角色的细部结构、运动方式和生物特征等，如图1-4所示；场景是决定作品真实感的重要元素，包括角色活动的主要场地和自然景观，如图1-5所示；道具是与场景和角色有关的一切物件的总称，用于表现故事背景、推动情节发展、辅助角色活动、刻画角色性格和情绪等，如图1-6所示。

图1-4　角色设计

图1-5　场景设计

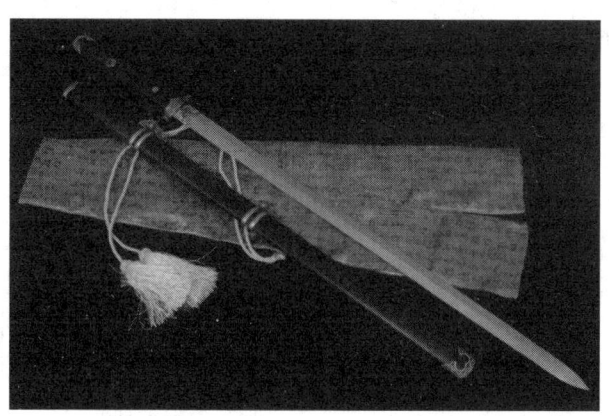

图1-6　道具设计

动作设计（或者姿势设计），是指角色的姿态、气势、情绪等的设计。在确定角色性格的基调后，应仔细揣摩相同动作在不同性格角色身上的不同体现。

镜头语言是指使用镜头像语言一样去表达思想，使观众可经由摄像机所拍摄出来的画面看出拍摄者的意图。

后期加工主要是合成和剪辑，使作品能够完整地讲述整个故事。

1.2 初识Animate

1.2.1 Animate概述

Macromedia公司开发的Flash二维动画软件一直深受人们的好评，后来Macromedia公司被Adobe公司收购，该软件经过一段时间的改进，更名为"Animate"发布。"Animate"有"灵魂"的含义，也有富有活力和生命力等意义。

Animate是一款专业的交互式动画制作软件，可用于构建游戏环境、设计启动画面并集成音频，可以将动画作为增强现实体验进行共享，可以在应用程序中完成资源设计和编码工作。借助 Animate，可以将动画快速发布到各平台（包括 HTML5 Canvas、WebGL、Flash/Adobe AIR 以及SVG 的自定义平台），并推送到受众的桌面、移动设备和电视上。

1.2.2 Animate的安装

Animate提供了强大的绘图和动画制作功能。下面讲解Animate 的安装方法。

步骤01 首先注册一个Adobe账号，然后进行Adobe家族软件的安装。解压缩文件，在相应的文件夹中选择"set-up.exe"文件，如图1-7所示。

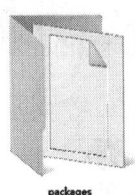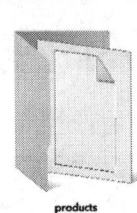

图1-7 "set-up.exe"文件

步骤02 右击，在弹出的菜单中选择"以管理员身份运行"选项，如图1-8所示。

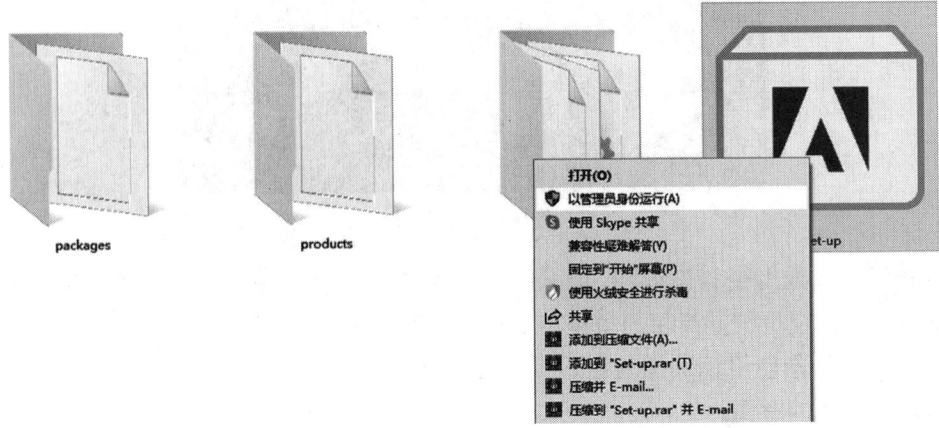

图1-8 "以管理员身份运行"选项

步骤03 软件的安装路径默认在C盘，可以在"安装选项"界面的"位置"下拉列表（如图1-9所示）中选择"更改位置"选项，更改安装路径。

步骤04 打开"浏览文件夹"对话框，选择安装路径，在此选择D盘，如图1-10所示，新建文件夹"AN2020"，单击"确定"按钮。

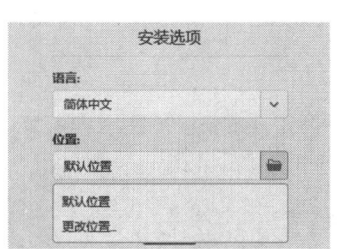

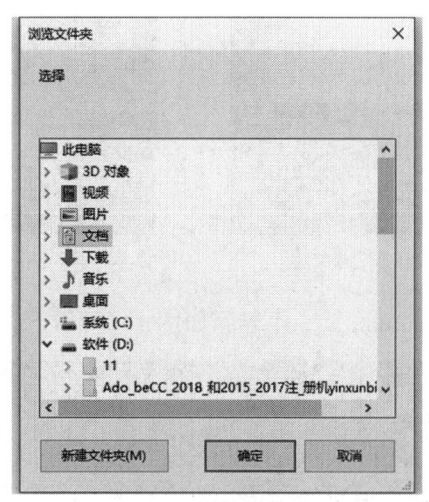

图1-9　安装选项　　　　　　　　　图1-10　选择安装位置

步骤05 回到上级界面，如图1-11所示，单击"继续"按钮，安装进程继续进行。

步骤06 界面上方出现安装进度条，显示"正在安装"的百分比，如图1-12所示，耐心等待。

图1-11　"继续"按钮　　　　　　　　图1-12　安装进度

步骤07 当安装进度条显示"正在安装（100%）"时，出现"安装完成"界面，表示Animate已成功安装，如图1-13所示，单击"关闭"按钮。

步骤08 Windows的"开始"菜单和桌面上将出现Animate软件启动方式，如图1-14、图1-15所示。

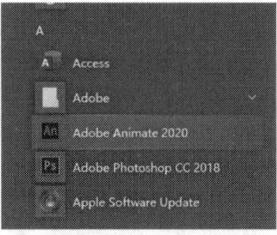

图1-13　安装完成　　　　图1-14　Animate软件启动方式　　　图1-15　Animate软件启动方式

启动Animate，工作界面如图1-16所示。

图1-16　工作界面

1.3　Animate的基本操作

1. 启动软件

可以使用以下方式打开Animate。

● 单击Windows桌面上的"开始"图标或键盘上的Windows键，选择Animate软件名称。

提示　　　　如果要打开已保存的Animate文件，可以双击Animate文件图标。

- 将鼠标指针移至Windows图标上，直接输入英文"Animate"搜索该软件，然后双击软件图标。
- 双击Windows桌面上的Animate软件启动方式图标，或右击，在弹出的菜单中选择"打开"选项。

启动Animate后，出现启动界面和选项界面，如图1-17、图1-18所示。

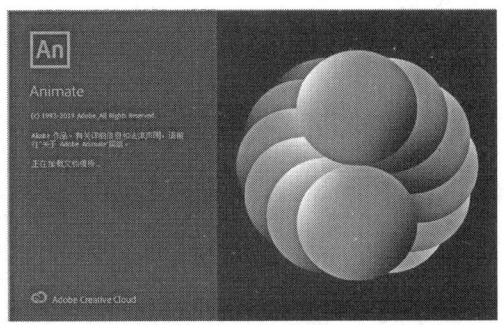

图1-17　启动界面

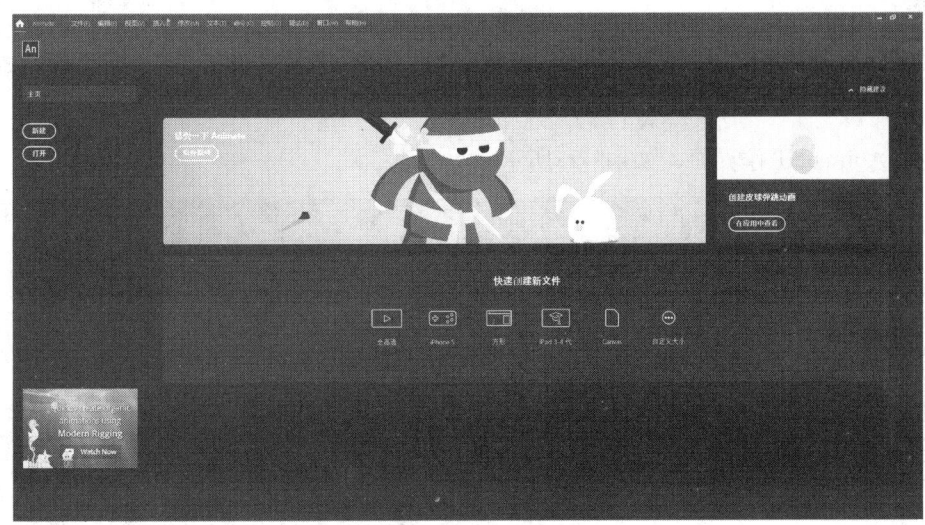

图1-18　选项界面

2. 新建文件

在选项界面中单击如图1-19所示的"新建"按钮，打开"快速创建新文件"界面，在此可以选择一种新建文件类型，如图1-20所示。

图1-19　"新建"按钮

图1-20　"快速创建新文件"界面

在Animate中，选择"文件"→"新建"菜单命令，如图1-21所示，或按Ctrl+N组合键，打开"新建文档"对话框，在其中可以选择"预设"选项，也可以自定义设置文档的"宽""高""单位""帧速率""平台类型"等属性，如图1-22所示，单击"创建"按钮。

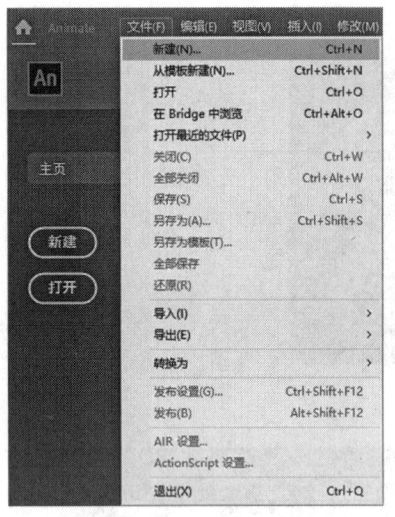

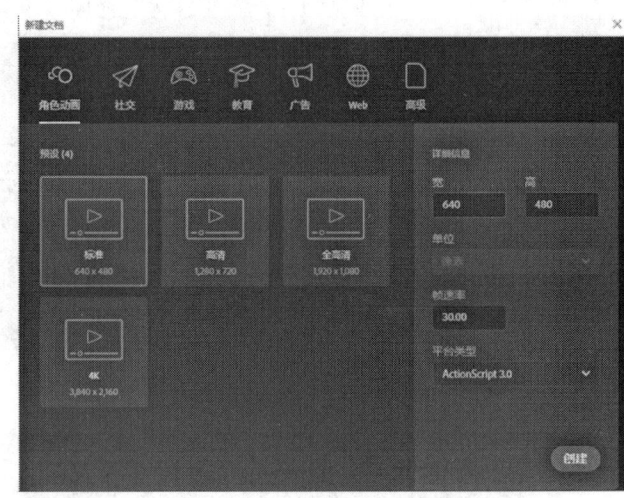

图1-21　"新建"命令　　　　　　　　　图1-22　"新建文档"对话框

打开Animate工作界面，如图1-23所示。

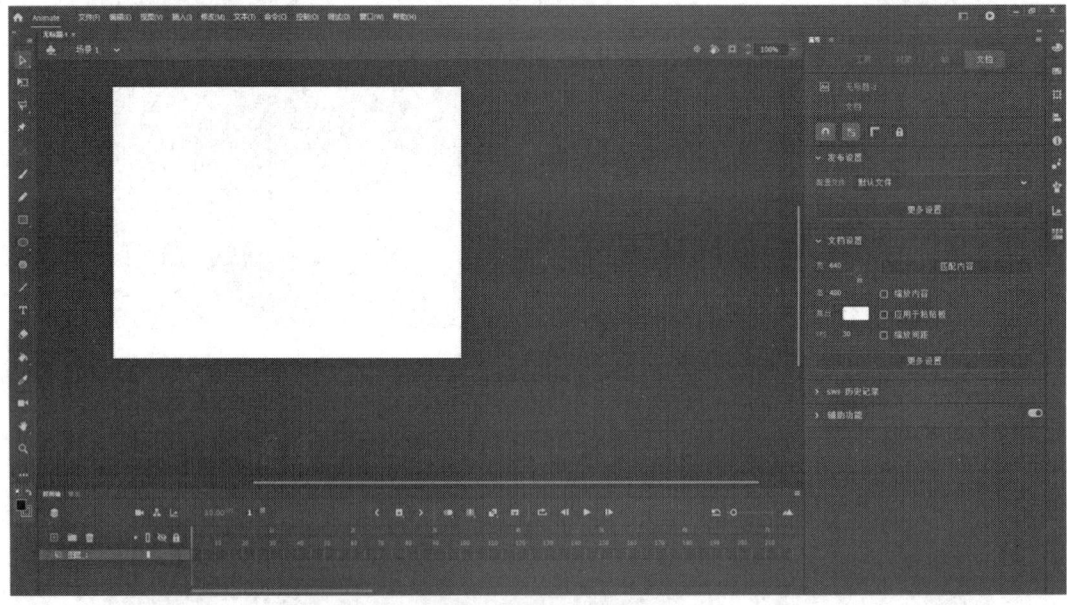

图1-23　工作界面

3. 打开文件

在Animate中，选择"文件"→"打开"菜单命令，如图1-24所示，或按Ctrl+O组合键，打开"打开"对话框，如图1-25所示，在其中选择需要打开的Animate文件，单击"打开"按钮，即可打开文件。

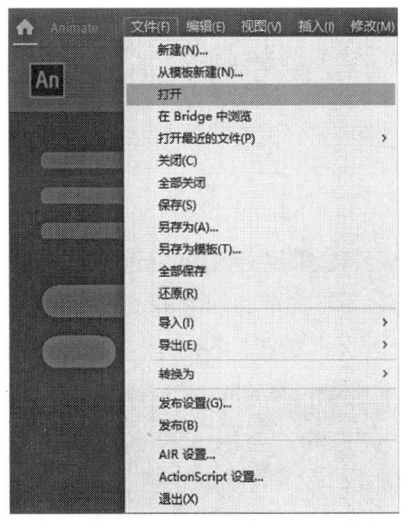

图1-24 "打开"命令

图1-25 "打开"对话框

4. 保存文件

在Animate中，选择"文件"→"保存"（如图1-26所示）或"另存为"菜单命令，或按Ctrl+S组合键或Ctrl+Shift+S组合键，打开"另存为"对话框，如图1-27所示，指定文件的保存位置，设置"文件名"和"保存类型"，单击"保存"按钮，即可保存文件。

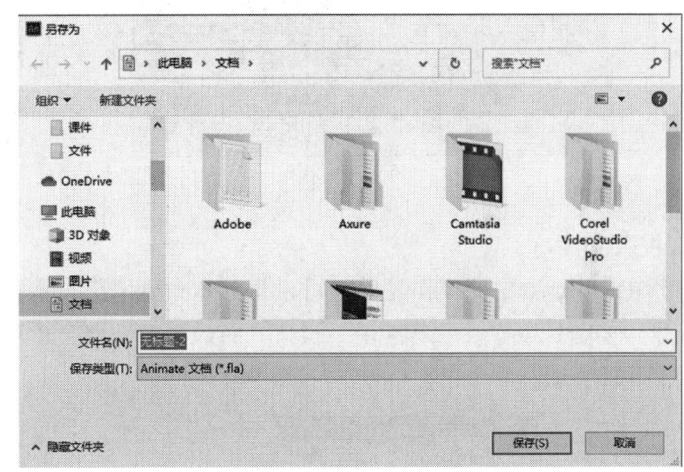

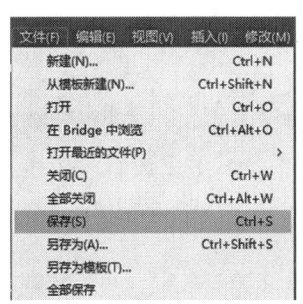

图1-26 "保存"命令

图1-27 "另存为"对话框

✎扩展知识

XFL文件

XFL是Animate创建的FLA文件的内部格式。在Animate中保存文件时，默认格式是FLA，但文件的内部格式是XFL。在After Effects中可以导出XFL格式的文件，这些文件的扩展名是XFL，而不是FLA。使用InDesign可以直接以FLA格式导出内部为XFL格式的文件。这样，就可以先在After Effects或InDesign中处理文件，然后在Animate中将其导入，在 Animate 中打开和处理XFL文件，最后将该文件另存为FLA文件。

> **提示**　再次保存文件时，选择"文件"→"保存"菜单命令不会再打开"另存为"对话框，而是直接覆盖第一次保存的文件。如果需要另存一个文件，则选择"文件"→"另存为"菜单命令。

5. 导入文件

在Animate中，选择"文件"→"导入"菜单命令，在其级联菜单中可以选择导入文件的具体方式，如图1-28所示。如果选择"导入到库"级联菜单命令，可在打开的"导入到库"对话框中选择需要导入的文件，将文件导入"库"面板，如图1-29所示。

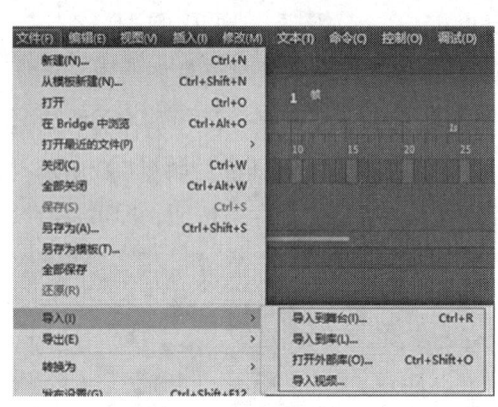

图1-28　"导入"命令

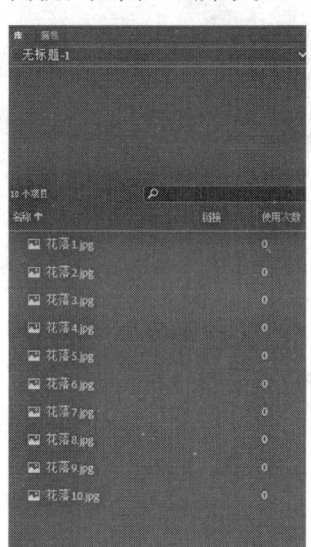

图1-29　"库"面板

6. 发布文件

在Animate中完成作品后，可以将其发布到网上。选择"文件"→"发布设置"菜单命令，如图1-30所示；或者在"属性"面板的"文档"选项卡中单击"更多设置"按钮，如图1-31所示。

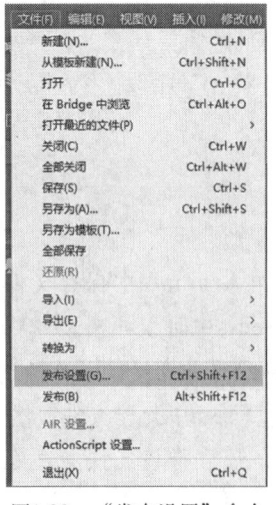

图1-30　"发布设置"命令

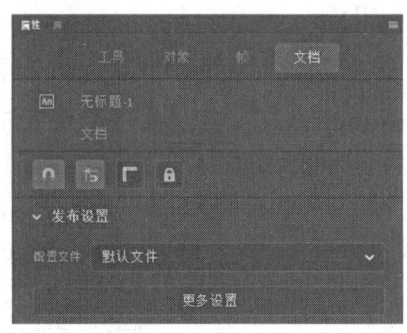

图1-31　"属性"面板

打开"发布设置"对话框，在"发布"列表中勾选"Flash（.swf）"复选框，并设置其他属性，如图1-32所示，单击"发布"按钮，生成发布设置，如图1-33所示，单击"确定"按钮，生成发布文件，可在保存路径中查看，如图1-34所示。

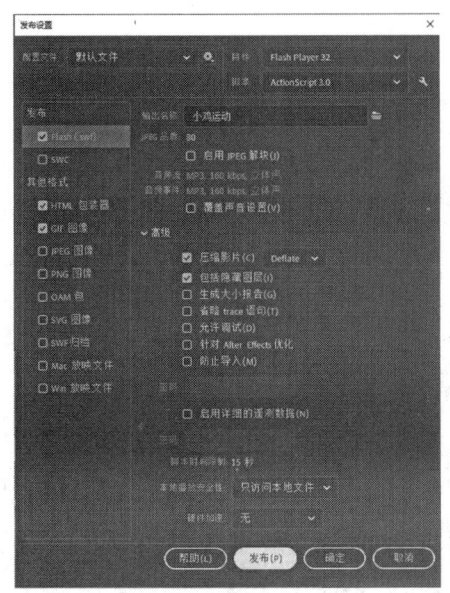

图1-32　"发布设置"对话框

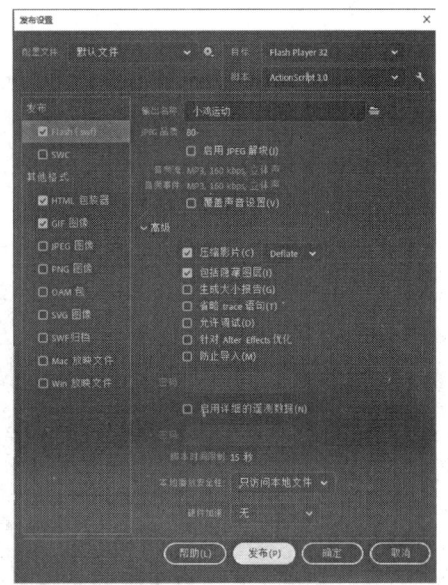

图1-33　发布设置

图1-34　发布文件

7. 导出文件

在Animate中可以导出多种类型的文件，包括图像、影片、视频/媒体、动画等。选择"文件"→"导出"菜单命令，在其级联菜单中可以选择导出文件的具体类型，如图1-35所示，会打开相应的对话框。

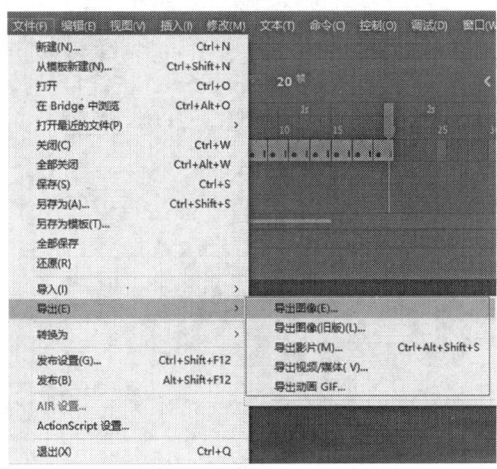

图1-35　"导出"命令

在此选择"文件"→"导出"→"导出图像"菜单命令，打开"导出图像"对话框，如图1-36所示，设置相关属性，单击"保存"按钮，打开"另存为"对话框，指定文件的保存路径，设置"文件名"和"保存类型"，如图1-37所示，单击"保存"按钮，回到"导出图像"对话框，单击"完成"按钮。

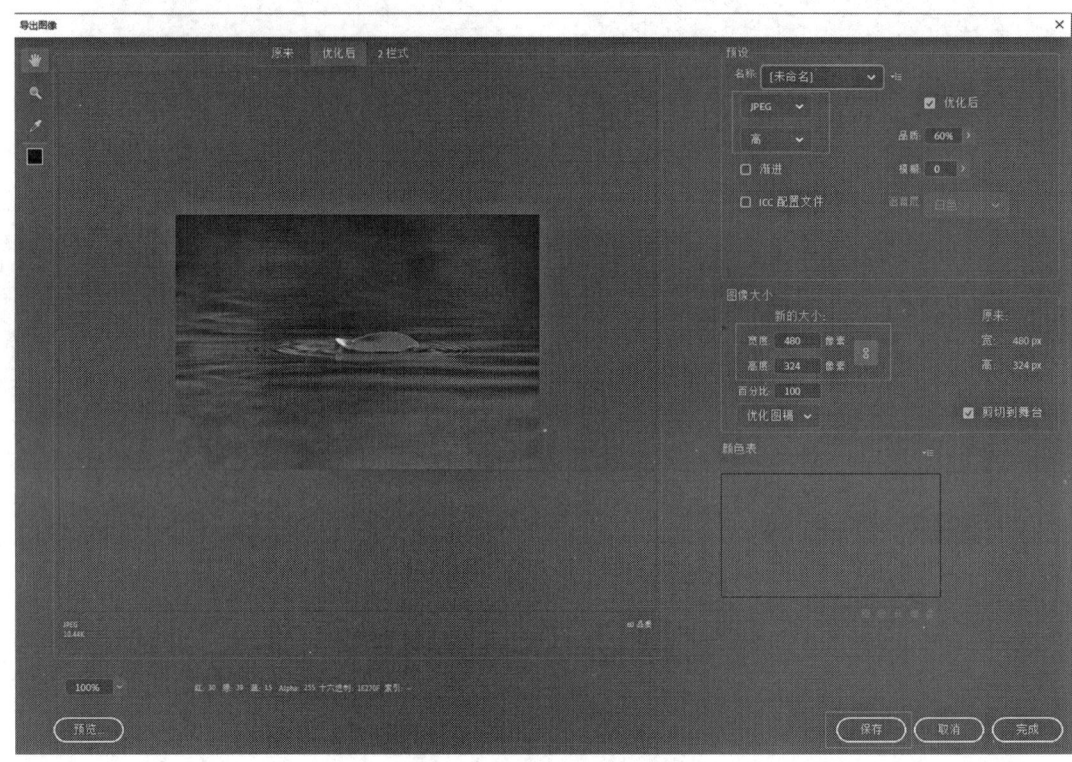

图1-36　"导出图像"对话框

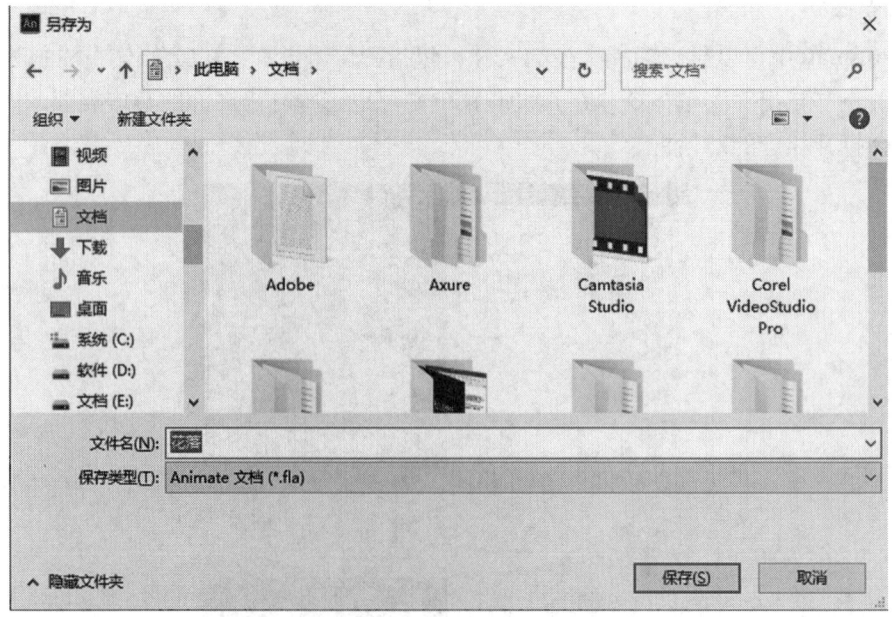

图1-37　"另存为"对话框

8. 关闭文件

在Animate中关闭文件有以下3种方式。

- 直接关闭文件，在舞台上方文件名称的右侧单击 ✕ 按钮，如图1-38所示。
- 按Alt+F4组合键。
- 关闭软件。一是单击软件右上角的 ✕ 按钮，如图1-39所示；二是选择"文件"→"退出"菜单命令或按Ctrl+Q组合键，如图1-40所示。

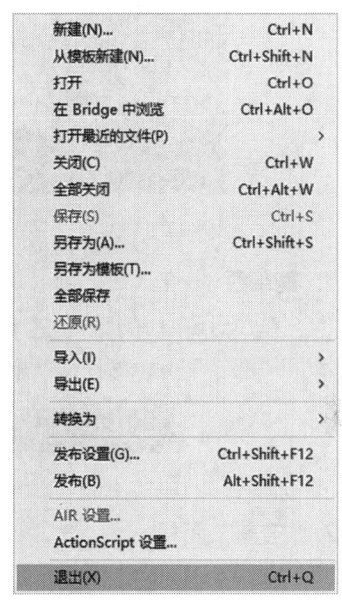

新建(N)...	Ctrl+N
从模板新建(N)...	Ctrl+Shift+N
打开	Ctrl+O
在 Bridge 中浏览	Ctrl+Alt+O
打开最近的文件(P)	>
关闭(C)	Ctrl+W
全部关闭	Ctrl+Alt+W
保存(S)	Ctrl+S
另存为(A)...	Ctrl+Shift+S
另存为模板(T)...	
全部保存	
还原(R)	
导入(I)	>
导出(E)	>
转换为	>
发布设置(G)...	Ctrl+Shift+F12
发布(B)	Alt+Shift+F12
AIR 设置...	
ActionScript 设置...	
退出(X)	Ctrl+Q

图1-38　关闭文件按钮　　　　图1-39　关闭软件按钮　　　　图1-40　"退出"命令

打开"保存文档"提示框，询问是否保存对文件的修改，如图1-41所示，单击"是"按钮，保存对文件的修改并保存文件；单击"否"按钮，保存文件但不会保存修改的内容；单击"取消"按钮，退出保存状态。

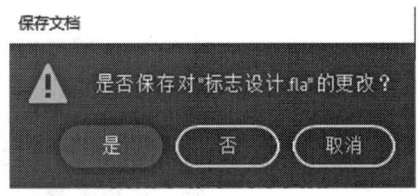

图1-41　"保存文档"提示框

1.4 Animate的工作界面

Animate工作界面包括菜单栏、"工具"面板、舞台、"时间轴"面板、"库"面板、"属性"面板和其他面板等，如图1-42所示。

"时间轴"面板
"库"面板
菜单栏
"工具"
面板
其他面板
舞台
"属性"面板

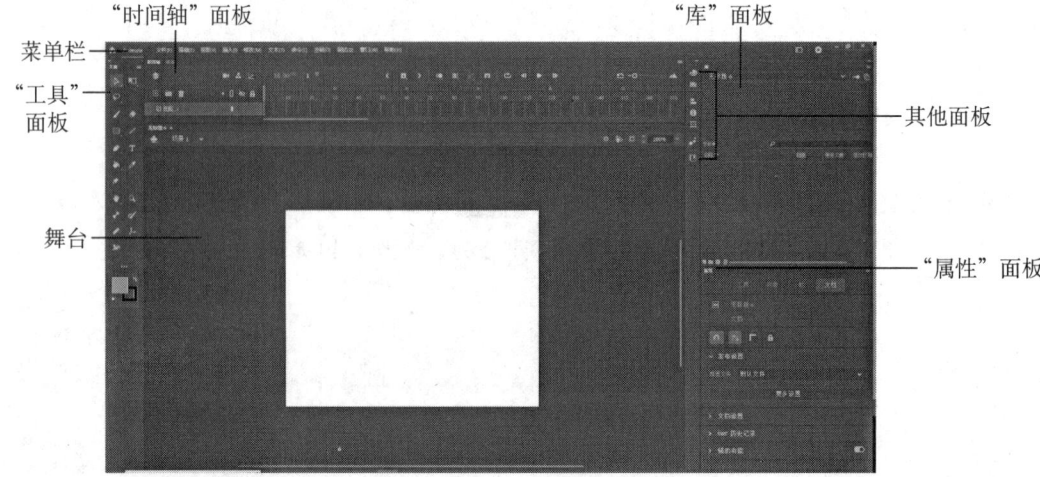

图1-42　工作界面

1. 菜单栏

在Animate的菜单栏中，包括"文件""编辑""视图""插入""修改""文本""命令""控制""调试""窗口""帮助"多项菜单，如图1-43所示。

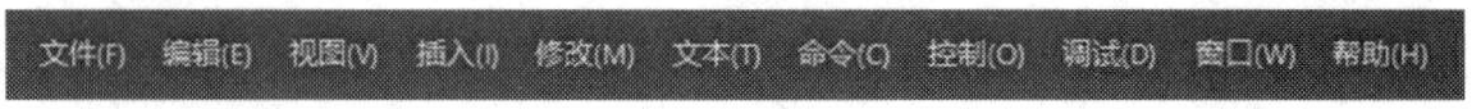

文件(F) 编辑(E) 视图(V) 插入(I) 修改(M) 文本(T) 命令(C) 控制(O) 调试(D) 窗口(W) 帮助(H)

图1-43　菜单栏

2. "工具"面板

在Animate中，使用"工具"面板中的工具可以进行绘图、上色、选择等操作，并可以更改舞台的视图显示，"工具"面板如图1-44所示。单击"工具"面板下方的"更多选项"按钮⋯，可以打开工具选项板，如图1-45所示。

> **提示**　使用工具选项板，可以添加/删除工具，通过将某个工具拖至其他工具或组上，可以将该工具合并到工具组中；可以将选定工具拖至特定工具的上/下方，将该工具重新排列到特定工具或组的上/下方。

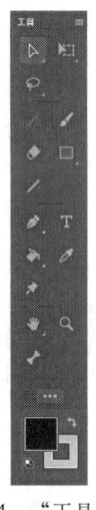

图1-44　"工具"面板

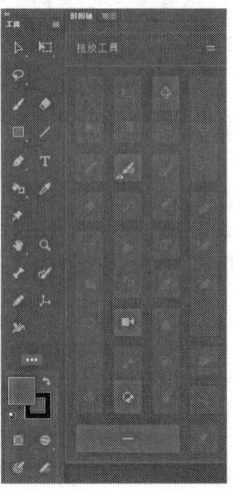

图1-45　工具选项板

3. 舞台

舞台是创建 Animate 文档时用于放置图形、视频等内容的区域，经过时间轴编辑后的动画效果可以在舞台中播放或展示，如图1-46所示。

要更改舞台的视图显示，可以使用放大和缩小功能。使用放大功能后，有可能无法看到整个舞台，可以使用"手形工具" 移动舞台视图。Animate还允许临时旋转舞台视图，以特定角度进行绘制，同时按住Shift键和Space键，然后拖动鼠标指针使舞台视图旋转。如果要在舞台中定位对象，可以使用网格、辅助线和标尺。

图1-46 舞台

扩展知识

场 景

场景涉及场景名称、场景编辑、元件编辑、舞台比例、舞台和工作区等概念，它是所有动画元素的最大活动空间，如图1-47所示。一个完整的动画是由一个个场景组成的，每个场景都有一个时间轴，文档中的帧都是按场景的顺序连续编号的。例如，如果文档中包含两个场景，每个场景有10帧，则"场景2"中的帧为第11～20帧。文档中的各个场景按照"场景"面板中所列的顺序进行播放。当播放头到达一个场景的最后一帧时，将前进到下一个场景。在Animate中如果需要独立进行一些场景编辑，可以根据需要插入场景。

插入场景的方法如下。

- 选择"插入"→"场景"菜单命令，即可插入一个新的场景，效果如图1-48所示（图中插入"场景2"）。
- 选择"窗口"→"场景"菜单命令或按Shift+F2组合键，打开"场景"面板，如图1-49所示，单击面板左下角的"添加场景"按钮 插入新场景，如图1-50所示（图中插入"场景2"）。

图1-47　场景和舞台

 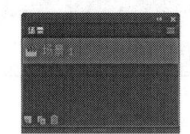 

图1-48　新建场景　　　　图1-49　"场景"面板　　　　图1-50　新建场景

　　如果需要删除场景、更改场景名称、重制场景和更改文档中场景的顺序等，都可以通过"场景"面板进行操作。

4."时间轴"面板

　　时间轴是整个动画的命脉，从中可以组织和控制文档内容在一定时间内播放的图层数和帧数。"时间轴"面板如图1-51所示。

图1-51　"时间轴"面板

5."库"面板

　　Animate中的库可用于存储在 Animate中创建或在文档中导入的媒体资源。库还包含已添加到文档的所有组件，它们可以是编译剪辑，也可以是基于组件的影片剪辑。

　　选择"窗口"→"库"菜单命令，可以打开"库"面板，如图1-52所示，其中显示了所有对象的名称，可以在工作时查看和组织这些对象。

6."属性"面板

　　使用"属性"面板可以访问或修改舞台或时间轴中当前选中内容的属性。选择"窗口"→"属性"菜单命令，打开"属性"面板，如图1-53所示，其中包括"工具""对象""帧""文档"4个选项卡。

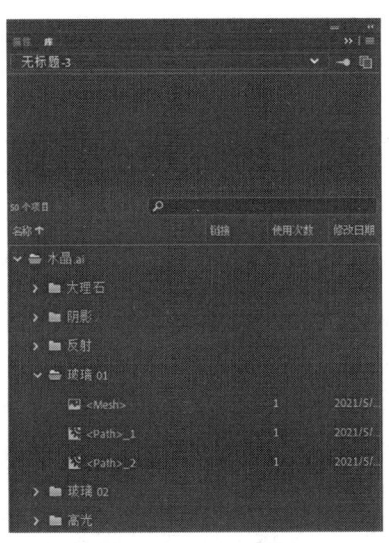

图1-52　"库"面板

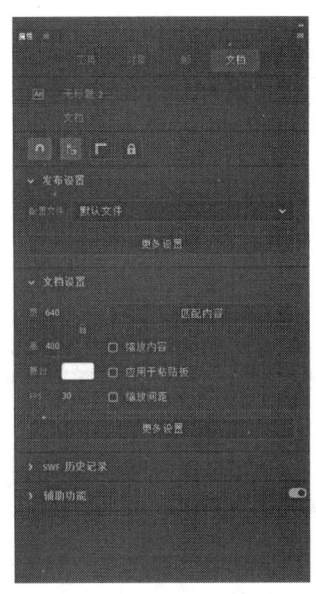

图1-53　"属性"面板

- 工具：用于查看当前选中工具的属性。
- 对象：用于查看当前选中对象的属性。如果未选择任何对象，则此选项卡会被禁用。
- 帧：用于查看当前选定帧的属性。如果未选择任何帧，则此选项卡会被禁用。
- 文档：用于显示当前文档的特定属性。

7. 其他面板

在Animate 的工作界面中提供了多种面板用于编辑和创作，面板图标如图1-54所示，可以根据自己的喜好排列这些面板，还可以调整面板的大小，或在特定位置锁定面板。在"窗口"菜单（如图1-55所示）中可以选择相应的命令，打开或关闭相应的面板。

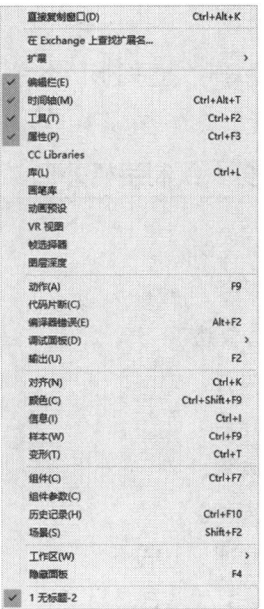

图1-54　面板图标

图1-55　"窗口"菜单

1.5 本章总结

通过对本章内容的学习，可以初步了解动画的发展、概念和基本流程，熟练掌握 Animate的界面组成和基本操作等。

1.6 练习与实践

➤ 单选题

1. 在Animate中，新建文件的组合键是（　　）。

A. Ctrl+Shift+D   B. Ctrl+H   C. Ctrl+D   D. Ctrl+N

2. 在Animate中，文件的保存格式是（　　）。

A. PSD   B. DOCX   C. FLA   D. SWF

➤ 多选题

1. 在Animate中，"导入"菜单命令包括（　　）。

A. 导入视频   B. 导入到库   C. 导入到舞台   D. PSD

➤ 判断题

1. 打开已有文件的组合键是Ctrl+C。

A. 对   B. 错

2. 使用Animate绘图工具绘制的图形为矢量图形。

A. 对   B. 错

3. 绘制和编辑矢量图形的各种工具都在"工具"面板中。

A. 对   B. 错

➤ 实训任务　绘制手机外形

项目背景介绍

绘制一款手机的外形。

设计任务概述

1. 新建文件。

2. 设置舞台。

3. 保存文件。

4. 关闭文件。

5. 完成时间：10分钟。

设计参考图（见右图）

第2章

原画设计

◢ **本章导读**

本章主要讲解Animate中的工具，学习Animate的绘图
技巧。

◢ **学习目标**

了解位图与矢量图的区别。

灵活使用"工具"面板中的工具。

掌握填充颜色的方法。

◢ **实训任务**

公司标志

表情包

吉祥物

欢乐的一天

网页广告

配套电子文件

◢ **效果欣赏**

2.1 标志设计

2.1.1 位图和矢量图

从专业的角度去理解计算机绘图，可以将其分为位图（点阵图）和矢量图。在了解了绘图类型的基本属性后，需要去学习和掌握它们的相同与不同之处，这样有助于创建、输入、编辑、输出和应用数字图形图像。

1. 位图（点阵图）

简单地说，放大图片后可以看到块状矩形，一般将其称为"像素块"，许多像素块拼合在一起组成的图像，被称为"像素图"或"点阵图"，也可以将其称为"位图"。位图的像素越多，色彩位数越大，分辨率就越高，效果也就越清晰；反之，位图的像素越少，色彩位数越小，分辨率就越低，效果也就越模糊。

使用图形图像软件Photoshop生成的图片是位图，常用的位图文件格式为JPG、PNG等。

2. 矢量图

矢量图是指放大图片后没有看到像素块，效果非常清晰、不失真的图形。Animate、CorelDRAW和Illustrator等生成的图片是矢量图。常用的矢量图文件格式为CDR、AI、EPS、DWG等。

2.1.2 工具

1. 选择工具

在Animate中，"选择工具" 用于选择或移动对象，如图2-1所示，也可以使用"选择工具" 在对象的边缘单击并拖动改变其形状。

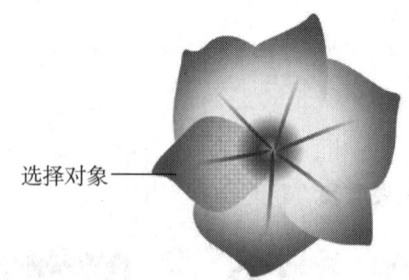

选择对象

图2-1 选择对象

（1）选择对象
- 单选：在舞台中单击对象，可以选择单个对象。
- 多选：如果需要选择多个对象，可以按住Shift键，如图2-2所示；也可以拖动绘制选择框，用来框选对象。

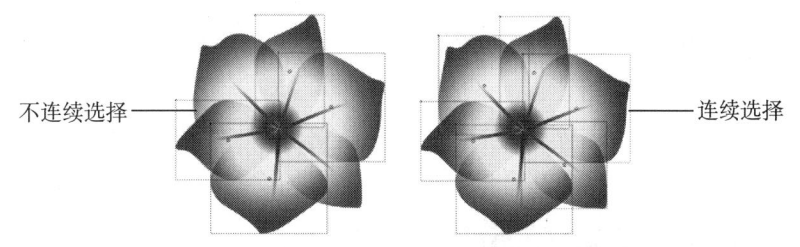

不连续选择 —— 连续选择

图2-2　连续和不连续选择的效果

（2）移动和复制对象

● 移动：在对象上单击，按住不放，此时鼠标指针显示为 ▨，拖动对象到其他位置，如图2-3所示。

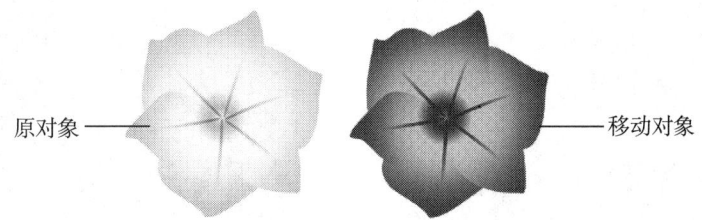

原对象 —— 移动对象

图2-3　移动位置的效果

● 复制：在对象上单击，同时按住Alt键，此时鼠标指针显示为 ▨，将对象拖动到其他位置进行复制，如图2-4所示。

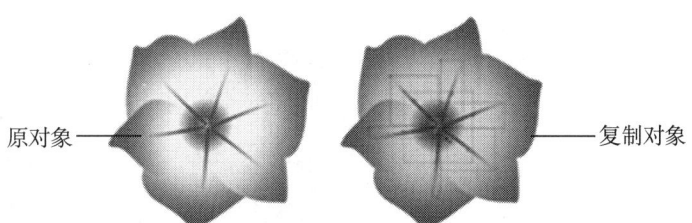

原对象 —— 复制对象

图2-4　复制对象的效果

（3）调整对象的形状

选择"选择工具" ▨，将鼠标指针放至对象的边缘，鼠标指针显示为 ▨ 或者 ▨，此时可编辑对象的形状。不同操作的效果如图2-5所示。

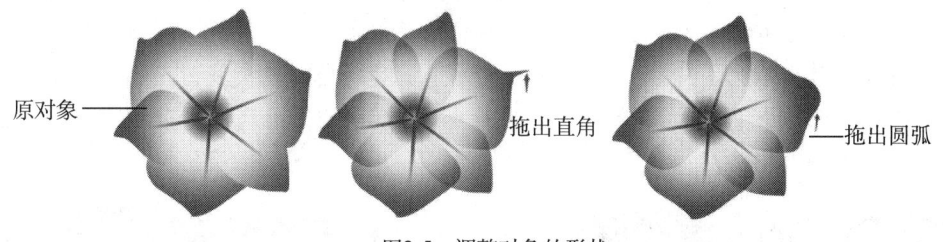

原对象 —— 拖出直角　拖出圆弧

图2-5　调整对象的形状

2. 椭圆工具

在Animate中，使用"椭圆工具" ⬭ 可以绘制椭圆形的矢量图对象。

✍ 扩展知识

绘制模式

Animate提供了两种绘制模式——"合并绘制"和"对象绘制"。二者都可用于绘制矢量图，绘制的图形元素都可单独进行编辑，其"属性"面板如图2-6所示。

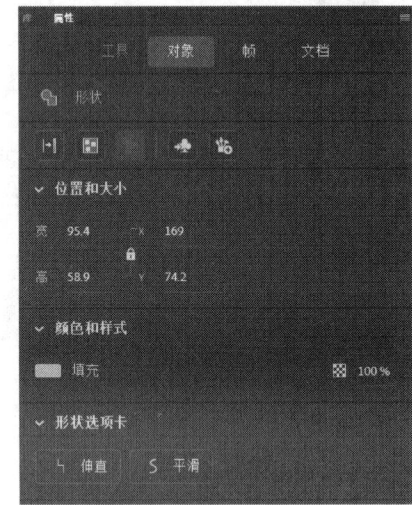

合并绘制"属性"面板

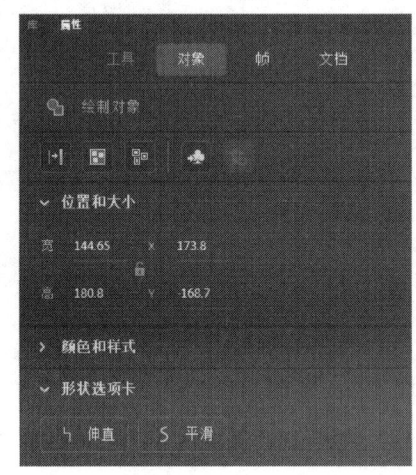

对象绘制"属性"面板

图2-6 "属性"面板

- 合并绘制：是默认的绘制模式，在同一图层中绘制互相重叠的形状时，下层的形状会减去与其上层形状重叠的部分，并进行自动合并。当选择上层的一个形状并进行移动时，可以看到，下层形状中减去了与其重叠的部分，如图2-7所示。

重叠绘制的形状

移动上层形状后的效果

图2-7 合并绘制

- 对象绘制：用于创建被称为"绘制对象"的形状。形状互相重叠时，绘制对象不会自动合并在一起，而是作为单独的图形元素存在，在分离或重新排列形状时不会改变它们的外观。当绘图工具处于"对象绘制"模式时，Animate 会在创建的形状周围添加矩形边框以进行标识，如图2-8所示，可以利用形状上的控制点调整形状的外观。

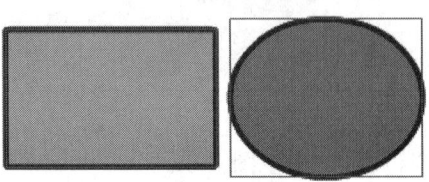

形状上的控制框

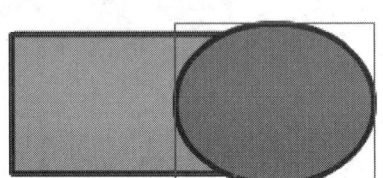

重叠形状不会合并

图2-8 对象绘制

将"合并绘制"模式切换为"对象绘制"模式的方法如下。

- 在"工具"面板的下方，单击"对象绘制"按钮██。
- 在"属性"面板中，单击"对象绘制"按钮██。
- 按快捷键J。

如图2-9所示，可以看到在"工具"面板下方的"对象绘制"按钮和在"属性"面板中的"对象绘制"按钮。再次单击该按钮，可以切换回"合并绘制"模式。

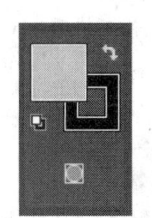 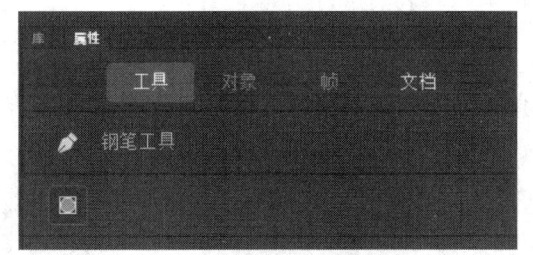

"工具"面板中的按钮　　　　　　　　　"属性"面板中的按钮

图2-9　"对象绘制"按钮

在舞台中选择使用"合并绘制"模式绘制的形状，单击"属性"面板中的"创建对象"按钮██，可以将其转换为"对象绘制"模式下的形状。如图2-10所示为将使用"合并绘制"模式绘制的矩形转换为"对象绘制"模式下的矩形。

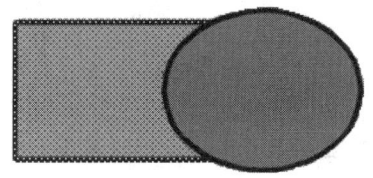 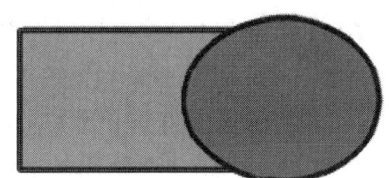

转换前　　　　　　　　　　　　　　　　　转换后

图2-10　转换形状

在舞台中选择使用"对象绘制"模式绘制的形状，单击"属性"面板中的"分离"按钮██或"扩展以填充"按钮██，可以将其转换为"合并绘制"模式下的形状。如图2-11所示为将使用"对象绘制"模式绘制的圆角矩形转换为"合并绘制"模式下的圆角矩形。

转换前　　　　　　　　　　　　　　　　　转换后

图2-11　转换形状

选择"椭圆工具"██，可以在"属性"面板中设置其"颜色和样式""椭圆选项"等属性，如图2-12（左图）所示；选择绘制好的椭圆形对象，可以在"属性"面板中设置其"形状""位置和大小""颜色和样式""形状选项卡"等属性，如图2-12（右图）所示。

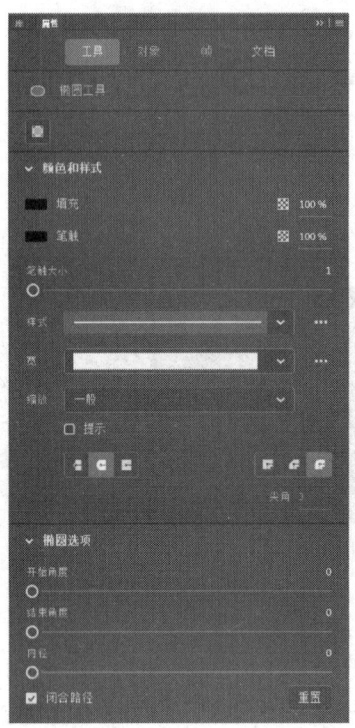
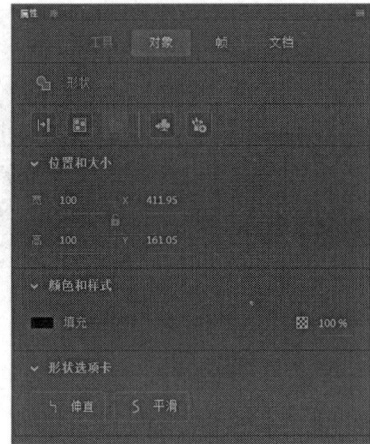

图2-12　"属性"面板

"对象"选项卡中主要属性释义如下。

● 扩展以填充 ┃┃：当绘制的图形是绘制对象时，选中对象并在"属性"面板中单击"扩展以填充"按钮，如图2-13（左图）所示，将绘制对象的图形变成矢量图，此时"属性"面板的类型显示为"形状"，矢量图效果如图2-13（右图）所示。

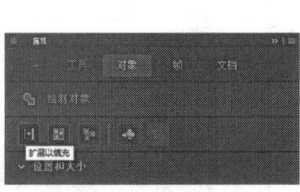

图2-13　"扩展以填充"按钮及图形效果

● 创建对象 ▦：当绘制的图形是矢量图时，在"属性"面板中单击"创建对象"按钮，如图2-14（左图）所示，效果如图2-14（右图）所示。

● 分离 ▦：当想要再次编辑绘制对象、位图和元件3种类型时，单击"分离"按钮，可以将其变成矢量图（形状），如图2-15所示。

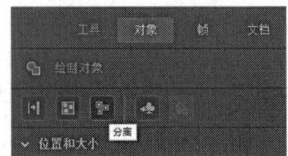

图2-14　"创建对象"按钮及图形效果　　　　　　　图2-15　"分离"按钮

✏️ **扩展知识**

分离对象

想要分离对象，可以使用下列方法之一。

- 分别选择绘制对象和元件，在"属性"面板中单击"分离"按钮，效果如图2-16所示。

绘制对象 —— 　　　　　　　—— 元件

图2-16　分离效果

- 选择绘制对象、位图和元件3种类型之一，右击，在弹出的菜单中选择"分离"命令，如图2-17（左图）所示。
- 选择"修改"→"分离"菜单命令，如图2-17（右图）所示。
- 选择绘制对象、位图和元件3种类型之一，按Ctrl+B组合键，效果如图2-18所示。

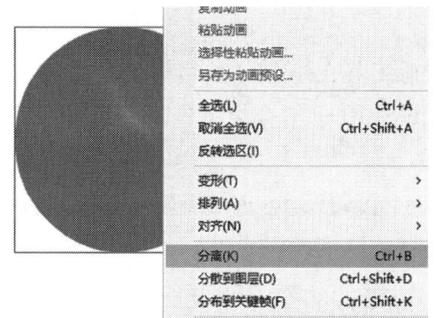

图2-17　"分离"命令

绘制对象

—— 元件　　　　　　　　　—— 位图

图2-18　分离效果

- 转换为元件🔣：在场景中绘制好图形，单击该按钮，打开"转换为元件"对话框，如图2-19所示，可以快速将图形转换为不同的元件。
- 创建新画笔🔣：将在舞台中绘制的矢量图形存储为新的画笔，打开的"画笔选项"对话框如图2-20所示。
- 填充：对选择的对象填充颜色，其右侧的百分比 🔣 100% 表示填充颜色的透明度，取值范围为0%～100%。

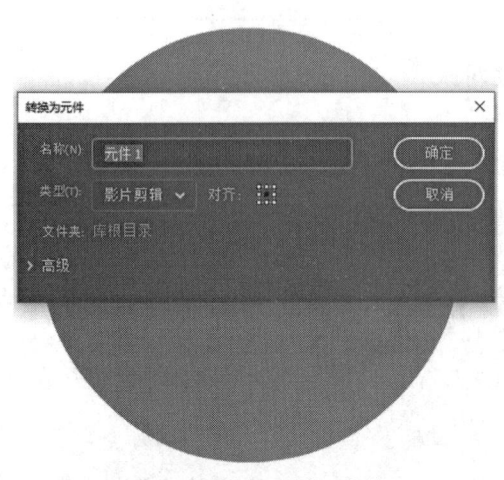

图2-19　"转换为元件"对话框

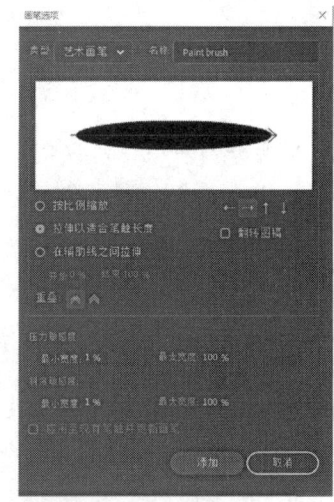

图2-20　"画笔选项"对话框

● 伸直：锐化对象边缘的曲线，可实现伸直效果。

● 平滑：柔化对象边缘的曲线，可实现平滑效果。

✍扩展知识

标　尺

在绘制对象时可以使用标尺作为辅助工具，单击"显示标尺"按钮，或选择"视图"→"标尺"菜单命令，或按Ctrl+Alt+Shift+R组合键，都可以调出标尺，如图2-21所示。

图2-21　显示标尺

显示标尺后可以为编辑的对象设置辅助线。单击"锁定辅助线"按钮可固定辅助线，如图2-22所示。

图2-22　锁定辅助线

3. 基本椭圆工具

在Animate中使用"基本椭圆工具" ⊙ 可以绘制基本椭圆形状，Animate 将这些形状视作单独的对象，可以在"属性"面板中设置"颜色和样式""椭圆选项"等属性，如图2-23所示。

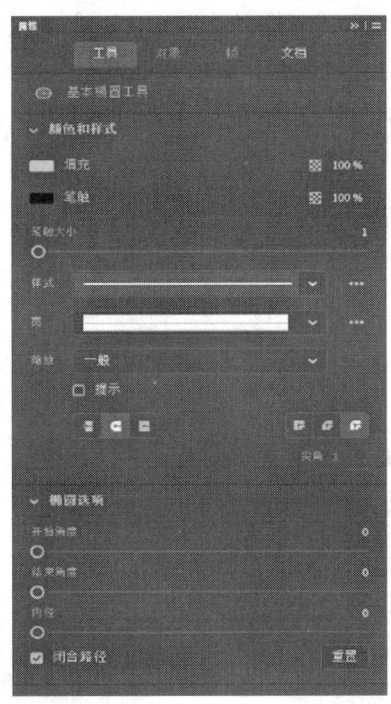

图2-23　"属性"面板

面板中主要属性释义如下。

● 开始角度/结束角度：设置椭圆形起始点角度和结束点角度的大小，可以将椭圆形调整为弧形、半圆形或其他形状，取值范围为0°～360°。

- 内径：表示从椭圆的中心点向外缩减填充的部分，取值范围为0～99。
- 闭合路径：用于确定椭圆的绘制路径是否闭合（如果指定了内径，则有多条路径）。如果指定的是一条开放路径，但未对生成的形状应用任何填充，则仅绘制笔触。默认情况下选择闭合路径。
- 重置：重置基本椭圆工具所设置的内容，并将在舞台中绘制的基本椭圆形状初始化。

4. 矩形工具

在Animate中，使用"矩形工具" ▣ 可以绘制矩形的矢量图对象。在"矩形工具" ▣ 的"属性"面板中可以设置"颜色和样式""矩形选项"等属性，如图2-24所示。

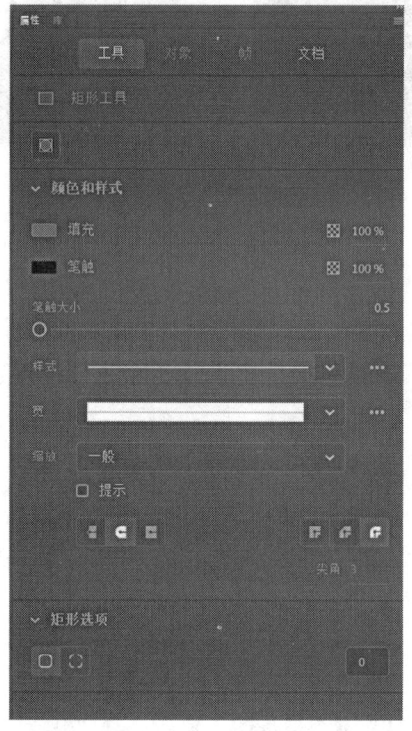

图2-24　矩形"属性"面板

- 笔触大小：用于设置矩形笔触的大小。
- 样式：用于设置矩形的笔触样式，如图2-25所示。
- 宽：用于设置矩形笔触的可变宽度配置文件，如图2-26所示。

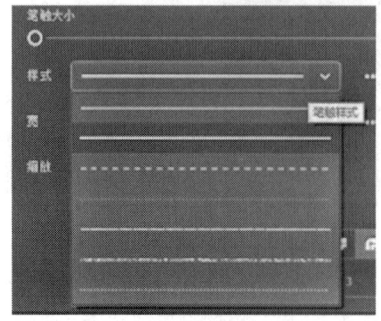

图2-25　笔触样式

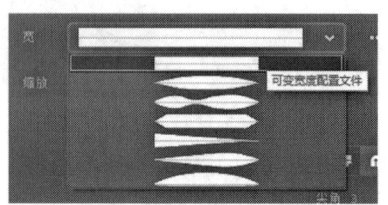

图2-26　可变宽度配置文件

● 缩放：用于按方向缩放笔触，包括"一般""水平""垂直""无"选项。

5. 基本矩形工具

在Animate中，"基本矩形工具"■的快捷键为Shift+R。使用"基本矩形工具"■可以绘制一个基本矩形对象，在"基本矩形工具"■的"属性"面板中可以设置其属性，包括"颜色和样式""矩形选项"等，如图2-27所示。

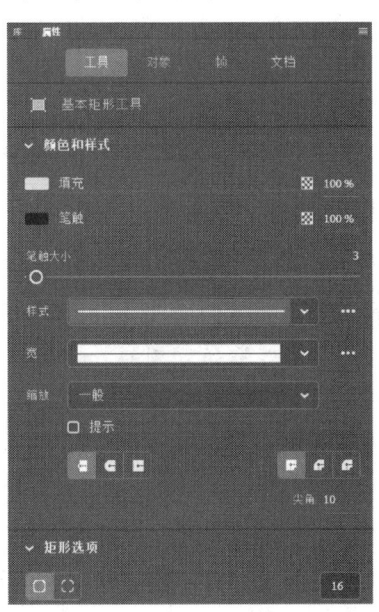

图2-27　基本矩形"属性"面板

面板中主要属性释义如下。

● 矩形边角半径□：单击该按钮，可以将绘制的矩形转换为4个边角半径相同的圆角矩形，在其右侧输入矩形边角半径值，如图2-28所示，效果如图2-29所示。

图2-28　设置"矩形边角半径"属性

图2-29　设置效果

● 单个矩形边角半径◌：单击该按钮，可以单独设置矩形某个边角的半径使其成为圆角，在其右侧分别输入矩形边角半径值，如图2-30所示，效果如图2-31所示。

图2-30　设置"单个矩形边角半径"属性

图2-31　设置效果

6. 多角星形工具

使用"多角星形工具" ⬡ 可以绘制不同样式的多边形和星形。在"属性"面板中可以设置不同的边框颜色、边线粗细、边框线型和填充颜色，在其"工具选项"属性区中可以选择"多边形"或"星形"，并可以设置"边数"和"星形顶点大小"等属性，如图2-32所示。

图2-32 "工具选项"属性区

面板中主要属性释义如下。

- 样式：用于在其下拉列表中选择绘制的是多边形还是星形。
- 边数：用于指定多边形的边数，取值范围为3～32。
- 星形顶点大小：用于指定星形顶点的深度，取值范围为0～1。取值越接近于0，绘制的顶点就越接近于图形的中心点。

7. 缩放工具

在Animate中，使用"缩放工具" 🔍 可以放大或缩小图形对象的显示效果，如图2-33所示，缩放范围为4%~2 000%。"缩放工具" 🔍 的快捷键为Z。

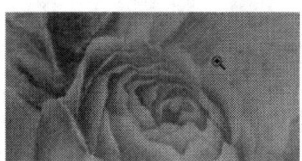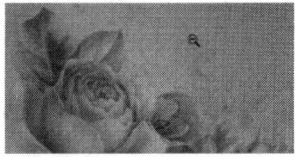

图2-33 "缩放工具"的使用效果

"缩放工具" 🔍 的默认功能是放大 🔍，如图2-34所示；如果想要缩小对象，则单击"工具"面板中的 🔍 按钮。

图2-34 "缩放工具"的选项

使用快捷方式Ctrl+"－"或"="，或者Ctrl+滚动条（上、下滑动），可以方便查看舞台内容。

8. 辅助工具

使用辅助工具有利于提高工作效率。辅助工具包括"手形工具""旋转工具""时间划动工具"，如图2-35所示。

图2-35 辅助工具

- 手形工具：用于移动舞台的显示区域，快捷键为H。
- 旋转工具：用于360°旋转舞台中的显示内容，使用鼠标指针在舞台中单击可以定位对象，快捷键为Shift+H。
- 时间划动工具：根据时间轴中制作的动画，在舞台中左右滑动可以预览动画，快捷键为Alt+Shift+H。

❖ 案例演练　公司标志

 **案例导入**

某公司（UNIVISION）有一个外包项目——公司标志设计，要求标志简单、明了，色彩鲜艳，能够充分体现该公司的活力和时尚感。

扫码观看视频

 **设计说明**

本案例以白色为背景，最上方为公司名称的英文大写（UNIVISION），字体为黑体，庄重、有力量感；下方使用3种颜色（紫色、红色、蓝色）较为鲜明的1/4圆形图案，以体现充满活力的公司文化；右上角为绿色矩形，表示该公司员工严谨、有序的工作态度；圆形和矩形图案的简单融合，具有强烈的视觉冲击力。

 **案例操作**

1. 新建文件

步骤01　在Animate中选择"文件"→"新建"菜单命令，在打开的对话框中设置场景的"宽""高"均为400 px，"平台类型"为"ActionScript 3.0"，如图2-36所示，单击"创建"按钮。

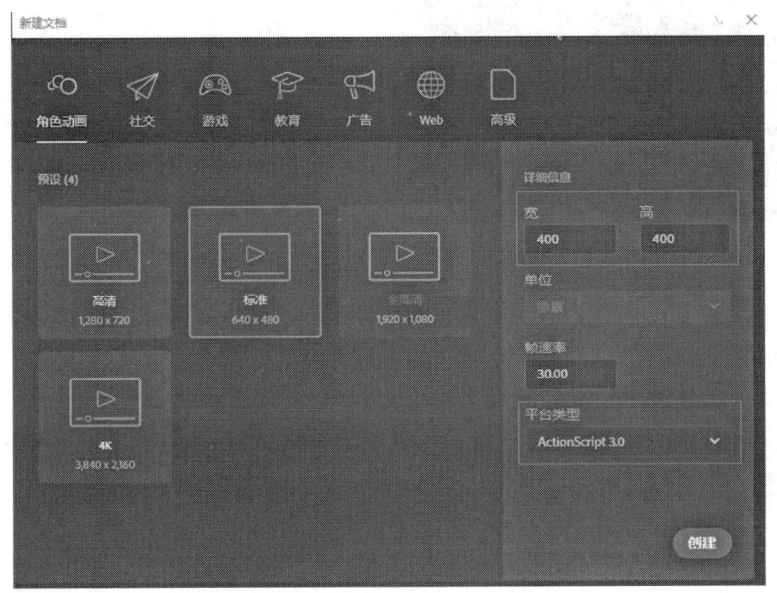

图2-36　"新建文档"对话框

步骤02　在"属性"面板的"文档设置"属性区中设置"舞台"颜色为白色，效果如图2-37所示。

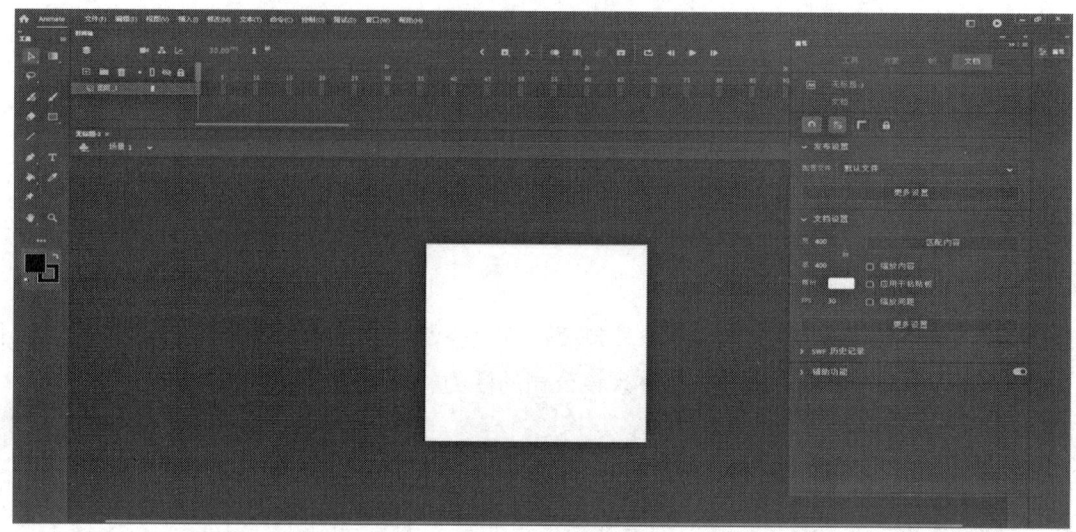

图2-37　文档界面

2. 绘制图形

步骤03　在"工具"面板中选择"矩形工具"■，在舞台中绘制一个矩形，在矩形"属性"面板的"位置和大小"属性区中设置"宽""高"均为100 px，在"颜色和样式"属性区中设置"填充"的颜色为绿色，无笔触，如图2-38所示，矩形效果如图2-39所示。

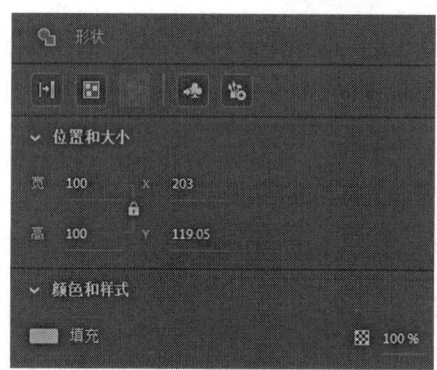

图2-38　"属性"面板

图2-39　图形效果

步骤04　选择"基本椭圆工具"◎绘制正圆形，在基本椭圆"属性"面板中设置属性，如图2-40所示。其中，"宽""高"均为100 px，"填充"的颜色为紫色，无笔触，在"椭圆选项"属性区中设置"开始角度"为270°，图形效果如图2-41所示。

步骤05　按住Shift键选中两个图形，调整二者的间距，在"对齐"面板中单击"顶对齐"按钮■，如图2-42所示，效果如图2-43所示。

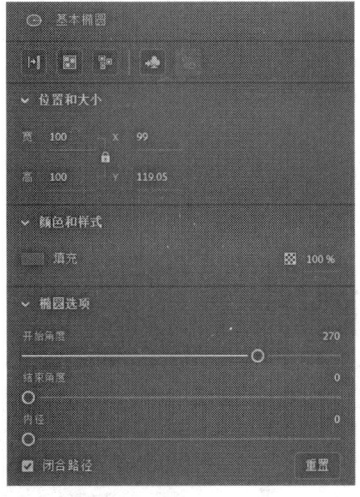

图2-40 "属性"面板 图2-41 图形效果

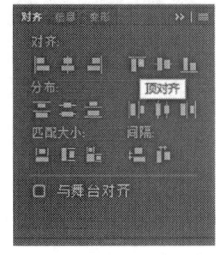

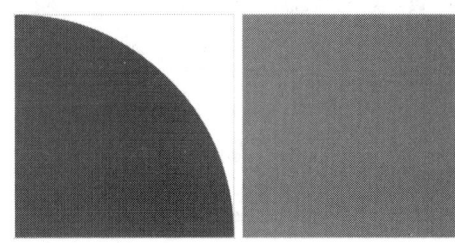

图2-42 "对齐"面板 图2-43 图形效果

步骤06 选中绘制完成的紫色图形，按住Alt键和鼠标左键复制图形，将副本对象放在原对象的左下方，在"属性"面板中设置属性，如图2-44所示。其中，在"颜色和样式"属性区中设置"填充"的颜色为红色，在"椭圆选项"属性区中设置"开始角度"为0°，"结束角度"为90°，图形效果如图2-45所示。

提示　如果想要在水平或垂直状态下复制对象，可以按住Shift键。

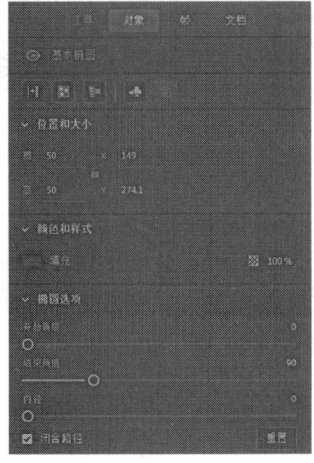

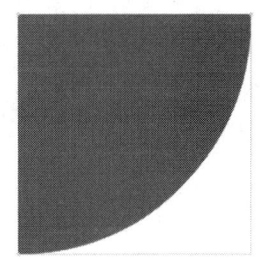

图2-44 "属性"面板 图2-45 图形效果

步骤07　选择红色图形，选择"修改"→"变形"→"水平翻转"菜单命令，如图2-46所示；按照与前面步骤相同的方法，使用"对齐"面板调整红色图形与紫色图形的间距，图形效果如图2-47所示。

> 提示　也可以按Ctrl+T组合键执行变形操作。

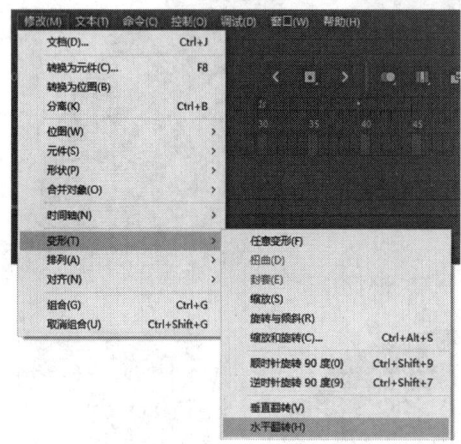

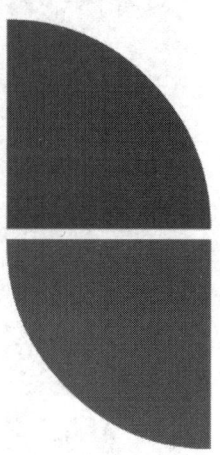

图2-46　"水平翻转"命令　　　　　　图2-47　图形效果

02

步骤08　选择红色图形，按住Shift+Alt组合键，将其水平向右拖动复制到合适的位置，效果如图2-48所示。

步骤09　选中红色副本图形，在"属性"面板的"颜色和样式"属性区中设置"填充"的颜色为蓝色，"开始角度"为0°，"结束角度"为90°，如图2-49所示。

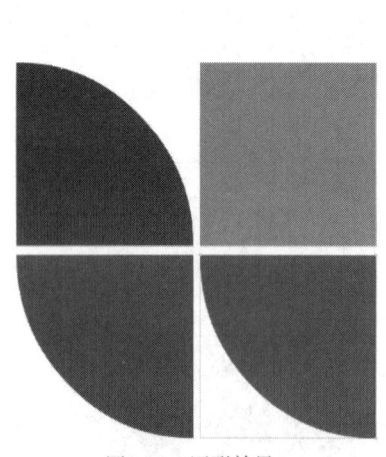

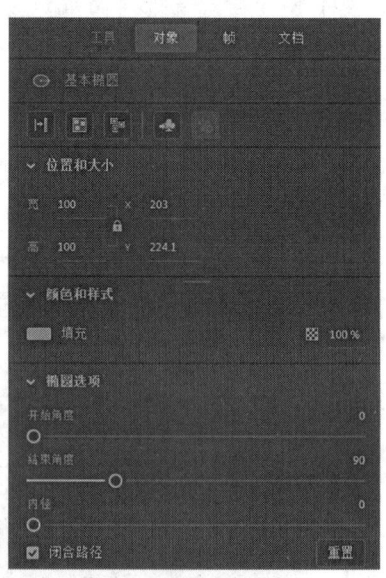

图2-48　图形效果　　　　　　　　图2-49　"属性"面板

步骤10　按住Shift键选择蓝色图形，使用"对齐"面板将其左对齐，效果如图2-50所示。

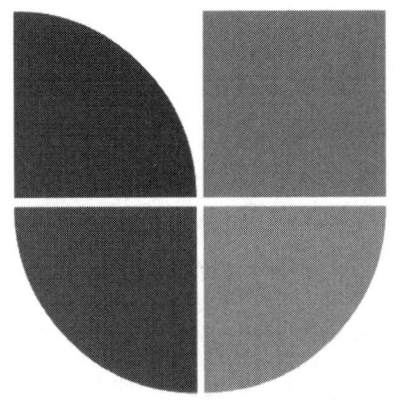

图2-50　标志设计效果

3. 输入文本

　　步骤11　在"工具"面板中选择"文本工具" T ，在舞台中单击插入光标，输入文本"UNIVISION"，然后选中文本，在文本"属性"面板中设置属性，如图2-51所示。其中，设置"字体"为"黑体"，"大小"为38 pt，"填充"的颜色为黑色，效果如图2-52所示，适当调整文本在舞台中的位置。

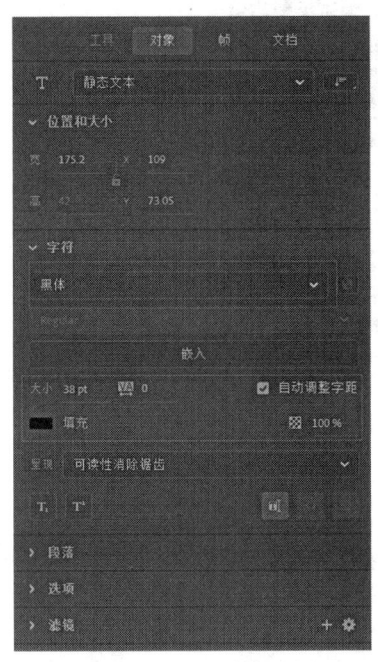

UNIVISION

图2-51　"属性"面板　　　　　　　　　　　　　图2-52　文本效果

4. 保存文件

　　步骤12　选择"文件"→"保存"菜单命令或按Ctrl+S组合键，打开"另存为"对话框，如图2-53所示，指定文件的保存路径，设置文件名为"公司标志"，"保存类型"为"Animate文档（*.fla）"，单击"保存"按钮。

　　步骤13　选择"控制"→"测试"菜单命令或按Ctrl+Enter组合键，生成播放文件，效果如图2-54所示，本案例制作完成。

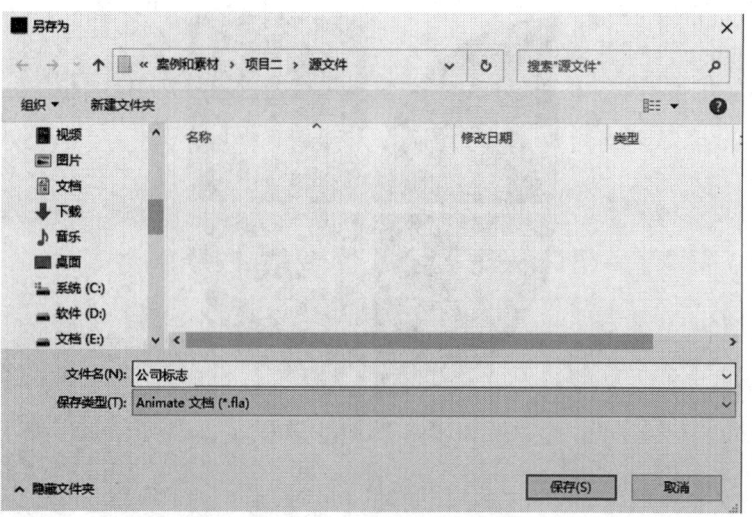

图2-53　"另存为"对话框

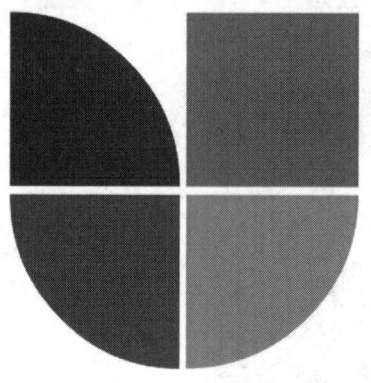

图2-54　最终效果

2.2 角色设计

2.2.1 图形的基本操作

1. 粘贴到当前位置

与其他软件类似，Animate最常见的操作不外乎是剪切、复制和粘贴。其中，"粘贴到当前位置"是指将原对象复制或剪切到剪贴板，在原对象的位置上粘贴得到副本对象。"粘贴到当前位置"有如下3种操作方式。

● 选择对象，选择"编辑"→"粘贴到当前位置"菜单命令。

● 单击空白区域，右击，在弹出的快捷菜单中选择"粘贴到当前位置"命令。

● 使用快捷键Ctrl+Shift+V。

此外，选择对象，按住Alt键和鼠标左键不放，将对象拖至合适的位置，即可实现复制、粘贴操作。

2. 组合和分离

当绘制的多个对象需要作为整体编辑时，可以将多个对象选中，然后选择"编辑"→"组合"菜单命令或按Ctrl+G组合键；也可以选中多个对象，右击，在弹出的快捷菜单中选择"组合"命令。

分离操作与组合操作相反。当需要单独编辑一个组合对象中的某个对象时，可以选择"编辑"→"分离"菜单命令或按Ctrl+B组合键；也可以选择"编辑"→"取消组合"菜单命令或按Ctrl+Shift+G组合键；还可以在选中组合对象后，右击，在弹出的快捷菜单中选择"分离"命令。

3. 贴紧

如果想要使各图形对象自动对齐、贴紧至舞台或其他对象，可以选择"视图"→"贴紧"菜单命令。其中，"贴紧至对象""贴紧对齐"是常用功能，可在"属性"面板中打开。各"贴紧"命令释义如下。

- 贴紧至对象 🅝：用于使对象沿其他对象的边缘直接与其对齐。一般使用在引导层动画中，使被引导层中的对象贴紧主引导路径中的对象，还可以使对象贴紧网格。
- 贴紧至像素：用于在舞台中使对象直接与单独的像素或像素的线条贴紧。
- 贴紧对齐 🅑：用于按照指定的贴紧对齐容差（即对象之间或对象与舞台边缘之间的预设边界）贴紧对象，使用时会出现一条辅助线。
- 将位图贴紧至像素：用于将位图贴紧至最近的像素，使其在画布中看起来更为鲜明。
- 贴紧至网格：在显示网格的状态下激活此功能，选择的对象在移动时会自动识别当前位置的网格的基点。
- 贴紧至辅助线：在显示标尺的状态下拖动出x、y轴的辅助线，并激活此功能，选择的对象在移动时会自动识别当前位置的辅助线或相交的基点，如图2-55所示。

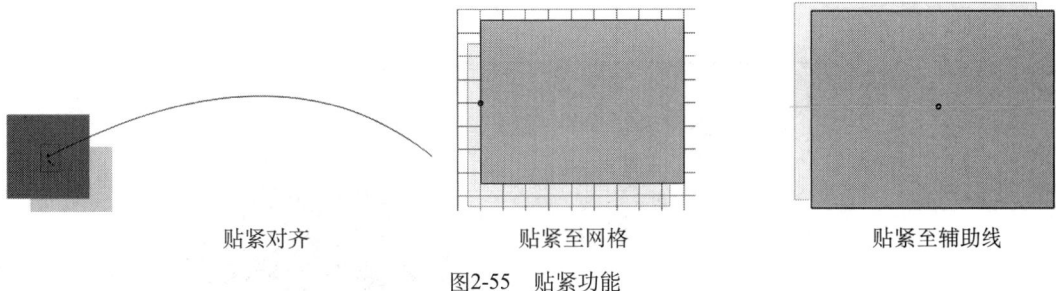

贴紧对齐　　　　　　　贴紧至网格　　　　　　　贴紧至辅助线

图2-55　贴紧功能

2.2.2 工具

1. 线条工具

使用"线条工具" ⁄在舞台中单击，按住鼠标左键不放，将鼠标指针拖动至需要的位置，释放鼠标，即可绘制出线条。在线条工具"属性"面板中可以设置"颜色和样式"属性，如图2-56所示，其中包括线条的颜色、大小、样式（如图2-57所示）、宽度、缩放和端点等。

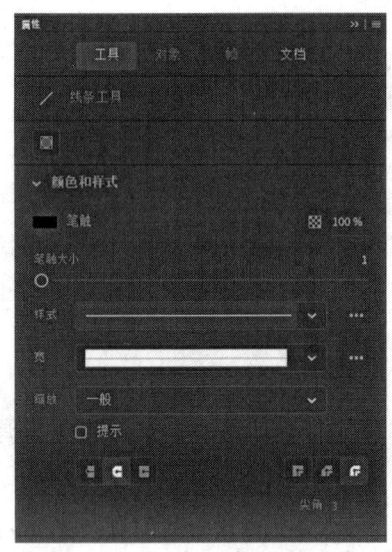

图2-56 线条工具"属性"面板

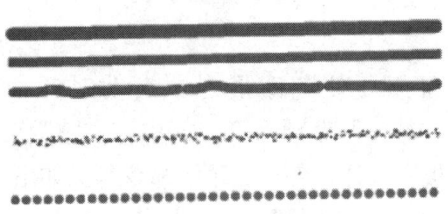

图2-57 线条样式

2. 宽度工具

在Animate中，使用"宽度工具" 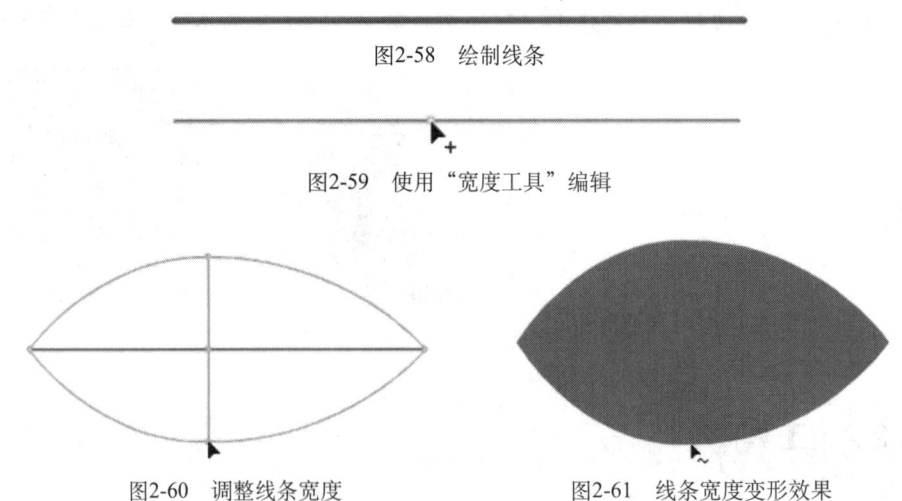 可以任意修改舞台中绘制的笔触线条的粗细，还可以将修改的笔触保存为样式，以便后续使用。

在舞台中绘制一条线条，效果如图2-58所示。选择"宽度工具" ，将鼠标指针放置在线条上，当线条上出现一个空心点并且鼠标指针下方出现加号时（如图2-59所示），单击并拖动鼠标指针绘制笔触宽度轮廓，效果如图2-60所示。释放鼠标，线条宽度的变形效果如图2-61所示。

图2-58 绘制线条

图2-59 使用"宽度工具"编辑

图2-60 调整线条宽度

图2-61 线条宽度变形效果

可以将鼠标指针放在线条上，当鼠标指针下方出现双向箭头时，通过拖动控制点调整线条的宽度，如图2-62所示。

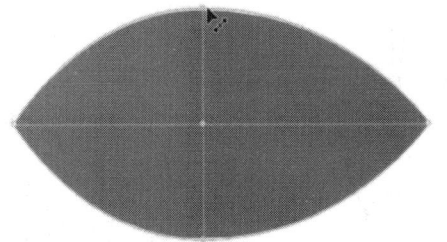

图2-62   调整线条宽度

使用"选择工具" 选择已编辑好宽度的线条对象，在"属性"面板中"宽"属性的线条样式显示效果如图2-63所示。

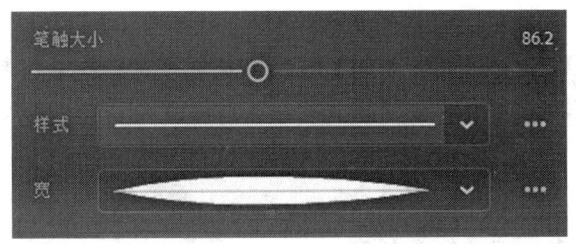

图2-63   "宽"线条效果

在"属性"面板中单击"宽"属性右侧的███按钮，在弹出的菜单中选择"添加到配置文件"选项，如图2-64所示，打开"可变宽度配置文件"对话框，在"配置文件名称"文本框中输入名称，如图2-65所示，单击"确定"按钮。

在"属性"面板中选择"宽"属性，即可查看已保存的样式，如图2-66所示。

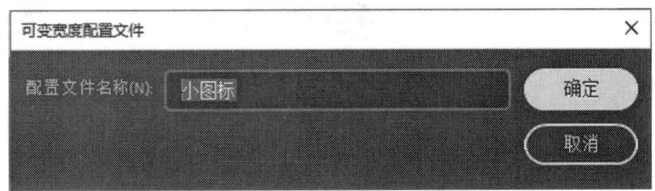

图2-64   "添加到配置文件"选项   图2-65   "可变宽度配置文件"对话框

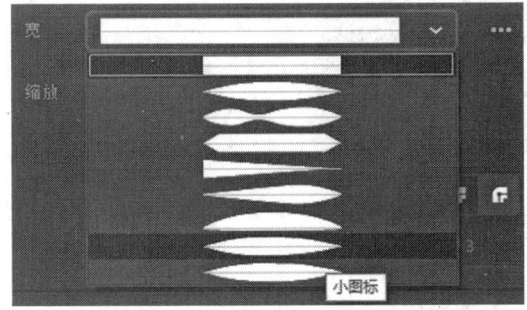

图2-66   "宽"属性

3. 颜料桶工具

可以使用"颜料桶工具"<svg></svg>在矢量图上单击以填充颜色，效果如图2-67所示。

选择"颜料桶工具"<svg></svg>后，其"属性"面板如图2-68所示。

图2-67 填充颜色效果

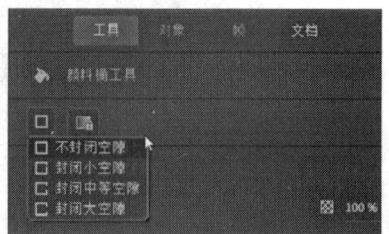

图2-68 颜料桶工具"属性"面板

面板中主要属性释义如下。

● **不封闭空隙** ：用于在完全封闭的区域中填充颜色，效果如图2-69所示。

● **封闭小空隙** ：用于在区域边线存在小空隙时填充颜色，效果如图2-70所示。

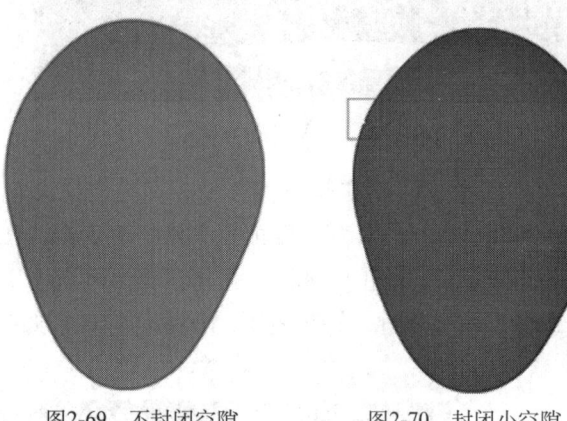

图2-69 不封闭空隙   图2-70 封闭小空隙

● **封闭中等空隙** ：用于在区域边线存在中等空隙时填充颜色，效果如图2-71所示。

● **封闭大空隙** ：用于在区域边线存在较大空隙时填充颜色，效果如图2-72所示。

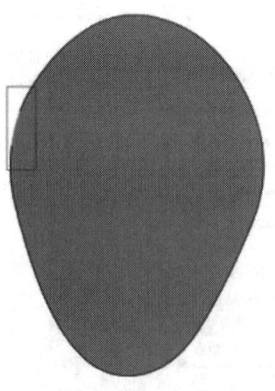 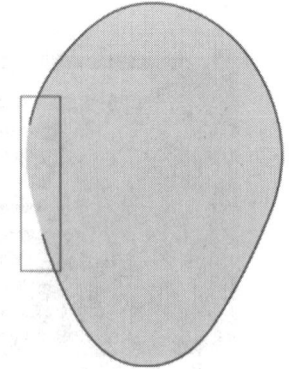

图2-71 封闭中等空隙   图2-72 封闭大空隙

● **锁定填充** ：用于锁定填充颜色，锁定颜色后不能再修改颜色。

● **油漆桶选项**：用于在拖动填充时区分"特定区域"（如图2-73所示）和"所有区域"（如图2-74所示）。

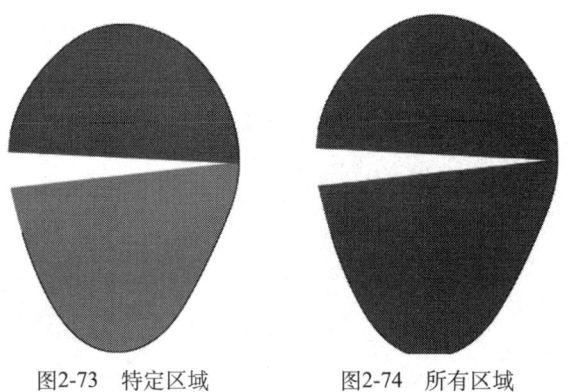

图2-73　特定区域　　　　图2-74　所有区域

4．墨水瓶工具

　　使用"墨水瓶工具" 可以快速修改矢量图的边线颜色。选择"墨水瓶工具" ，其"属性"面板如图2-75所示，在其中可以调整笔触的颜色、大小、样式、宽度和缩放等，不同填充边线的效果如图2-76所示。

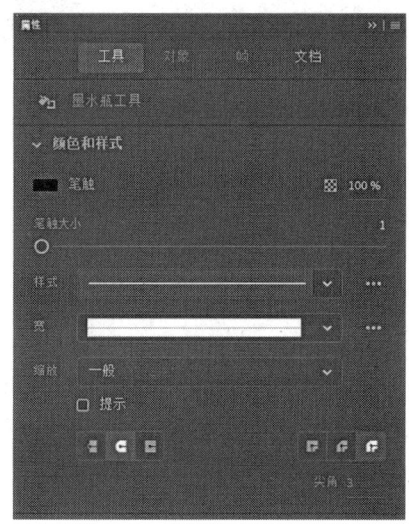

图2-75　墨水瓶工具"属性"面板

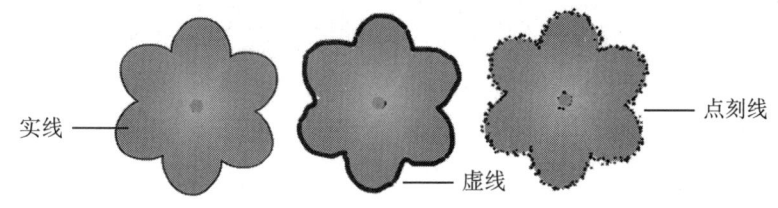

实线　　　　　　　　　　　　　　　　　　点刻线

虚线

图2-76　填充边线效果

5．任意变形工具

　　如果想要对绘制的矢量图或位图进行变形，可以使用"任意变形工具" 。"任意变形工具" 的"属性"面板如图2-77所示。

　　要使用变形功能，可以选择"修改"→"变形"菜单命令的级联菜单命令或按Ctrl+T组合键；也可以使用"任意变形工具" 右击对象，在弹出的快捷菜单中选择"变形"

选项；还可以借助"变形"面板，选择"窗口"→"变形"菜单命令，打开"变形"面板，如图2-78所示。

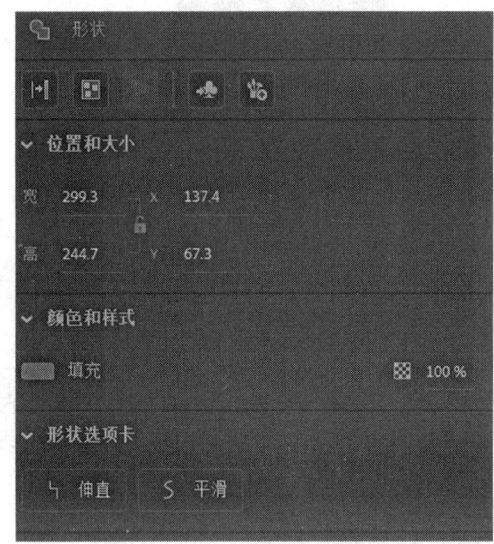

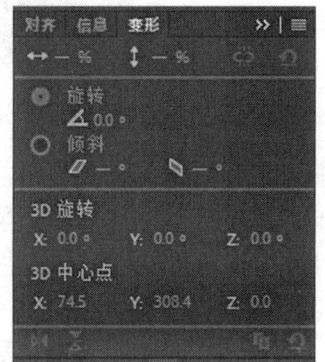

图2-77　任意变形工具"属性"面板　　　　　图2-78　　"变形"面板

❖ 案例演练　表情包

案例导入

表情包是近几年的一种流行文化，是依托于社交网络的一种不可或缺的语言表达形式。表情包可以是文字，可以是符号，也可以是图片，再加入多元化的色彩设计，可以使其更加生动、直观，以表达特定的情感。

扫码观看视频

设计说明

某文化传媒公司为满足客户需求定制了一款表情包。在设计过程中考虑到用户群体多为年轻人，在色彩运用上以红色系列为主，绘制风格简洁、大方，突出表情包角色"可爱、顽皮"的特点，令人记忆深刻，使用起来愉悦、舒心。

案例操作

1. 新建文件

步骤01　选择"文件"→"新建"菜单命令或按Ctrl+N组合键，打开"新建文档"对话框，设置文档的"宽""高"均为200 px，"帧速率"为30.00，"平台类型"为"ActionScript 3.0"，如图2-79所示，单击"创建"按钮；打开新建文档界面，在文档"属性"面板中设置"舞台"为白色，如图2-80所示。

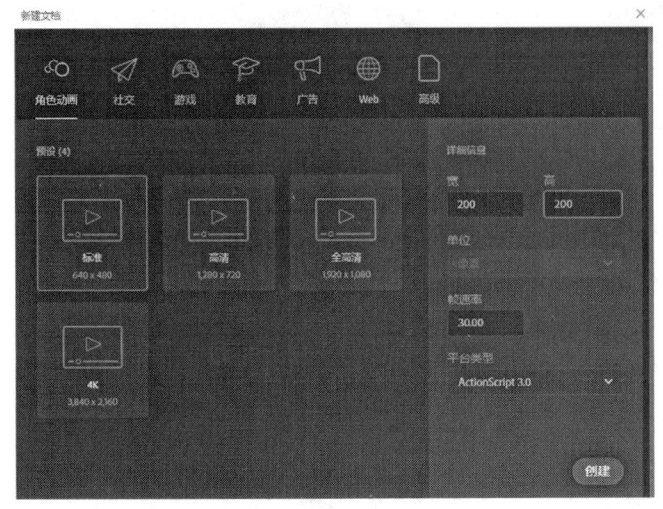

图2-79 "新建文档"对话框

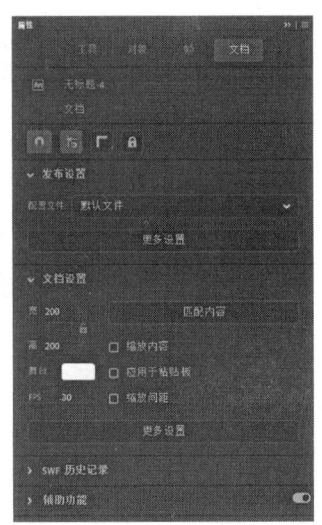

图2-80 文档"属性"面板

2. 绘制图形

步骤02 选择"时间轴"面板,单击"新建图层"按钮⊞,将新建图层命名为"头部",如图2-81所示。选择第1帧,选择"椭圆工具"⬭,在"颜色"面板中设置"填充"为粉色(#FF9EC5),"笔触"为黑色,"笔触大小"为3,在舞台中绘制椭圆形,效果如图2-82所示。

图2-81 新建图层

图2-82 绘制椭圆形

步骤03 按Ctrl+C组合键,选中椭圆笔触进行复制,按Ctrl+Shift+V组合键,将其粘贴到当前位置,然后将其向右下方移动至适当位置,效果如图2-83所示。

步骤04 调整笔触线段的位置,并填充相同的颜色,效果如图2-84所示。

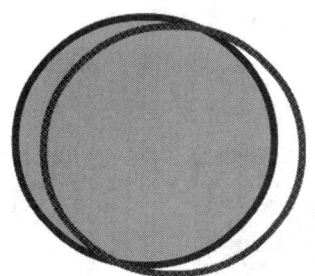

图2-83 复制边线

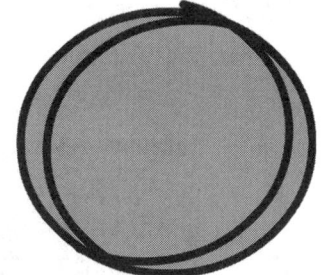

图2-84 调整边线

步骤05 使用"颜料桶工具"⬛从左到右分别填充颜色(#FFBEE2,#FFCCFF),效果如图2-85所示,删除不需要的线条,效果如图2-86所示,将其作为表情包的面部。

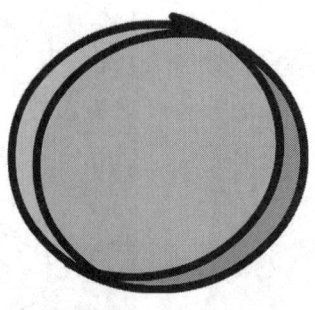
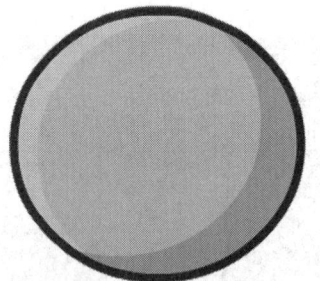

图2-85　填充颜色　　　　　　　　图2-86　图形效果

提示　　　下面绘制表情包的眼睛。

步骤06　选择"时间轴"面板，单击"新建图层"按钮 ，将新建图层命名为"左部分"。在"工具"面板中选择"椭圆工具" ，单击"对象绘制"按钮 ，在舞台中绘制圆形，选中圆形，在其"属性"面板中设置"宽""高"均为20 px，"填充"为白色，无笔触，如图2-87所示。

步骤07　再绘制一个小圆形，在其"属性"面板中设置"宽""高"均为5 px，"填充"为黑色，无笔触，如图2-88所示，表情包眼睛的效果如图2-89所示。

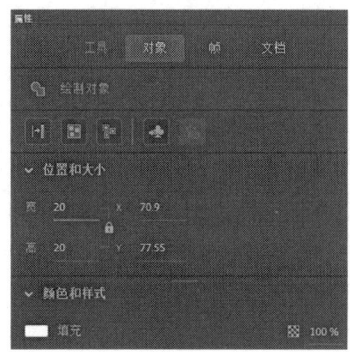
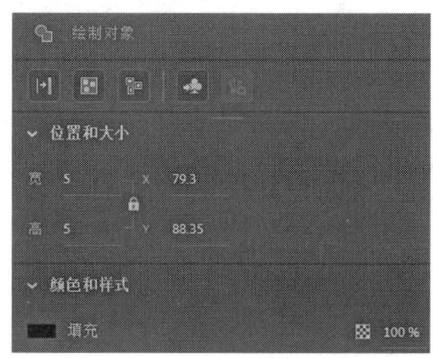

图2-87　设置属性　　　　　　　　　图2-88　设置属性

提示　　　绘制表情包眼睛下方的高光，使表情包看起来更可爱。

步骤08　绘制一个椭圆形，在其"属性"面板中设置"宽"为8 px，"高"为4 px，"填充"为白色，无笔触，如图2-90所示，图形效果如图2-91所示，将其作为高光。

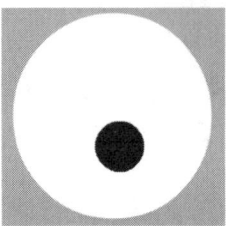
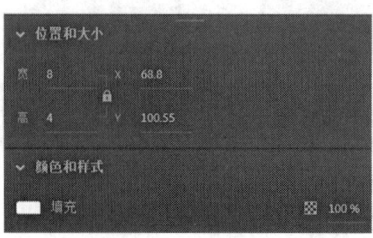

图2-89　眼睛效果　　　　　　图2-90　设置属性　　　　　　图2-91　高光效果

步骤09 选择"时间轴"面板中的"左部分"图层，右击，在弹出的快捷菜单中选择"复制图层"选项，得到副本图层，将其重命名为"右部分"，如图2-92所示。

图2-92 编辑图层

步骤10 全部选择对象，按Ctrl+G组合键组合对象，选择"修改"→"变形"→"水平翻转"菜单命令，如图2-93所示，调整图形的位置，效果如图2-94所示。

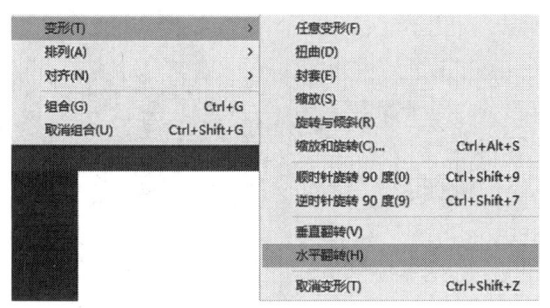

图2-93 "水平翻转"命令

图2-94 图形效果

步骤11 选择"时间轴"面板，单击"新建图层"按钮，将新建图层命名为"嘴"。选择"工具"面板中的"椭圆工具"，随意绘制一个小椭圆形，设置颜色为（#993300），调整表情包嘴部的形状，效果如图2-95所示。

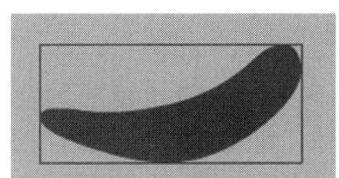

图2-95 图形效果

步骤12 选择"时间轴"面板，单击"新建图层"按钮，将新建图层命名为"头饰"。选择"工具"面板中的"椭圆工具"，绘制3个椭圆形，将其连接在一起，在"属性"面板中设置"填充"为（#FFFFCC），黑色笔触，"笔触大小"为3，如图2-96所示，效果如图2-97所示。

图2-96 设置属性

图2-97 图形效果

3. 保存文件

步骤13 选择"文件"→"保存"菜单命令或按Ctrl+S组合键，打开"另存为"对话框，设置文件的存储路径，将文件命名为"表情包"，"保存类型"为"Animate文档（*.fla）"，如图2-98所示，单击"保存"按钮。

步骤14　选择"控制"→"测试"菜单命令或按Ctrl+Enter组合键，生成播放文件，效果如图2-99所示，本案例制作完成。

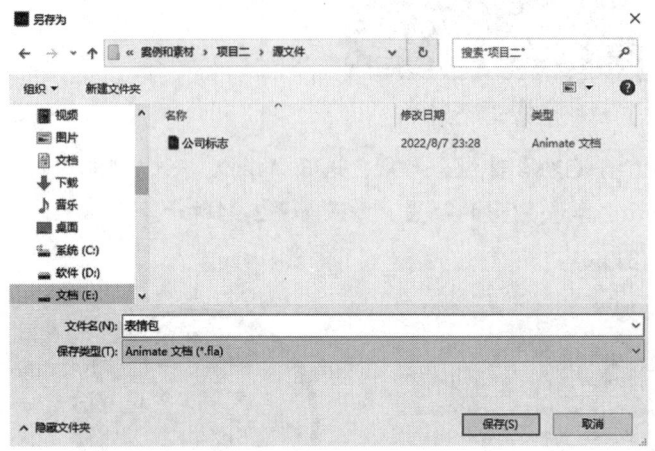

图2-98　"另存为"对话框　　　　　　　　　　　　图2-99　最终效果

2.3　形象设计

2.3.1　"颜色"面板

在Animate中，选择"窗口"→"颜色"菜单命令或按Ctrl+Shift+F9组合键，可以打开"颜色"面板，如图2-100所示。在该面板中，可以设置图形的内部填充和轮廓颜色，在填充颜色时可以选择"无""纯色""线性渐变""径向渐变""位图填充"等不同选项。

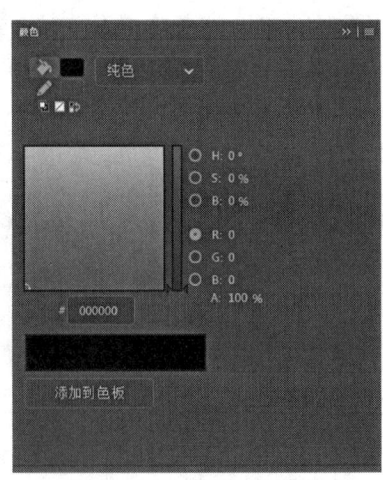

图2-100　"颜色"面板

1. 纯色填充

在"颜色"面板中默认的颜色类型是纯色，可选择任意颜色填充。

面板中主要属性释义如下。

- 笔触 ✐：用于设置轮廓线条的颜色。
- 填充 ◆：用于设置填充的颜色。
- 黑白 ◼：用于将笔触和填充恢复为系统默认状态。
- 无色 ☑：用于设置笔触和填充为无色。
- 交换颜色 ⬚：用于互换填充和笔触颜色。
- (H，S，B)/(R，G，B)：用于精确设置颜色值。
- A：用于设置颜色的透明度，取值范围为0%～100%。
- 添加到色板：用于将颜色添加到色板，默认色板如图2-101所示。

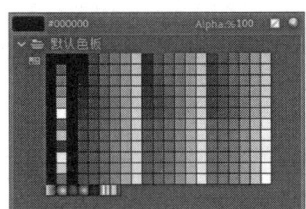

图2-101　默认色板

2. 渐变填充

"线性渐变"和"径向渐变"都可以用于填充渐变色，如图2-102、图2-103所示。

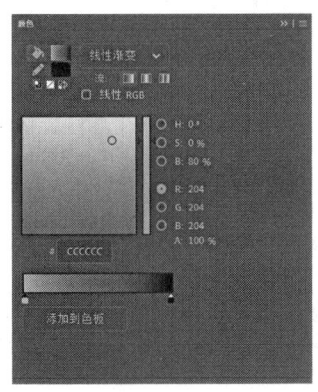
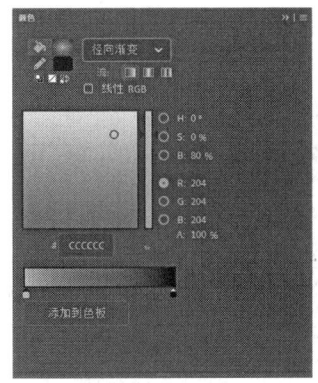

图2-102　线性渐变　　　　　　图2-103　径向渐变

只需要在渐变色条（如图2-104所示）下方的任意处单击，即可添加色标，如图2-105所示，可以修改色标的颜色以调整渐变色条的效果，也可以为渐变色条添加透明度色标。将色标拖动到面板的空白区域，即可删除色标。

图2-104　渐变色条　　　　　　图2-105　添加色标

3. 位图填充

要想使用"位图填充"功能将位图有效地平铺至图形中，需要先将位图导入"库"

面板。将位图导入"库"面板的方法如下。

- 在"颜色"面板中选择"位图填充"选项,单击"导入"按钮,打开"导入到库"对话框,选择位图,如图2-106所示,将其导入"库"面板。
- 选择"文件"→"导入"→"导入到库"菜单命令,选择位图导入"库"面板。
- 在外部文件夹中选择位图,将其拖至"库"面板。

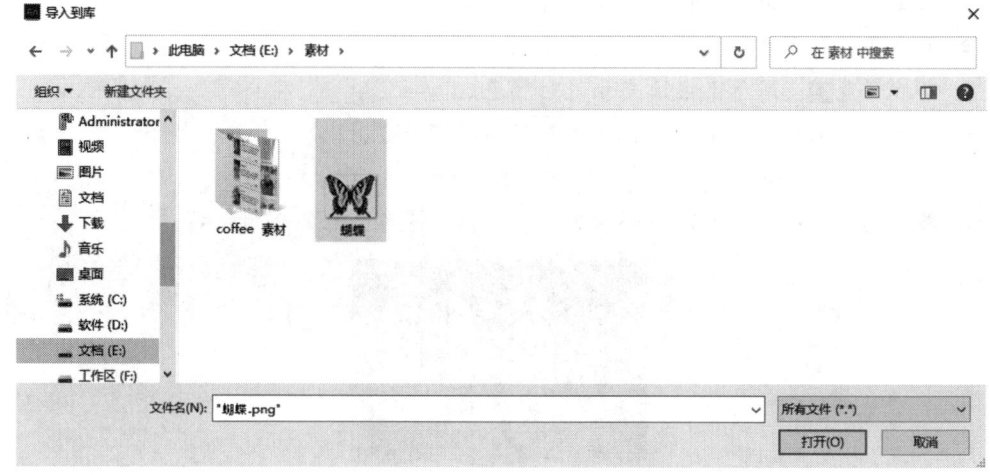

图2-106 "导入到库"对话框

具体操作是,绘制图形(如图2-107所示),在"颜色"面板中选择"位图填充"选项(如图2-108所示),单击"导入…"按钮导入位图,将导入的位图以平铺的方式填充至图形中,效果如图2-109所示。

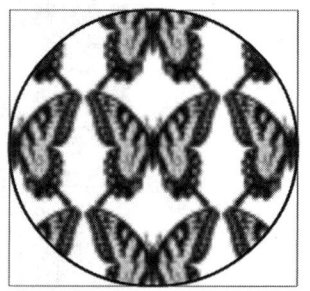

图2-107 绘制图形　　　　　　图2-108 位图填充　　　　　　图2-109 填充效果

2.3.2 工具

1. 钢笔工具

如果想要精确绘制路径,可以使用"钢笔工具"。使用"钢笔工具"单击,可以创建直线段上的点;使用"钢笔工具"拖动鼠标指针,可以创建曲线段上的点,此时鼠标指针转换成箭头形状,线段上出现控制柄,调整控制柄即可绘制曲线,效果如图2-110所示。此外,可以通过调整线条上的点来调整直线段和曲线段。

图2-110　曲线效果

提示　　在使用"钢笔工具" 绘制曲线时,可以创建平滑点(即连续的弯曲路径上的锚点)。在绘制直线段或连接到曲线段的直线段时,可以创建转角点(即在直线路径上或直线和曲线路径接合处的锚点)。默认情况下,选定的平滑点显示为空心圆圈,选定的转角点显示为空心正方形。

可以通过"添加锚点工具" 、"删除锚点工具" 、"转换锚点工具" (如图2-111所示)调整线段。

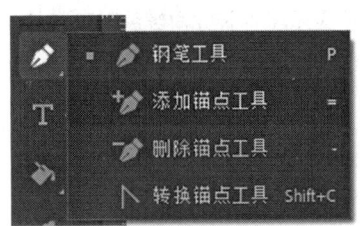

图2-111　调整锚点的相关工具

- "添加锚点工具" ：用于为绘制的线条添加锚点,如图2-112所示。
- "删除锚点工具" ：用于删除线条上的某个锚点,如图2-113所示。

图2-112　添加锚点　　　　　　　　　图2-113　删除锚点

提示　　默认情况下,当将"钢笔工具" 定位在选定路径上时,它会转换成"添加锚点工具" ；当将"钢笔工具"定位在锚点上时,它会转换成"删除锚点工具" 。不要使用 Delete和Backspace键,或者"编辑"→"剪切"或"编辑"→"清除"菜单命令删除锚点,这样会删除点以及与之相连的线段。

- "转换锚点工具" ：用于转换线条中某个锚点的形态,如图2-114所示。

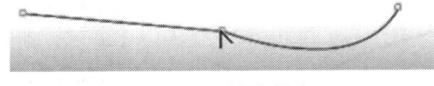

图2-114　转换锚点

扩展知识

鼠标指针的变化形态

使用"钢笔工具" 时,鼠标指针的变化形态释义如下。

- 起始锚点指针 ：用于表示将创建路径线段的第1个锚点。

- 连续锚点指针 ：用于表示再次单击鼠标时将创建一个锚点，并用直线段与前一个锚点相连。
- 添加锚点指针 ：用于表示再次单击鼠标时将向现有路径线段添加一个锚点。
- 删除锚点指针 ：用于表示再次单击鼠标时将删除现有路径线段上的一个锚点。
- 连续路径指针 ：用于表示将从现有锚点扩展路径线段。
- 闭合路径指针 ：用于表示将在现有路径的起始点处闭合路径线段，生成闭合形状。
- 连接路径指针 ：用于表示将在现有路径的非起始点处闭合路径线段，此时可能生成闭合形状，也可能无法生成闭合形状。
- 收缩贝塞尔曲线手柄指针 ：用于表示鼠标指针位于路径线段贝塞尔手柄的锚点上方，可通过单击使曲线路径恢复为直线路径。
- 转换锚点指针 ：用于表示将不带方向线的转角点转换为带有独立方向线的转角点。

2. 铅笔工具

使用"铅笔工具" 可以方便地绘制一些简单的矢量图和运动轨迹等。选择"铅笔工具" ，快捷键为Shift+Y，按住鼠标左键不放绘制形状，释放鼠标即可结束绘制，效果如图2-115所示。可以使用"属性"面板对"铅笔工具" 进行属性的设置，如图2-116所示。面板中主要属性释义如下。

- 伸直 ：默认设置，可用于绘制大致形状。
- 平滑 ：可用于绘制平滑形状的轮廓。
- 墨水 ：可用于以自定义形式自由绘制轮廓。

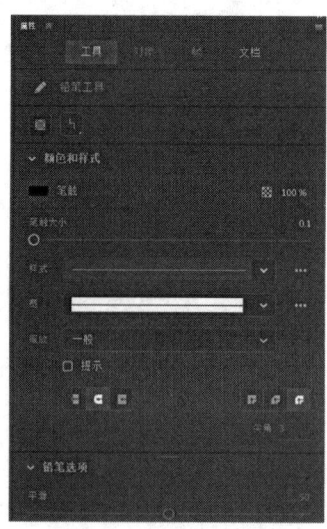

图2-115　铅笔绘制效果　　　　　　　　　图2-116　设置属性

3. 部分选择工具

当需要对图形对象的细节进行调整时，可以使用"部分选择工具" 改变线段或形状轮廓。使用"部分选择工具" 单击锚点，如图2-117所示，按住Alt键拖动锚点出现控制柄，此时即可调整线段，如图2-118所示。

图2-117 单击锚点 　　　　　　　　图2-118 按住Alt键调整锚点

提示　　　可以使用"部分选择工具" ▶ 移动锚点或者将转角点转换为平滑点，也可以使用"钢笔工具" ✐ 将平滑点转换为转角点。

4. 滴管工具

使用"滴管工具" ✐ 可以快速复制轮廓或填充颜色。

首先绘制两个图形，如图2-119所示，使用"滴管工具" ✐ 吸取右侧图形的颜色，鼠标指针显示为 ✐ ，如图2-120所示。当鼠标指针显示为"颜料桶工具"形态时，如图2-121所示，单击左侧图形，即可填充颜色，如图2-122所示。

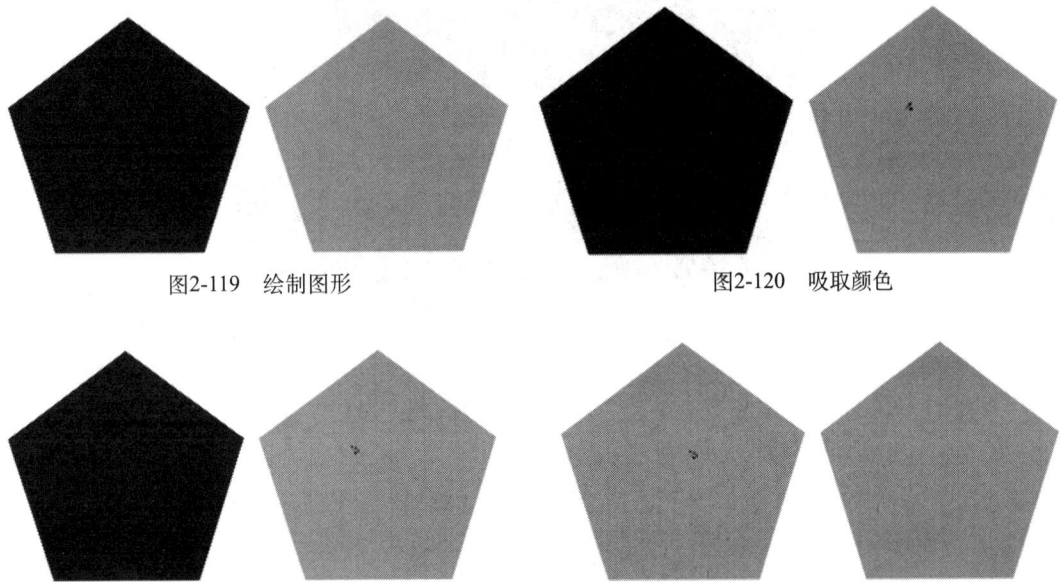

图2-119 绘制图形　　　　　　　　　　　　　　　图2-120 吸取颜色

图2-121 鼠标指针显示为"颜料桶工具"形态　　　　　图2-122 填充颜色

❖ 案例演练　吉祥物

案例导入

某公司需要一个吉祥物进行形象推广，以"青春、阳光、自信"为吉祥物设计的基本要求。

扫码观看视频

设计说明

设计方案中最终确定的吉祥物是个可爱的小超人，蓝色的衣服，红色的披风，萌态可掬。

案例操作

1. 新建文件

步骤01 选择"文件"→"新建"菜单命令或按Ctrl+N组合键,打开"新建文档"对话框,设置文档的"宽""高"分别为640 px、480 px,"帧速率"为30.00,"平台类型"为"ActionScript 3.0",如图2-123所示,单击"创建"按钮。

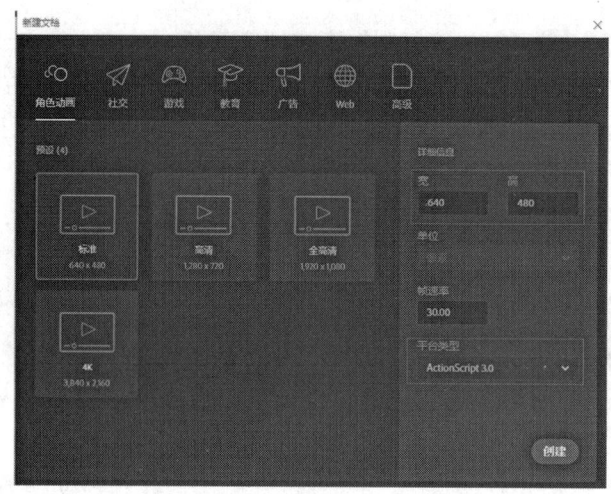

图2-123 "新建文档"对话框

2. 导入素材

步骤02 选择"文件"→"导入"→"导入到舞台"菜单命令,打开"导入"对话框,如图2-124所示,选择素材图片,单击"打开"按钮,将其作为绘图参考。在舞台中调整素材图片的大小和位置,如图2-125所示,在"时间轴"面板中将其图层锁定。

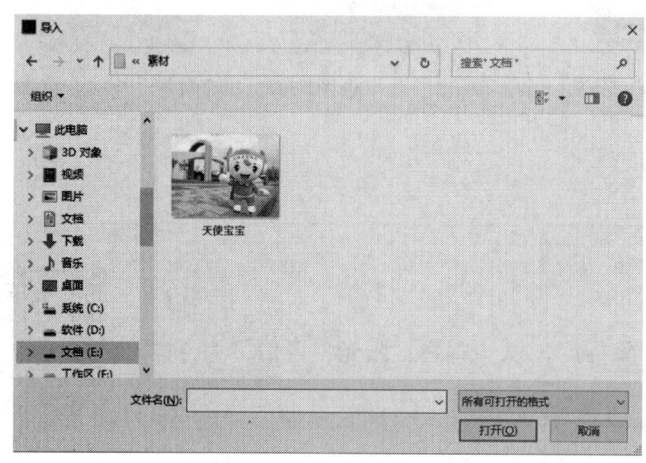

图2-124 "导入"对话框

图2-125 导入素材图片

3. 编辑对象

步骤03 选择"时间轴"面板,单击"新建图层"按钮,将新建图层命名为"头部",如图2-126所示。

步骤04 使用"钢笔工具" ✐绘制吉祥物头部的轮廓，效果如图2-127所示，在其"属性"面板中设置填充为天蓝色（#30B1E3），无笔触，为吉祥物面部的肤色设置"填充"为（#CDC0BA），无笔触，效果如图2-128所示。

图2-126 命名图层　　　　图2-127 绘制头部轮廓　　　　图2-128 头部效果

步骤05 选择"时间轴"面板，单击"新建图层"按钮⊞，将新建图层命名为"头饰"，使用"钢笔工具" ✐绘制头饰，设置"填充"为白色，无笔触，效果如图2-129所示。

步骤06 选择"时间轴"面板，单击"新建图层"按钮⊞，将新建图层命名为"文字"，使用"文本工具"输入文本"天使宝宝快乐"，设置字体为"楷体"，"大小"为18 pt，"字距调整"为2，"填充"为黑色，如图 2-130 所示。

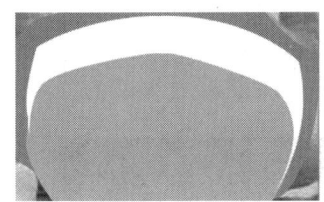

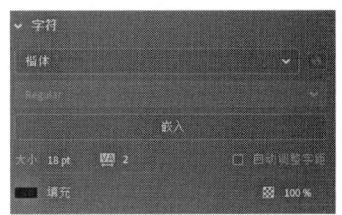

图2-129 绘制头饰　　　　图2-130 设置属性

步骤07 选择"修改"→"分离"菜单命令，操作两次，文本分离效果如图2-131所示。

图2-131 分离文本效果

步骤08 选择文本对象，然后在"工具"面板中选择"封套"选项，如图2-132所示，将文本调整为弧形，效果如图2-133所示。

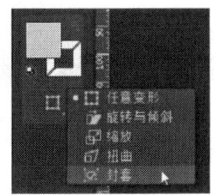

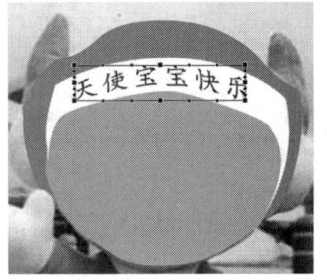

图2-132 选择"封套"选项　　　　图2-133 文本调整效果

步骤09　选择"时间轴"面板，单击"新建图层"按钮⊞，将新建图层命名为"耳朵"，使用"钢笔工具"✐绘制吉祥物的耳朵，设置"填充"为黄色（#CECA82），无笔触，绘制完成后将对象复制到头部的另一侧，调整其位置和角度，效果如图2-134所示。

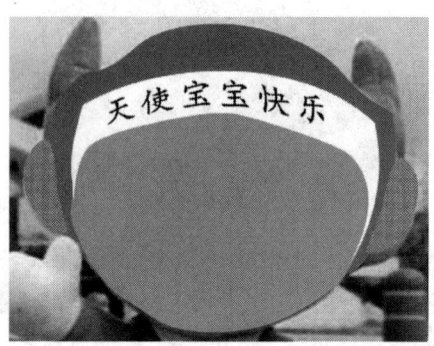

图2-134　耳朵效果

步骤10　选择"时间轴"面板，单击"新建图层"按钮⊞，将新建图层命名为"小头饰"，使用"钢笔工具"✐绘制吉祥物的小头饰，设置"填充"为蓝色（#3FA0C8），无笔触，效果如图2-135所示，将"小头饰"图层移到"头饰"图层的下方，如图2-136所示。

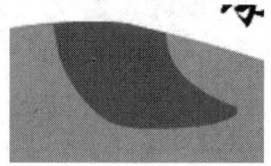

图2-135　小头饰效果　　　　　图2-136　调整图层顺序

步骤11　选择"时间轴"面板，单击"新建图层"按钮⊞，将新建图层命名为"眼睛和眉毛"，使用"钢笔工具"✐绘制吉祥物一侧的眼睛和眉毛，设置"填充"为黑色，效果如图2-137所示。

步骤12　选中该对象，选择"修改"→"组合"菜单命令（如图2-138所示）或按Ctrl+G组合键，按住Alt键拖动并复制对象，将其移动至舞台中合适的位置，效果如图2-139所示。

图2-137　一侧的眼睛和眉毛效果　　　　图2-138　"组合"命令　　　　图2-139　眼睛效果

步骤13 选择"时间轴"面板,单击"新建图层"按钮⊞,将新建图层命名为"嘴",使用"钢笔工具" ✐绘制吉祥物的嘴部,设置"填充"分别为酒红色(#770505)和暗粉色(#9B657C),无笔触,效果如图2-140所示。

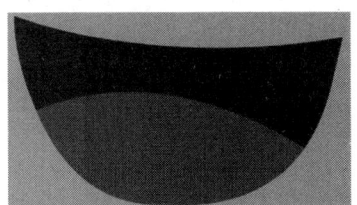

图2-140 嘴部效果

提示
可以使用"部分选择工具" ▶、"滴管工具" ✐辅助操作。

步骤14 选择"时间轴"面板,单击"新建图层"按钮⊞,将新建图层命名为"衣领",使用"钢笔工具" ✐绘制吉祥物的衣领,设置"填充"为白色,效果如图2-141所示,将"衣领"图层拖动至"头部"图层的下方,如图2-142所示。

图2-141 衣领效果 　　　　　图2-142 调整图层顺序

步骤15 在"时间轴"面板"衣领"图层的下方,单击"新建图层"按钮⊞,将新建图层命名为"身体",使用"钢笔工具" ✐绘制吉祥物的身体,设置"填充"为天蓝色,无笔触,如图2-143所示。

步骤16 使用"铅笔工具" ✐绘制吉祥物的腰带,在"颜色"面板中设置"填充"为白色,无笔触,效果如图2-144所示。

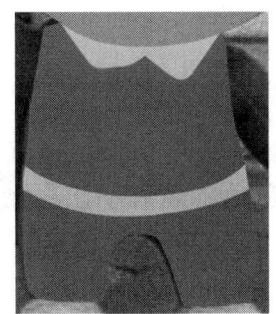

图2-143 身体效果 　　　　　图2-144 腰带效果

步骤17 选择"时间轴"面板,单击"新建图层"按钮⊞,将新建图层命名为"手臂和脚",使用"钢笔工具" ✐绘制吉祥物的手臂和脚部,如图2-145、图2-146所示,设置手臂的"填充"为蓝色(#30B1E3),手部和脚部的"填充"为灰色(#CDCFDB),效果如图2-147所示。

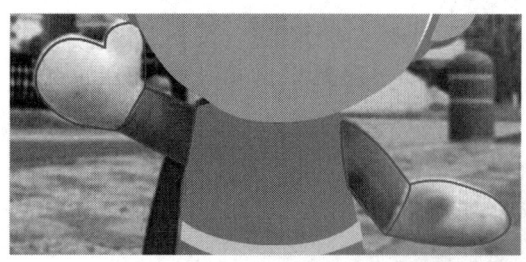

图2-145　手臂效果

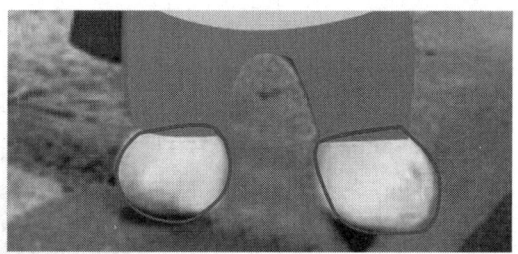

图2-146　脚部效果

图2-147　绘制效果

步骤18　选择"时间轴"面板，单击"新建图层"按钮⊞，将新建图层命名为"披风"，将该图层移至"身体"图层的下方，如图2-148所示。

步骤19　使用"钢笔工具"✏️绘制吉祥物的披风，设置"填充"为酒红色，无笔触，效果如图2-149所示。

图2-148　调整图层顺序　　　　　　图2-149　绘制披风

步骤20　选择"时间轴"面板，单击"新建图层"按钮⊞，将新建图层命名为"装饰头饰"，使用"钢笔工具"✏️绘制吉祥物的头饰，设置"填充"为深蓝色，将其复制到吉祥物头部的另一侧，调整其位置、大小和方向，效果如图2-150所示。

步骤21　在舞台中删除作为绘制参考的素材图片，框选绘制的对象，将其放置在合适的位置，并将舞台设置为黑色，效果如图2-151所示。

图2-150 绘制头饰

图2-151 绘制效果

4. 保存文件

步骤22 选择"文件"→"保存"菜单命令或按Ctrl+S组合键，打开"另存为"对话框，设置文件的保存路径，将文件命名为"吉祥物"，"保存类型"为"Animate文档（*.fla）"，如图2-152所示，单击"保存"按钮。

图2-152 "另存为"对话框

步骤23 选择"控制"→"测试"菜单命令或按Ctrl+Enter组合键，生成播放文件，效果如图2-153所示，本案例制作完成。

图2-153 最终效果

2.4 场景设计

2.4.1 导入文件

在Animate中可以识别多种位图和矢量图的文件格式，通过导入、拖入或粘贴等方式导入素材到舞台和库中。

1. 导入到舞台

选择"文件"→"导入"→"导入到舞台"菜单命令或按Ctrl+R组合键，打开"导入"对话框，选择需要导入的文件，单击"打开"按钮，将文件导入舞台中，如图2-154所示。

图2-154　导入到舞台

2. 导入到库

选择"文件"→"导入"→"导入到库"命令，打开"导入到库"对话框，如图2-155所示，选择需要导入的文件，单击"打开"按钮，将文件导入"库"面板中，效果如图2-156所示。

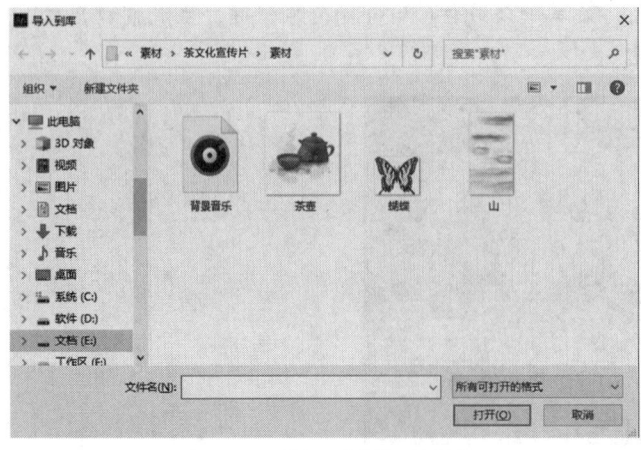

图2-155　"导入到库"对话框

图2-156　"库"面板

3. 外部粘贴

可以通过复制文件，然后在Animate的舞台中粘贴，将其导入Animate中。

4. 拖动文件

拖动文件是将文件导入Animate最快捷的方式。选择要导入的文件，按住鼠标左键不放，将其拖动至到Animate的舞台中，释放鼠标即可完成导入操作。

5. 导入 AI 文件

在Animate中，可以导入在Illustrator中制作的AI文件，导入的AI文件将保留以下属性：路径和形状、可伸缩性、描边的粗细、渐变的定义、文本（包括 OpenType 字体）、链接的图像、元件、混合模式等。

选择"文件"→"导入"→"导入到库"菜单命令，打开"导入到库"对话框，如图2-157所示，选择要导入的AI文件，单击"打开"按钮，打开"将'**.ai'导入到舞台"对话框，勾选"选择所有图层"复选框，如图2-158所示。

图2-157　"导入到库"对话框

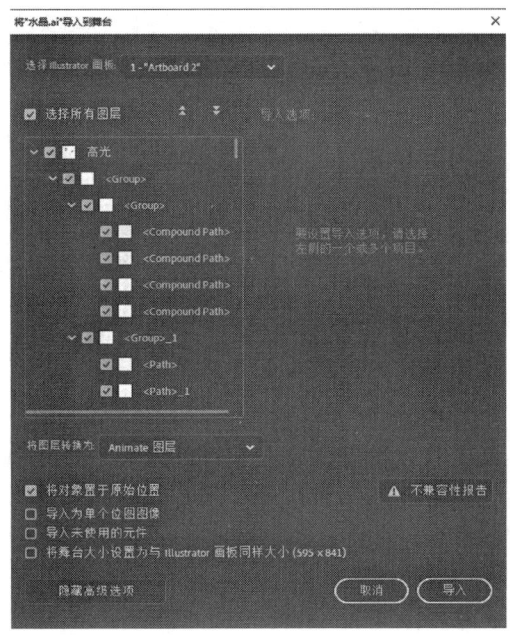

图2-158　"将'**.ai'导入到舞台"对话框

也可以在"选择所有图层"复选框下方的列表中选择需要导入的图层，再单击"导入"按钮，此时在舞台中显示出AI文件的导入效果，如图2-159所示，"库"面板的显示效果如图2-160所示。

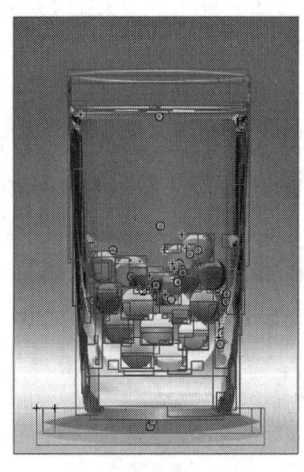

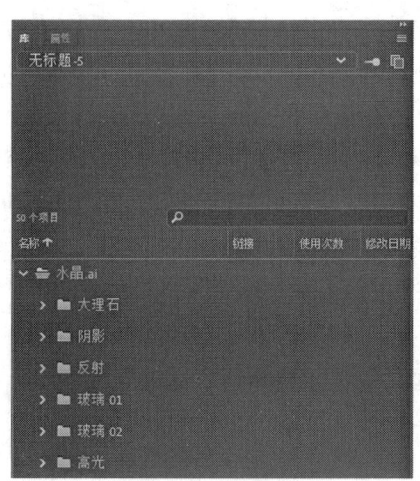

图2-159　AI文件导入舞台效果　　　　图2-160　"库"面板

6. 将位图转换为矢量图

在Animate中使用"转换位图为矢量图"命令，可以将位图转换为具有可编辑离散颜色区域的矢量图。

选择需要转换为矢量图的位图，如图2-161所示，选择"修改"→"位图"→"转换位图为矢量图"菜单命令，打开"转换位图为矢量图"对话框，在其中设置属性，如图2-162所示，单击"确定"按钮，效果如图2-163所示。

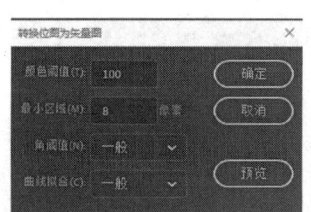

图2-161　位图　　　图2-162　"转换位图为矢量图"对话框　　　图2-163　将位图转换为矢量图

对话框中主要属性释义如下。

- 颜色阈值：用于设置将位图转换为矢量图时的颜色细节，取值范围为0~500。数值越大，颜色数量越低。
- 最小区域：用于指定将位图转换为矢量图时为某个像素指定颜色需要考虑的周围像素的数量，取值范围为0~1 000。
- 角阈值：用于确定将位图转换为矢量图时是保留锐利边缘还是进行平滑处理。
- 曲线拟合：用于设置将位图转换为矢量图时绘制轮廓所用的平滑程度。数值越大，位图细节的失真程度越高。

将位图转换为矢量图后，选择需要重新填充颜色的区域，如图2-164所示，然后使用"颜料桶工具" 填充颜色，效果如图2-165所示。

图2-164　选择填充区域　　　　图2-165　填充颜色

2.4.2　工具

1. 画笔工具

在Animate中，使用"画笔工具" ![brush]可以基于笔触颜色绘制各种图形，可以在"属性"面板中设置"笔触大小""样式""宽""缩放""画笔选项"等属性，如图2-166所示，使图形更具有艺术效果。其中，笔触样式有多个选项，如图2-167所示，可以提供多样化的笔触体验感。

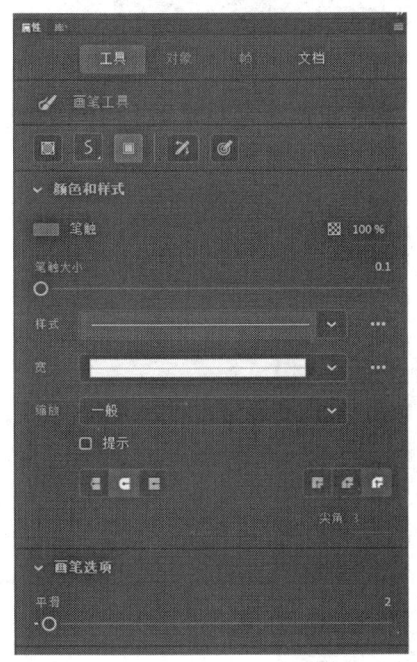

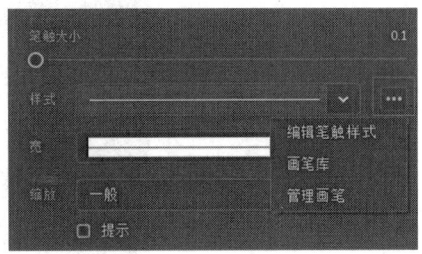

图2-166　"属性"面板　　　　图2-167　"样式"选项

笔触样式选项释义如下。

● 编辑笔触样式：用于打开"笔触样式"对话框设置笔触的"类型""粗细"，以及是否锐化转角等。其中，"粗细"的默认值为0.10，单位为"点"，如图2-168所示。

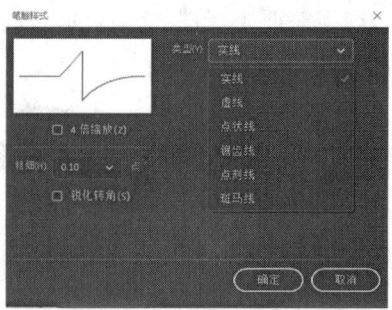

图2-168　"笔触样式"对话框

● 画笔库：用于打开画笔库选择不同艺术效果的笔触，双击即可将其显示在"属性"面板中，如图2-169所示。

图2-169　画笔库

● 管理画笔：用于打开"管理文档画笔"对话框对画笔库中的画笔进行添加或删除，如图2-170所示。

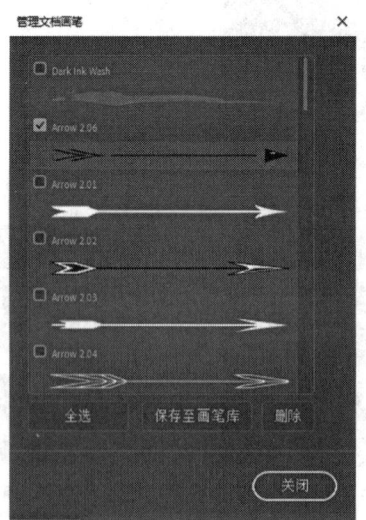

图2-170　管理文档画笔

提示　　　笔触样式可以应用于"钢笔工具"、"线条工具"、"画笔工具"、"矩形工具"、"椭圆工具"等，但不包括"铅笔工具"。

"画笔工具" 的使用方法与"铅笔工具" 类似，但使用"画笔工具" 绘制的颜色是填充色，使用"铅笔工具" 绘制的颜色是笔触色。

2. 传统画笔工具

"传统画笔工具" 可用于涂抹颜色。选择"传统画笔工具" ，其"属性"面板如图2-171所示。

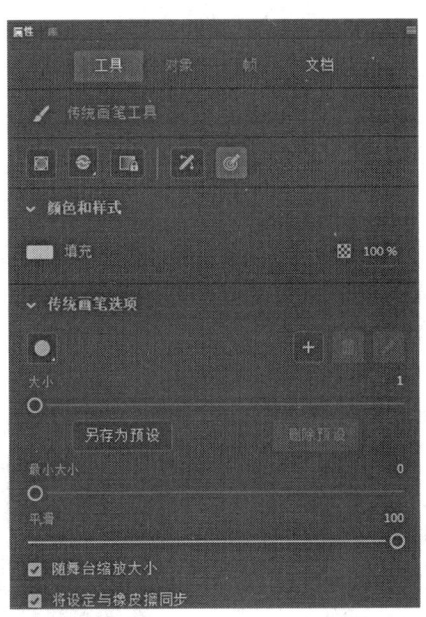

图2-171 "属性"面板

面板中主要属性释义如下。

- 标准绘画：用于任意绘制，绘制内容将会覆盖原有内容，如图2-172所示。

 颜料填充：用于使绘制内容只覆盖原有图形的填充区域，而不会影响轮廓，如图2-173所示。

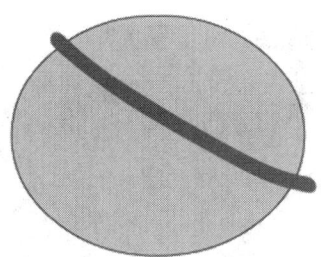 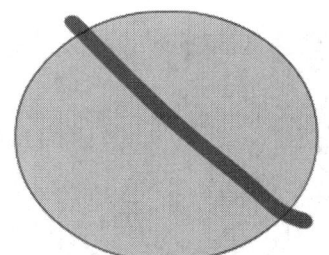

图2-172 标准绘画　　　　　图2-173 颜料填充

后面绘画：用于使绘制内容不覆盖填充区域和轮廓，而显示在原有内容的后面，如图2-174所示。

颜料选择：用于使绘制内容只在原有内容的选择区域内填充，如图2-175所示。

内部绘画：用于使绘制内容在原有内容的内部填充，而不填充原有内容的轮廓和外部，如图2-176所示。

图2-174 后面绘画

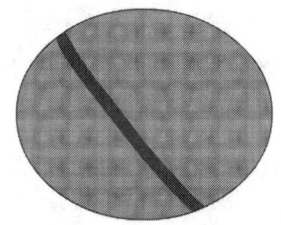
图2-175 颜料选择

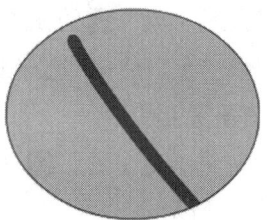
图2-176 内部绘画

- 使用倾斜：用于设置绘制内容为倾斜填充笔触。
- 压力：用于设置绘制内容的边缘平滑度，取值范围为0～100。
- 传统画笔选项：用于设置"画笔工具"笔头的形状和大小。

3. 套索工具

使用"套索工具"可以选择分离的位图或绘制对象的任意区域。选择"套索工具"，将鼠标指针移动至对象上，按住鼠标左键绘制选区，如图2-177所示，释放鼠标即可选择需要的区域，如图2-178所示。

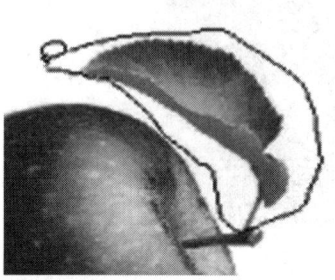
图2-177 使用"套索工具"

图2-178 选区效果

4. 多边形工具

"多边形工具"的使用方法与"套索工具"略有不同。选择"多边形工具"，将鼠标指针放置在对象上，按住鼠标左键不放，依次单击以绘制选区，如图2-179所示，框选对象后释放鼠标，选区效果如图2-180所示。

图2-179 使用"多边形工具"

图2-180 选区效果

5. 魔术棒工具

使用"魔术棒工具"可以选择颜色相似的对象内容。选择"魔术棒工具"，将鼠标指针放置在舞台中的对象上，单击所要选择的颜色区域，如图2-181所示，释放鼠标即可选择单击处周围颜色相同的区域，如图2-182所示。

图2-181 使用"魔术棒工具" 　　　　　　图2-182 选区效果

在"魔术棒工具"  的"属性"面板中包括"阈值"和"平滑"属性,如图2-183所示。"阈值"的数值越大,所选颜色的精确度越高,默认值为1。"平滑"包括"像素""粗略""一般""平滑"几个选项,用于设置所选颜色的边缘效果,如图2-184所示。

图2-183 "属性"面板 　　　　　　图2-184 "平滑"属性

6. 橡皮擦工具

使用"橡皮擦工具" 可以对舞台中的图形进行擦除,其"属性"面板如图2-185所示。

面板中主要属性释义如下。

● 使用水龙头模式删除笔触段或填充区域 ：用于删除笔触线段或填充区域。

● 画笔模式 ：用于选择擦除模式,如图2-186所示。

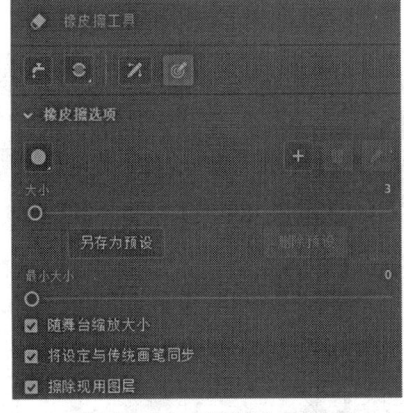
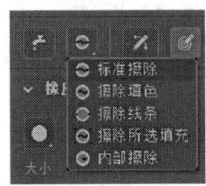

图2-185 "属性"面板 　　　　　图2-186 擦除模式

● 使用倾斜 ：用于选择倾斜删除。

● 使用压力 ：用于选择压力删除。

● 橡皮擦类型 ：用于选择擦除时的笔触形状,如图2-187所示。

图2-187　笔触形状

❖ 案例演练　欢乐的一天

案例导入

　　春天，是大地复苏的时节。某小学二年级语文老师为了让同学们以"欢乐的一天"为题写一篇作文，需要准备一个二维动画的春游场景，要求画面活泼、浅显易懂。

扫码观看视频

设计说明

　　本例以"快乐、闲暇、春天、旅游"等关键词设计主打色，画面中阳光明媚、鸟语花香，小朋友在放风筝，正是春游的好时节。

案例操作

1. 新建文件

　　步骤01　选择"文件"→"新建"菜单命令或按Ctrl+N组合键，打开"新建文档"对话框，设置"宽""高"分别为526 px、393 px，"平台类型"为"ActionScript 3.0"，如图2-188所示，单击"创建"按钮。

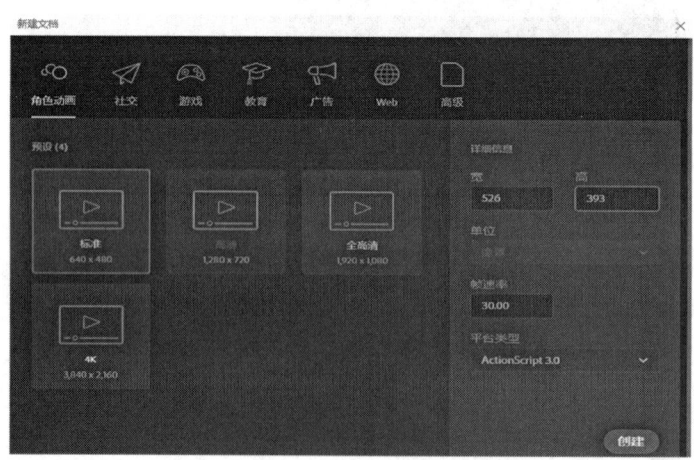

图2-188　"新建文档"对话框

2. 导入素材

　　步骤02　选择"文件"→"导入"→"导入到库"菜单命令（如图2-189所示），打开"导入到库"对话框，如图2-190所示，选择全部素材图片，单击"打开"按钮，导入素材图片到"库"面板。

图2-189 "导入到库"命令　　　　　　　　图2-190 "导入到库"对话框

3. 编辑素材

步骤03 在"库"面板中拖动"场景一"素材图片至"场景1"舞台中，更改图层名称为"场景"，调整素材图片的大小和位置，锁定图层，如图2-191所示。

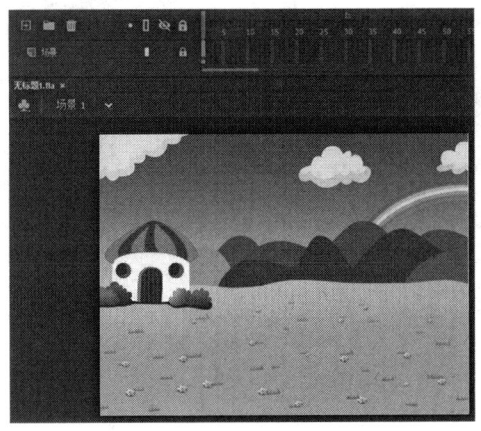

图2-191 编辑图层

步骤04 选择"时间轴"面板，单击"新建图层"按钮⊞，将新建图层命名为"素材"。从"库"面板中导入"人和小狗"素材图片至舞台，调整素材图片的位置和大小，如图2-192、图2-193所示。

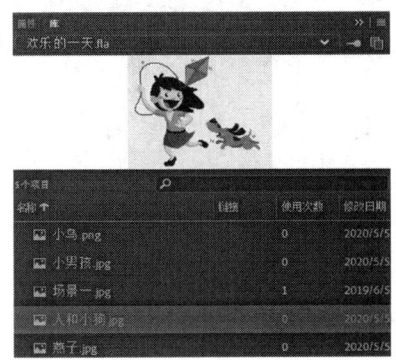

图2-192 选择素材图片

图2-193 导入到舞台

提示　　下面抠选素材图片的白色背景。

步骤05　选择素材图片，选择"修改"→"位图"→"转换位图为矢量图"菜单命令，如图2-194所示。

图2-194　"转换位图为矢量图"命令

步骤06　打开"转换位图为矢量图"对话框，设置属性，如图2-195所示，单击"确定"按钮，效果如图2-196所示。

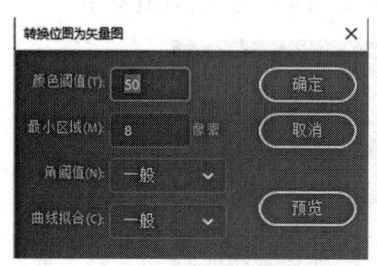

图2-195　"转换位图为矢量图"对话框

图2-196　转换效果

步骤07　单击舞台中的空白区域，然后选择素材图片的白色背景，按Delete键删除选中的内容，如图2-197所示。

步骤08　选择对象，按Ctrl+G组合键，使用"任意变形工具"调整其大小，并将其放置在适当的位置，效果如图2-198所示。

图2-197　删除白色背景

图2-198　调整素材图片

步骤09　导入另一素材图片"小男孩"至舞台，将该素材图片转换为矢量图，"转换位图为矢量图"对话框中的设置如图2-199所示，删除白色背景，将素材图片调整至合适大小和位置，效果如图2-200所示，并将该图层下移一层。

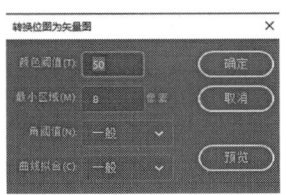

图2-199 "转换位图为矢量图"对话框

图2-200 调整效果

步骤10 导入"燕子"素材图片至舞台,将该素材图片转换为矢量图,"转换位图为矢量图"对话框中的设置如图2-201所示,删除素材图片中的白色背景,如图2-202所示,将其调整至合适大小和位置,并使用"画笔工具" 🖌将燕子身体上颜色不均匀的地方填充为与其身体其他地方相同的颜色(#221715),效果如图2-203所示。

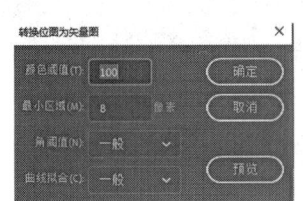

图2-201 "转换位图为矢量图"对话框

图2-202 调整效果

图2-203 整体调整效果

步骤11 在"时间轴"面板中单击"新建图层"按钮 ⊞,将新建图层命名为"小鸟"。在"库"面板中拖入"小鸟"素材图片至舞台,将该素材图片转换为矢量图,"转换位图为矢量图"对话框中的设置如图2-204所示,删除"小鸟"素材图片的白色背景,效果如图2-205所示。

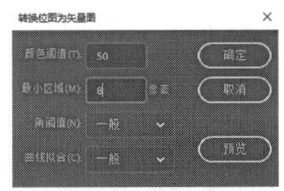

图2-204 "转换位图为矢量图"对话框

图2-205 调整效果

步骤12 选择对象,按Ctrl+G组合键组合对象,使用"任意变形工具" 调整其大小,并将其放至合适的位置,复制3只小鸟随机放置在场景中,整体效果如图2-206所示。

图2-206 整体效果

4. 保存文件

步骤13　选择"文件"→"保存"菜单命令或按Ctrl+S组合键，打开"另存为"对话框，指定保存路径，设置"文件名"为"欢乐的一天"，"保存类型"为"Animate文档（*.fla）"，如图2-207所示，单击"保存"按钮。

步骤14　选择"控制"→"测试"菜单命令或按Ctrl+Enter组合键，生成播放文件，效果如图2-208所示，本案例制作完成。

图2-207　"另存为"对话框

图2-208　最终效果

❖ 案例演练　网页广告

案例导入

近几年，单车在一些城市中特别流行。本例制作一款网页广告，用于宣传单车文化。

扫码观看视频

设计说明

本例的制作画面为：蓝天白云，阳光明媚，树木青葱，一个女孩在路上骑着单车，心情十分惬意。

案例操作

1. 新建文件

步骤01　选择"文件"→"新建"菜单命令或按Ctrl+N组合键，打开"新建文档"对话框，设置新建文档的"宽""高"分别为700 px、350 px，"平台类型"为"ActionScript 3.0"，如图2-209所示，单击"创建"按钮。

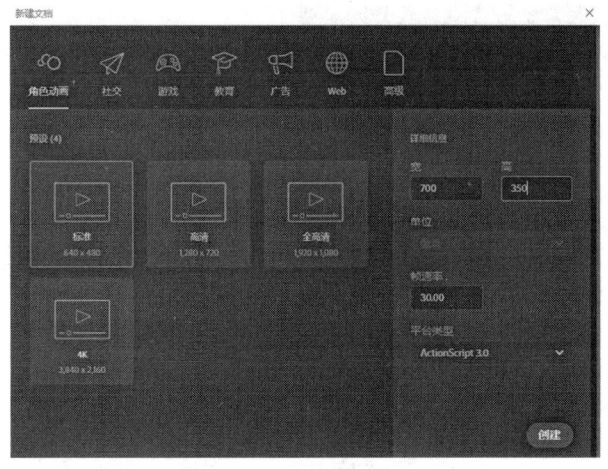

图2-209　"新建文档"对话框

2. 编辑图形

步骤02　选择"时间轴"面板，单击"新建图层"按钮囲，将新建图层命名为"背景"。使用"矩形工具"■绘制一个与舞台大小相同的矩形，其颜色属性如图2-210所示，效果如图2-211所示。

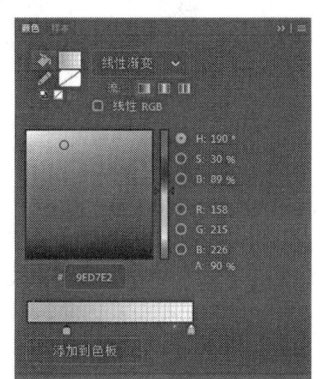

图2-210　"颜色"面板

图2-211　背景效果

步骤03　在"时间轴"面板中单击"新建图层"按钮囲，将新建图层命名为"路"。使用"矩形工具"■绘制一个矩形，设置"填充"为绿色（#68C0B2），再绘制一条线段，其属性设置如图2-212所示，效果如图2-213所示。

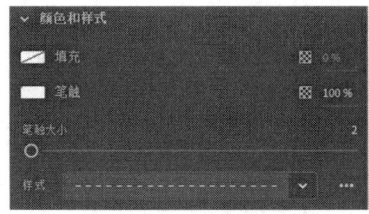

图2-212　设置属性

图2-213　绘制效果

步骤04　在"时间轴"面板中单击"新建图层"按钮囲，将新建图层命名为"太阳与云朵"。选择"椭圆工具"●，单击"对象绘制"按钮■，在舞台中绘制一个圆形，其属性设置如图2-214所示，效果如图2-215所示，将其作为太阳。

图2-214　设置属性

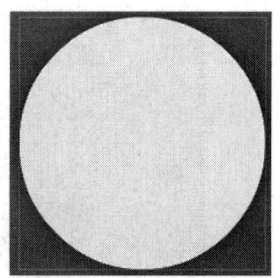

图2-215　绘制圆形

步骤05　选择该对象，双击进入编辑状态。选择"任意变形工具" ，以圆心和y轴对齐，框选左侧的一半圆形，效果如图2-216所示。

步骤06　在"颜色"面板中设置"填充"为淡黄色，填充选中的对象区域，效果如图2-217所示。

步骤07　选中整个圆形，按住Alt键复制对象，将副本对象填充为土黄色（#FECB2A），然后将其移动至下层的合适位置，作为阴影效果，如图2-218所示。双击空白区域，回到场景。

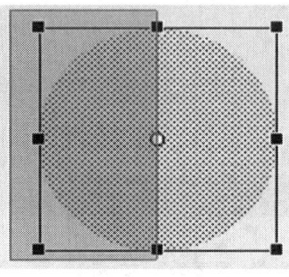

图2-216　选择一半圆形

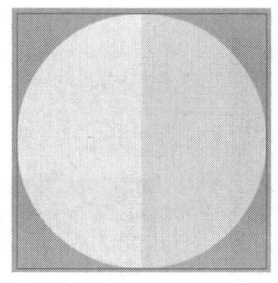

图2-217　填充效果

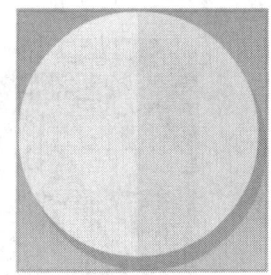

图2-218　阴影效果

步骤08　选择最上层的圆形，按Ctrl+Alt+Shift+R组合键显示标尺，使用"任意变形工具" 拖动出圆形的辅助线，使其在圆心处相交，如图2-219所示。

步骤09　使用"多角星形工具" 绘制三角形，设置"填充"为淡黄色，无笔触，如图2-220所示。

步骤10　使用"任意变形工具" 将三角形的中心点移至最上层的圆形的圆心，使其中心对齐，效果如图2-221所示。

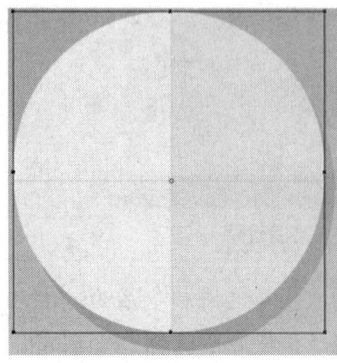

图2-219　拖动出辅助线

图2-220　绘制三角形

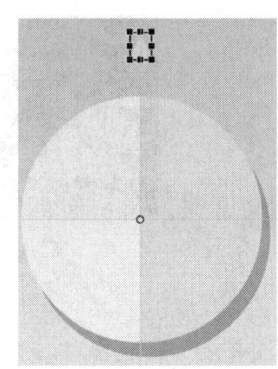

图2-221　移动中心点

步骤11　“变形”面板的属性设置如图2-222所示，三角形与圆形的组合效果如图2-223所示。

步骤12　选择组合图形，按住Alt键复制该对象，填充为蓝色（#69BED1），并将其移至底层作为阴影，效果如图2-224所示。

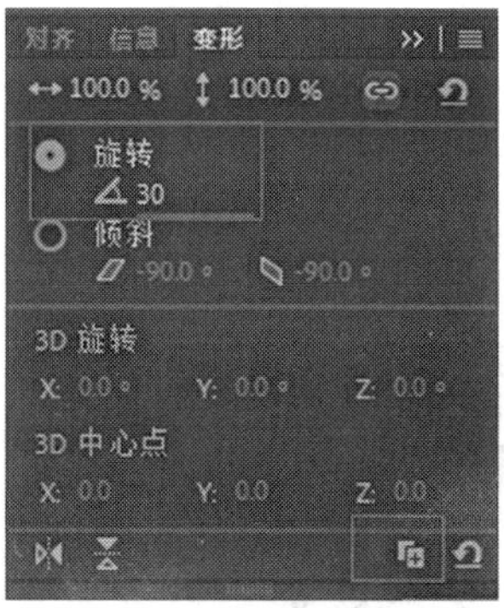

图2-222　“变形”面板

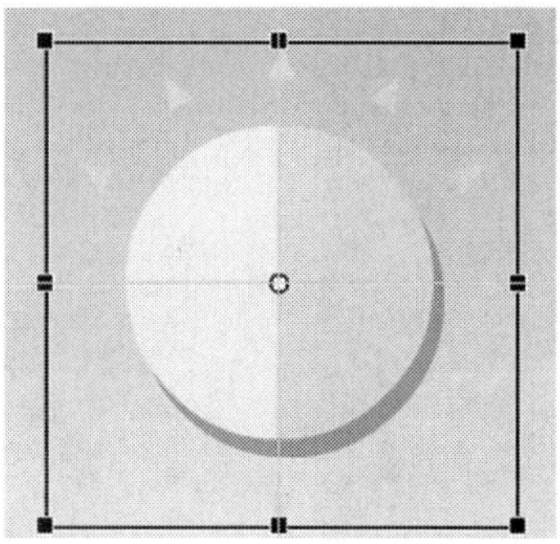
图2-223　组合图形

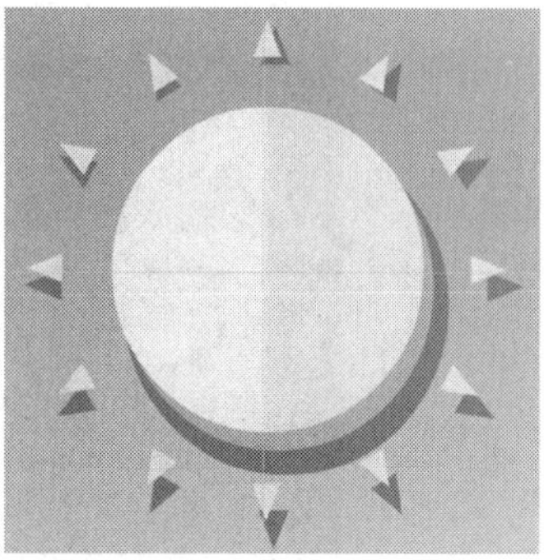
图2-224　阴影效果

提示　下面绘制云朵。

步骤13　使用“椭圆工具”绘制3个白色填充、无笔触的小圆形，组合成一片云朵。复制云朵，分别将其填充为（#E3E1DD）、（#69BFD0），效果如图2-225所示，组合图形，复制多个组合图形，将其放置在天空中的任意位置，效果如图2-226所示。

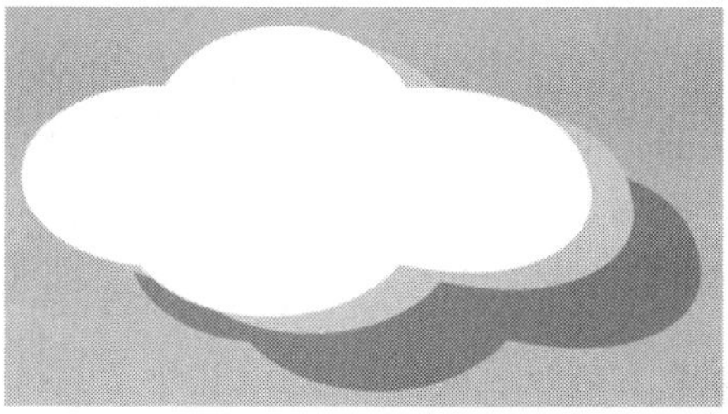
图2-225　绘制云朵

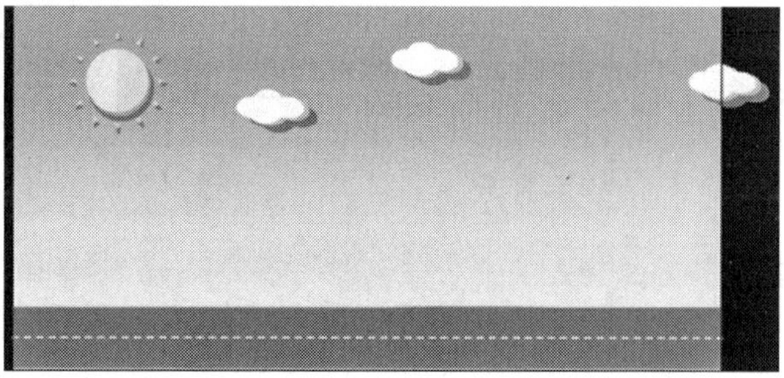
图2-226　云朵组合效果

提示　下面绘制一组树木。

步骤14　选择“时间轴”面板，单击“新建图层”按钮，将新建图层命名为“树”。选择“多角星形工具”，在其“属性”面板中设置“样式”为“多边形”，“边数”为3，“填充”为绿色（#00D387），如图2-227所示，绘制三角形，效果如图2-228所示，将其作为树木的树冠。

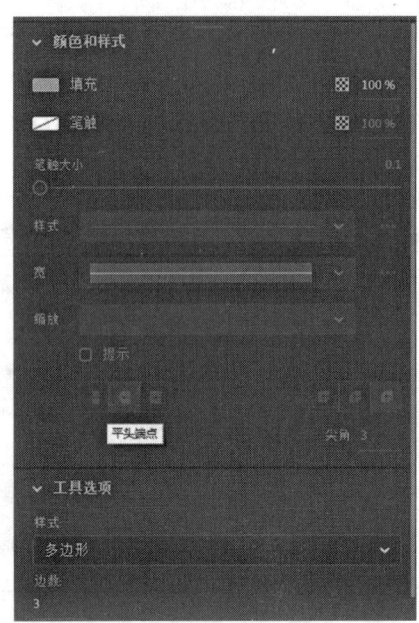

图2-227　"属性"面板

图2-228　绘制三角形

步骤15　使用"线条工具" 在三角形中绘制黑色线条，以该线条为分界，在三角形的右侧填充深绿色（#01B672），形成树冠的背光面，效果如图2-229所示，制作树冠的立体效果。

图2-229　树冠的立体效果

步骤16　使用"多边形工具" 任意选择三角形的上部分区域，如图2-230所示，将选区填充为白色，效果如图2-231所示，将其作为树冠的雪顶。

步骤17　仍然以黑色线条为分界，选中白色区域的右侧部分，将其填充为灰白色，删除黑色线条，效果如图2-232所示，将其作为树冠雪顶的背光面。

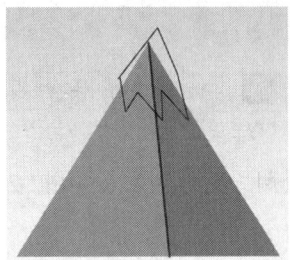

图2-230　绘制选区

图2-231　绘制雪顶

图2-232　绘制雪顶背光面

步骤18　复制树木，将其随意放置在场景中，调整其大小和位置，效果如图2-233所示。

图2-233　场景效果

下面绘制另一组树木。

步骤19　使用"椭圆工具" ◯ 绘制椭圆，填充一半黄色、一半柠檬黄色，效果如图2-234所示，将其作为树冠；使用"矩形工具" ▢ 绘制矩形，填充褐色（#663300），如图2-235所示，将其作为树干；将两个图形组合为树木，效果如图2-236所示，复制组合图形，将其随意放置在场景中，调整其大小和位置，效果如图2-237所示。

图2-234　绘制树冠

图2-235　绘制树干

图2-236　树木组合效果

图2-237　场景效果

下面绘制房屋。

步骤20　选择"时间轴"面板，单击"新建图层"按钮 ⊞，将新建图层命名为"房子"。

步骤21　选择"矩形工具" ▢，单击"对象绘制"按钮 ▣，绘制大小为109×57 px、填充为粉色的矩形，如图2-238所示；再绘制一个大小为116×16 px、填充为黄色的矩形，调整矩形的形状，效果如图2-239所示，将其作为房顶。

图2-238　绘制矩形

图2-239　绘制房顶

步骤22　绘制一个大小为32×1.4 px、填充为黑色的矩形，然后绘制一个大小为20×19 px、填充为白色、笔触为灰色的矩形，在白色矩形中间绘制灰色线条，组合图形，如图2-240所示，将其作为窗户，将组合图形复制到房屋的另一侧。

步骤23　绘制一个填充为黄色、笔触为白色的矩形，调整矩形的上方，使其形成拱形，将其作为房门；再绘制一个填充为橙色、笔触为灰色的小圆形，将其作为门把手，效果如图2-241所示。

步骤24　组合图形，房屋整体效果如图2-242所示。

图2-240　绘制窗户

图2-241　绘制房门

图2-242　房屋整体效果

提示　　下面制作女孩和单车。

步骤25　选择"时间轴"面板，单击"新建图层"按钮⊞，将新建图层命名为"女孩"。导入素材图片至舞台，选择"修改"→"位图"→"转换位图为矢量图"菜单命令，打开"转换位图为矢量图"对话框，设置"颜色阈值"为25，如图2-243所示，单击"确定"按钮，效果如图2-244所示。

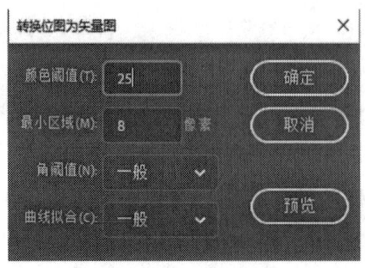

图2-243　"转换位图为矢量图"对话框

图2-244　矢量图效果

步骤26 在舞台中编辑图片，删除不需要的内容，只留下女孩和单车，组合图形，将其放至舞台中合适的位置，效果如图2-245所示。

图2-245 女孩和单车效果

步骤27 选择 "时间轴"面板，单击"新建图层"按钮，将新建图层命名为"文字"。选择"文本工具" ，在"属性"面板中设置字体为"方正粗黑宋简体"，"大小"为17 pt，"填充"为黄色（#CF9739），如图2-246所示，输入文本"骑在单车上"。

图2-246 设置文本属性

步骤28 选择文本"单车"，调整"大小"为25 pt，调整文本的位置，效果如图2-247所示；绘制并复制白色小矩形，组合图形并旋转角度，将其放置在文本"单车"上，效果如图2-248所示。

骑在 **单车** 上	骑在「**单车**」上
图2-247 调整文本	图2-248 文本效果

步骤29 再次输入文本"说走就走"，设置文本属性，如图2-249所示，效果如图2-250所示。

说走就走

图2-249 设置文本属性　　　　　　图2-250 输入文本

步骤30 调整文本在舞台中的位置，效果如图2-251所示。

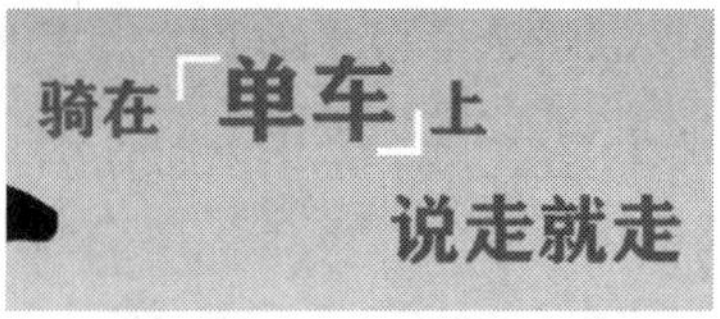

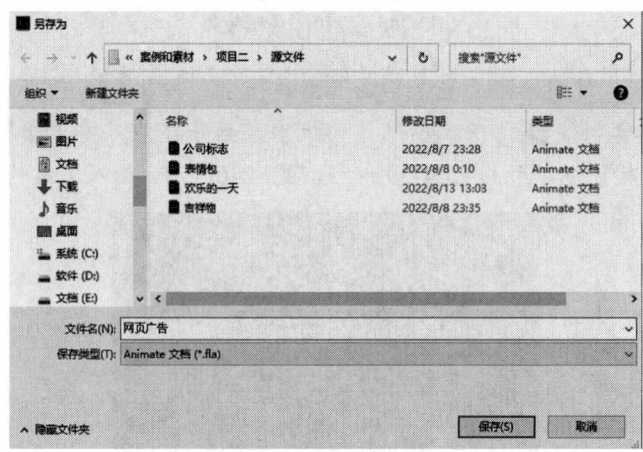

图2-251　文本效果

3. 保存文件

步骤31　选择"文件"→"保存"菜单命令或按Ctrl+S组合键，打开"另存为"对话框，指定文件的保存路径，设置"文件名"为"网页广告"，"保存类型"为"Animate 文档（*.fla）"，如图2-252所示，单击"保存"按钮。

图2-252　"另存为"对话框

步骤32　选择"控制"→"测试"菜单命令或按Ctrl+Enter组合键，生成播放文件，效果如图2-253所示，本案例制作完成。

![图2-253 最终效果，骑在单车上说走就走的场景]

图2-253　最终效果

2.5　本章总结

通过对本章内容的学习，可以熟练掌握位图与矢量图的概念、常用工具的操作方法、如何将位图转换为矢量图，以及如何导入文件等。

2.6 练习与实践

> **单选题**

1. 在Animate中，使用"钢笔工具"绘制曲线，按住（　　）键可以调整曲线。
   A. Shift　　　　　　B. Ctrl　　　　　　C. Ctrl+D　　　　　D. Alt

2. 在Animate中，使用"椭圆工具"绘制椭圆形，按住（　　）键可以绘制正圆形。
   A. Space　　　　　B. Alt　　　　　　C. Ctrl+Shift　　　D. Shift

> **多选题**

1. 在Animate中，要绘制基本几何形状，可以使用（　　）工具。
   A. 直线　　　　　　B. 椭圆　　　　　　C. 矩形　　　　　　D. 钢笔

2. 在Animate中，分离操作会对被分离的对象造成（　　）后果。
   A. 切断元件的实例和元件之间的关系
   B. 如果分离的是动画元件，则只保留当前帧
   C. 将位图转换为填充对象
   D. 将位图转换为矢量图

> **判断题**

1. 使用"线条工具"只能绘制直线，不能绘制曲线。
   A. 对　　　　　　　B. 错

2. 使用"矩形工具"在舞台中绘制矩形，可对绘制完成的矩形设置边角半径。
   A. 对　　　　　　　B. 错

3. 使用"铅笔工具"和"画笔工具"绘制的图形都是矢量图。
   A. 对　　　　　　　B. 错

> **实训任务　绘制表情包**

项目背景介绍

根据要求设置舞台大小和绘制表情。

设计任务概述

1. 设置舞台大小。

2. 调整颜色。

3. 编辑图形。

4. 制作简易动画。

5. 完成时间：40分钟。

设计参考图（见右图）

第3章

动画制作

▲ **本章导读**

　　本章主要讲解逐帧动画、补间动画、传统补间和时间轴等知识，使读者对整个动画流程有所了解，有助于读者提高对动画时间的把控。

▲ **学习目标**

掌握时间轴的运用。

了解工具的应用。

掌握动画的制作方法。

▲ **实训任务**

教室一角

高尔夫球场

海底世界

电子相册

配套电子文件

▲ **效果欣赏**

3.1 "时间轴"面板

"时间轴"面板用于组织和控制文档内容在一定时间内播放，同时添加动画效果。时间轴在Animate中占据着重要的地位。

在默认情况下，时间轴位于整个软件界面的下方，要更改其位置，可将其分离出来浮于界面上方。其他面板同理，也可以直接将其关闭。

"时间轴"面板可分为左、右两部分，即层控制区和时间线控制区，而时间轴的主要组件是层、帧和播放头，如图3-1所示。

层控制区 —————————————— 时间线控制区

图3-1 "时间轴"面板

3.1.1 层控制区

层控制区位于"时间轴"面板的左侧，如图3-2所示。图层就像堆叠在一起的多张幻灯片，分别用于存放不同的信息，这些信息在舞台中的显示也不同。可以对图层的名称、类型和状态进行编辑。

图3-2 层控制区

面板中主要属性释义如下。

- 新建图层 ⊞：用于创建新图层，功能类似选择"插入"→"时间轴"→"图层"菜单命令。
- 新建文件夹 ▦：用于创建新文件夹。
- 删除图层 🗑：用于删除图层。
- 显示突出图层 ⦿：用于设置不同颜色以突出显示图层。
- 将所有图层显示为轮廓 ▯：用于使选定图层中的图形以外框形态显示。
- 显示或隐藏所有图层 👁：用于使图层显示或隐藏。
- 锁定或解除锁定所有图层 🔒：用于锁定或解除锁定图层。

1. 编辑图层名称

在编辑图层名称时，可以双击图层的默认名称（一般显示为"图层_1""图层_2"等），或右击图层，在弹出的菜单中选择"属性"选项，打开"图层属性"对话框，如图3-3所示，在其中设置图层名称，还可以更改图层的"可见性""类型""轮廓颜色""图层高度"等。

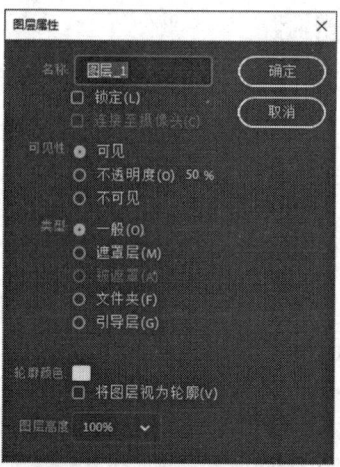

图3-3 "图层属性"对话框

2. 高级图层

在"时间轴"面板的最上方有一排高级图层操作按钮，默认状态为启用，如图3-4所示。如果需要关闭启用状态，可以选择"修改"→"文档"菜单命令，打开"文档设置"对话框（如图3-5所示），取消勾选"使用高级图层"复选框，单击"确定"按钮；会打开"关闭高级图层？"对话框（如图3-6所示），单击"关闭高级图层"按钮；回到"文档设置"对话框，再次单击"确定"按钮，高级图层操作按钮的启用状态被关闭，如图3-7所示。

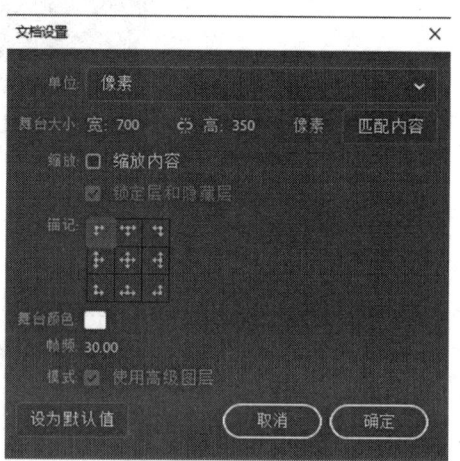

图3-5 "文档设置"对话框

图3-4 高级图层操作按钮

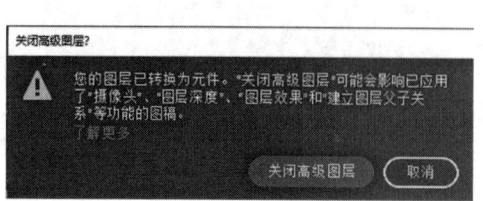

图3-6 "关闭高级图层？"对话框

图3-7 关闭启用状态的高级图层操作按钮

高级图层操作按钮释义如下。

- 仅查看现有的层 ≋：单击该按钮，可以从默认的多图层视图切换到当前图层视图。
- 添加摄像头 ▮：单击该按钮，可以通过摄像头调整当前帧对象在舞台中的缩放比例和旋转度 ▮▮▮▬▬▬▬▬▬▬●▬▬▬▬▬▬▬▬▬，其"属性"面板如图3-8所示。在"工具"面板中也可以调用此功能。

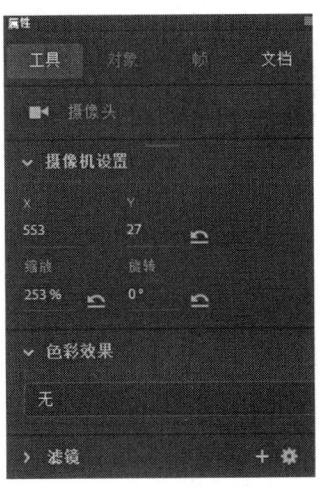

图3-8　"属性"面板

- 显示父级视图 ▮：单击该按钮，可以显示图层的父子层级结构。设置"图层_1"为父级，如图3-9所示，"图层_1"与"图层_2"的父子层级显示如图3-10所示。
- 单击以调用图层深度面板 ▮：单击该按钮，可以打开"图层深度"面板，如图3-11所示，用于修改图层的动态深度。也可以通过选择"窗口"→"图层深度"菜单命令，打开"图层深度"面板。

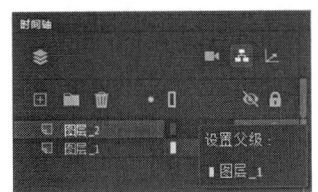

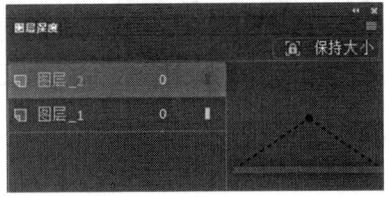

图3-9　设置父级　　　　图3-10　父子层级显示　　　　图3-11　"图层深度"面板

3.1.2　时间线控制区

时间线控制区位于"时间轴"面板的右侧，由帧、播放头、洋葱皮和缩放比例等信息栏组成。幻灯片的每一层是不同的，要想看到每一层，需要在时间线控制区插入帧，帧的长度由动画时长决定。

时间线控制区主要属性释义如下。

- 帧居中：用于使时间轴以当前帧为中心，如图3-12所示。
- 帧频率：用于显示当前动画速率的每秒帧数，如图3-13所示为每秒30帧。
- 当前帧：用于显示当前帧在时间线上的位置，如图3-14所示。

● 插入关键帧/空白关键帧/帧：用于根据最近的选择项插入关键帧、空白关键帧或帧，如图3-15所示。

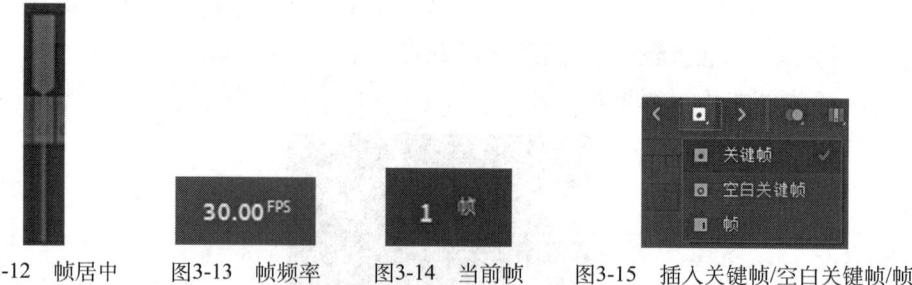

图3-12　帧居中　　图3-13　帧频率　　图3-14　当前帧　　图3-15　插入关键帧/空白关键帧/帧

扩展知识

帧、关键帧和空白关键帧

在时间轴中可以插入的帧分别为帧（快捷键为F5）、关键帧（快捷键为F6）、空白关键帧（快捷键为F7）。操作方法为，选择"插入"→"时间轴"→"帧/关键帧/空白关键帧"菜单命令，如图3-16所示；也可以在时间轴中选择帧或关键帧，右击，在弹出的菜单中选择"插入帧/关键帧/空白关键帧"选项，如图3-17所示。

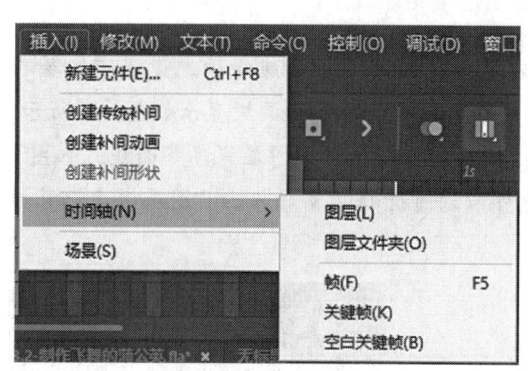

图3-16　插入帧/关键帧/空白关键帧

图3-17　插入帧/关键帧/空白关键帧

● 帧██：是指普通帧。在时间轴中，可使用帧组织和控制文档内容。
● 关键帧██：是指新元件实例显示在时间轴中的帧，也指包含用于控制文档某些方面的ActionScript代码的帧，有一个实心小圆标志。
● 空白关键帧██：可以作为之后添加的元件的占位符，或者直接将该帧保留为空，此时舞台中没有任何内容显示。
● 空白帧██：是指不包含任何内容的帧。

提示　　空白帧与空白关键帧是有区别的。空白关键帧是可以编辑的，并且可以存储内容显示不同效果；空白帧不能编辑内容，只会被时间轴中前面的空白关键帧所影响。

按Shift+F6组合键，可以删除关键帧；也可以右击要删除的关键帧，在弹出的菜单中选择"清除关键帧"选项，如图3-18所示。

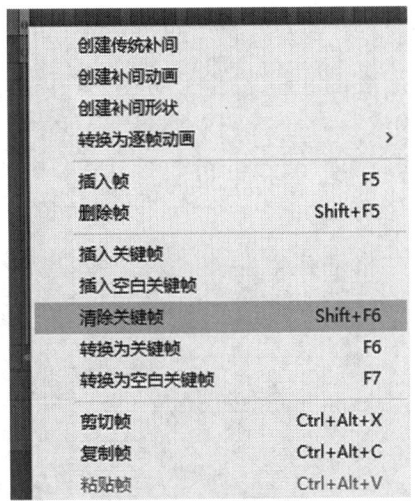

图3-18　清除关键帧

- 绘图纸外观█：用于启用和禁用绘图纸外观。启用"绘图纸外观"后，在"起始绘图纸外观"和"结束绘图纸外观"标记之间的所有帧都会被重叠为"文档"窗口中的一个帧。在"绘图纸外观"按钮上单击并按住鼠标左键不放，可以查看并选择"选定范围""所有帧""锚点标记""高级设置"等选项。
- 编辑多个帧█：用于查看和编辑选定范围内多个帧中的内容。单击该按钮并按住不放，在弹出的菜单中可以选择"选定范围"和"所有帧"选项。
- 创建传统补间█：在时间轴中选择帧间距，单击该按钮，可以创建传统补间。单击该按钮并按住不放，在弹出的菜单中可以选择"创建补间动画"█、"创建补间形状"█选项，如图3-19所示；也可以选择第1帧，右击，在弹出的菜单中选择"创建传统补间"等选项，如图3-20所示。

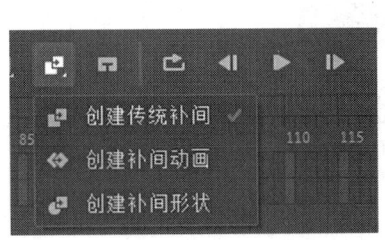

图3-19　创建补间选项

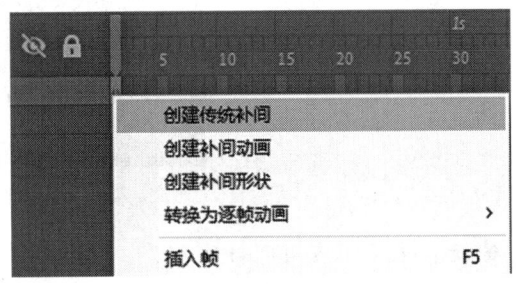

图3-20　创建补间选项

3.2　帧属性

在"时间轴"面板中选择帧，在"属性"面板的"帧"选项卡中可以设置帧的属性，如图3-21所示。"帧"选项卡包括"标签""声音""色彩效果""混合""滤镜"属性区。

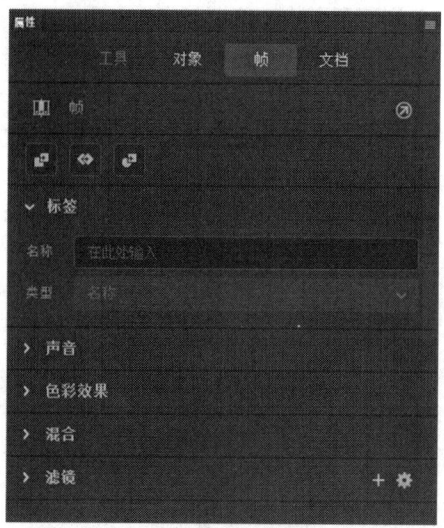

图3-21 "属性"面板

1. 标签

该属性区用于设置帧的名称和类型。

2. 声音

该属性区用于为帧应用声音效果。

3. 色彩效果

该属性区用于为帧应用色彩效果,如图3-22所示。

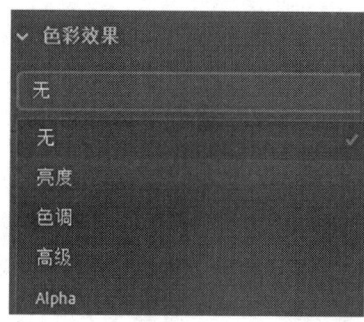

图3-22 "色彩效果"属性区

- 无:表示不应用色彩效果。
- 亮度:用于调整亮度效果,取值范围为-100%~100%,默认值为0%。
- 色调:用于调整RGB色彩效果,可以分别设置色调、红色、绿色和蓝色,色调的取值范围为0%~100%,颜色的取值范围为0~255。
- 高级:用于调整透明度和RGB色彩效果,透明度的取值范围为0%~100%,颜色的取值范围为0~255。
- Alpha:用于调整透明度效果,取值范围为0%~100%,默认值为100%。

4. 混合

该属性区用于为帧应用混合模式,如图3-23所示。混合模式包括混合颜色、不透明度、基准颜色、结果颜色等元素。

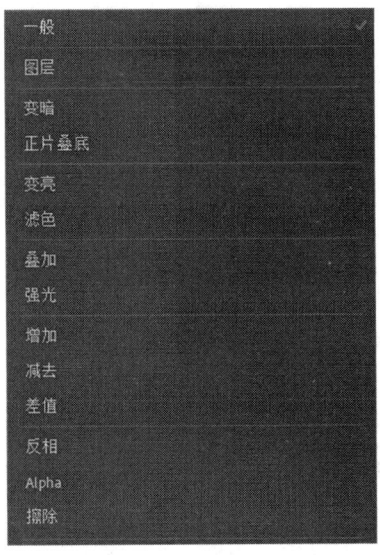

图3-23　混合模式

主要混合模式释义如下。

● 一般：用于显示正常的颜色效果，不与基准颜色发生交互。

● 图层：用于叠加影片剪辑元件，不受其他元件颜色的影响。

● 变暗：用于替换比混合颜色亮的颜色区域，比混合颜色暗的颜色区域将保持不变。

● 正片叠底：用于将基准颜色与混合颜色复合，从而产生较暗的颜色。任何颜色与黑色混合，结果颜色为黑色；任何颜色与白色混合，颜色保持不变。正片叠底效果如图3-24所示（左侧为原效果，右侧为应用混合模式后的效果）。

● 变亮：用于替换比混合颜色暗的像素，比混合颜色亮的颜色区域将保持不变。

● 滤色：用于将混合颜色的反色与基准颜色复合，从而产生漂白效果。滤色效果如图3-25所示（左侧为原效果，右侧为应用混合模式后的效果）。

● 叠加：用于复合或过滤颜色，结果颜色取决于基准颜色。叠加效果如图3-26所示（左侧为原效果，右侧为应用混合模式后的效果）。

● 强光：用于复合或过滤颜色，结果颜色取决于混合颜色。

● 增加：用于在两个元件之间创建动画的变亮分解效果。

● 减去：用于在两个元件之间创建动画的变暗分解效果。

● 差值：用于在基准颜色中减去混合颜色或从混合颜色中减去基准颜色，结果颜色取决于哪一种颜色的亮度值较大，效果类似于彩色底片。

● 反相：用于反转基准颜色。

● Alpha：用于应用 Alpha 遮罩层。

● 擦除：用于清除所有基准颜色像素，包括背景元件中的基准颜色像素。

图3-24　正片叠底　　　　　　图3-25　滤色　　　　　　　图3-26　叠加

5. 滤镜

　　该属性区用于为帧应用滤镜效果，如图3-27所示。在Animate中，使用滤镜功能可以增添丰富的视觉效果，可以为所有帧滤镜创建补间。

　　主要滤镜释义如下。

- 投影：用于模拟对象向表面投影的效果。
- 模糊：用于柔化对象的边缘和细节。
- 发光：用于为对象的边缘应用颜色，使对象看上去在发光。
- 斜角：用于为对象应用加亮效果，使对象看上去凸出于背景表面。
- 渐变发光：用于在发光表面上产生渐变颜色发光效果。
- 渐变斜角：用于产生一种凸起效果，使对象看起来像是从背景凸起，并且斜角表面有渐变颜色。
- 调整颜色：用于调整对象的亮度、对比度、饱和度和色相。

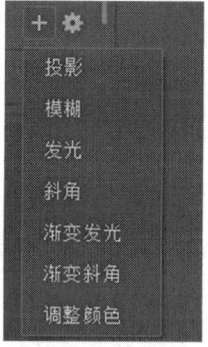

图3-27　滤镜

3.3　传统补间

　　Animate支持不同类型的补间以创建动画，例如传统补间和补间动画。其中，传统补间允许在两个具有相同或不同元件的关键帧之间进行补间，可以将文本对象转换为图形元件，并可以应用两种不同的色彩效果（色调和透明度），但无法为三维对象创建动画效果；而补间动画只包含一个目标对象，可以将文本对象视为可补间的类型而不会将其转换为影片剪辑，可将补间动画范围视为单个对象并在时间轴中对其拉伸和调整大小，可以为三维对象创建动画效果，但对每个补间只能应用一种色彩效果。两种补间类型也有一些相似之处，例如，在同一图层中可以有多个传统补间或补间动画，但在同一图层中不能同时出现两种补间类型；两种补间类型都只允许对特定类型的对象进行补间。

3.3.1 创建传统补间

在Animate的舞台中创建对象，选择时间轴中的某一帧（在此选择第20帧），按F6键插入关键帧，选择"插入"→"创建传统补间"菜单命令（如图3-28所示），弹出"将所选的内容转换为元件以进行补间"对话框（如图3-29所示），单击"确定"按钮，在"库"面板中添加两个元件（如图3-30所示），创建传统补间后的时间轴如图3-31所示，此时的动画效果如图3-32所示。

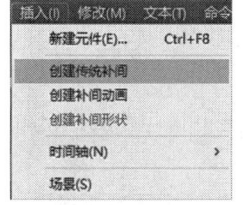

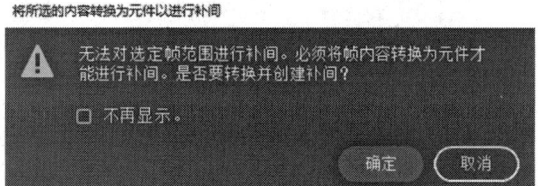

图3-28 "创建传统补间"命令　　　图3-29 "将所选的内容转换为元件以进行补间"对话框

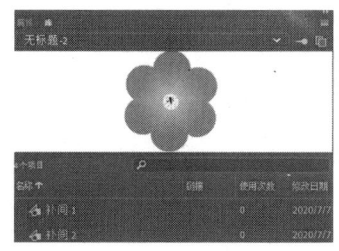

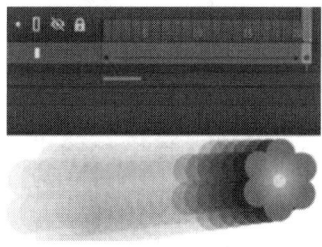

图3-30 "库"面板　　　　图3-31 创建传统补间效果　　　　图3-32 动画效果

提示　　　也可以在选择帧后右击，在弹出的菜单（如图3-33所示）中选择"创建传统补间"选项。

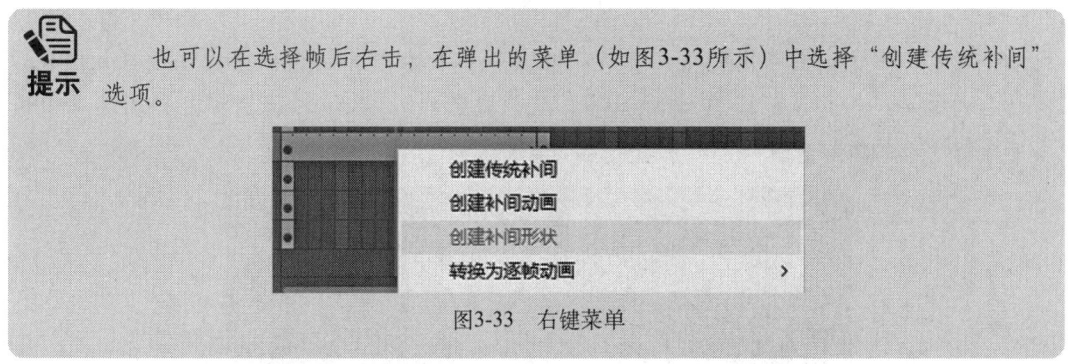

图3-33 右键菜单

可以对实例、组和文本的属性（位置、大小、旋转和倾斜等）变化应用传统补间，也可以对实例和文本的颜色进行补间，创建渐变的颜色切换或使实例淡入或淡出。如果想要补间组或文本的颜色，可以将其转换为元件。如果想要为文本块中的单个字符制作动画，可以将每个字符放在独立的文本块中。选择时间轴中应用了传统补间的帧，可以查看其"属性"面板（如图3-34所示）中的补间设置，如图3-35所示。

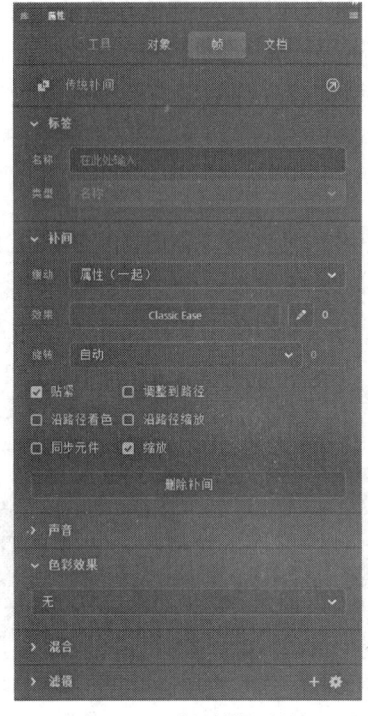

图3-34　"属性"面板

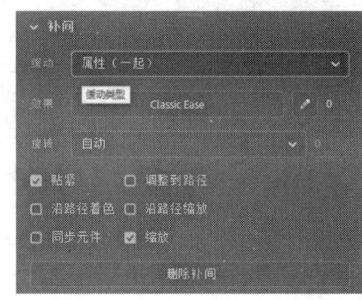

图3-35　"补间"属性区

"补间"属性区中的主要属性释义如下。

● 缓动：用于指定动作补间动画从开始到结束的速度，包括"属性（一起）"和"属性（单独）"两个选项，如图3-36所示。

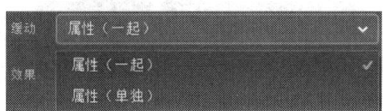

图3-36　"缓动"属性

● 效果：用于设置动画的缓动变速，在其下拉列表中可以选择缓动预设（如图3-37所示），其取值范围为-100~100，默认取值为0。数值为正值时，补间速度由快到慢；数值为负值时，补间速度由慢到快。

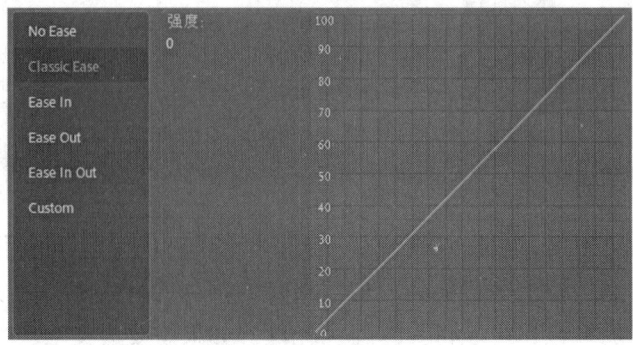

图3-37　缓动预设

- 旋转：用于为动画对象的旋转指定缓动设置。
- 贴紧：勾选该复选框，如为引导层动画，则根据对象的中心点将其吸附到运动路径上。
- 调整到路径：勾选该复选框，如为引导层动画，则将对象调整到引导层曲线路径的变化方向。
- 沿路径着色：勾选该复选框，使用"铅笔工具"绘制一条渐变路径作为引导层，在被引导层下绘制实例，将其分别放置在路径的开始处和结束处以制作动画，此时实例沿路径运动并着色。
- 沿路径缩放：勾选该复选框，使用"铅笔工具"绘制一条渐变路径作为引导层，在被引导层下绘制实例，将其分别放置在路径的开始处和结束处以制作动画，此时实例沿路径运动并缩放。
- 同步元件：勾选该复选框，如果对象是一个包含动画效果的元件实例，其动画和主时间轴同步。
- 缩放：勾选该复选框，舞台中的动画实例可显示缩放比例。

3.3.2 删除传统补间

在时间轴中选择已补间的帧，选择"插入"→"删除经典补间动画"菜单命令，如图3-38所示。

 提示 也可以在选择补间帧后右击，在弹出的菜单中选择"删除经典补间动画"选项，如图3-39所示；或者在帧"属性"面板中单击相应按钮。

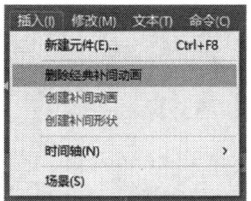

图3-38 "删除经典补间动画"命令

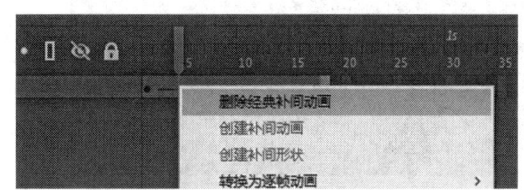

图3-39 "删除经典补间动画"选项

3.4 补间动画

补间动画用于在 Animate 中创建动画运动，是通过为第1帧和最后一帧之间的某个对象属性（包括位置、大小、颜色、效果、滤镜及旋转等）指定不同的值而创建的。

3.4.1 创建补间动画

在创建补间动画之前，需要了解下面几个要素。

- 补间范围：是指时间轴中的一组连续帧，其中的某个对象具有一个或多个随时间变化的属性，在时间轴中显示为具有背景色的单个图层中的一组帧。
- 目标对象：在每个补间范围中，只能对舞台中的一个对象进行动画处理，该对象被称为补间范围的目标对象。
- 属性关键帧：是指在补间范围中为补间目标对象显式定义一个或多个属性值的帧，包括位置、透明度、色调等属性。

在舞台中绘制一个对象，插入一定的帧，选择某一帧，右击，在弹出的菜单中选择"创建补间动画"选项，如图3-40所示，打开"将所选的内容转换为元件以进行补间"对话框，如图3-41所示，单击"确定"按钮，此时时间轴中的图层效果如图3-42所示。

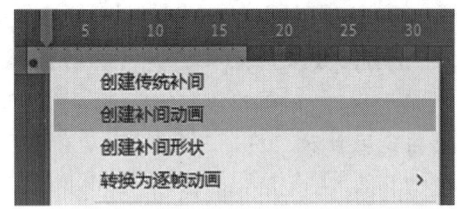

图3-40 "创建补间动画"选项

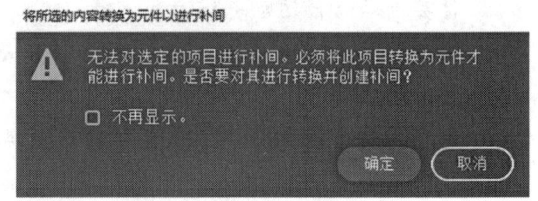

图3-41 "将所选的内容转换为元件以进行补间"对话框

图3-42 图层效果

选择最后一帧，将其作为当前帧，选择舞台中的对象设置动画位移效果，如图3-43所示。如果想要改变路径，可以直接拖动路径上的控制点，如图3-44所示。

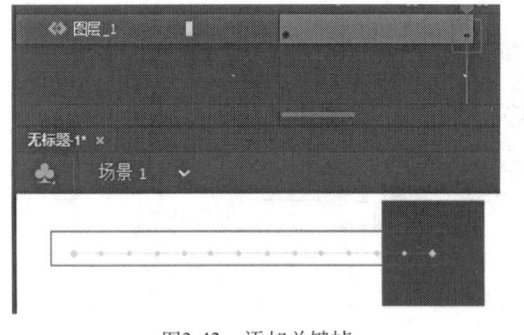

图3-43 添加关键帧

图3-44 改变路径

提示　　在创建补间动画时，可以选择补间中的任一帧，然后在该帧上移动动画元件。不同于传统补间和形状补间，Animate 会自动构建运动路径，以便为第1帧和下一个关键帧之间的各个帧设置动画。

也可以在舞台中绘制一个对象，然后选择对象，将其转换为元件，选择该元件，在"属性"面板中单击按钮，或选择"插入"→"创建补间动画"菜单命令。

3.4.2 删除补间动画

如果要删除补间动画，选择帧，右击，在弹出的菜单中选择"删除补间动画"选项，或单击"属性"面板中的"删除补间"按钮。

案例导入

本例要求设计一个教室场景，教室正前方是书写着课程内容的黑板和老师的讲桌，墙上挂着时钟，时刻提醒着学生们一寸光阴一寸金，激励着学生们不负光阴、不负韶华。

扫码观看视频

设计说明

本例设计重点为墙上的时钟，在制作中为了使秒针转动，运用了工具操作和补间动画等功能。

案例操作

1. 新建文件

步骤01　选择"文件"→"新建"菜单命令或按Ctrl+N组合键，打开"新建文档"对话框，设置"宽""高"分别为640 px、303 px，"平台类型"为"ActionScript 3.0"，如图3-45所示，单击"创建"按钮。

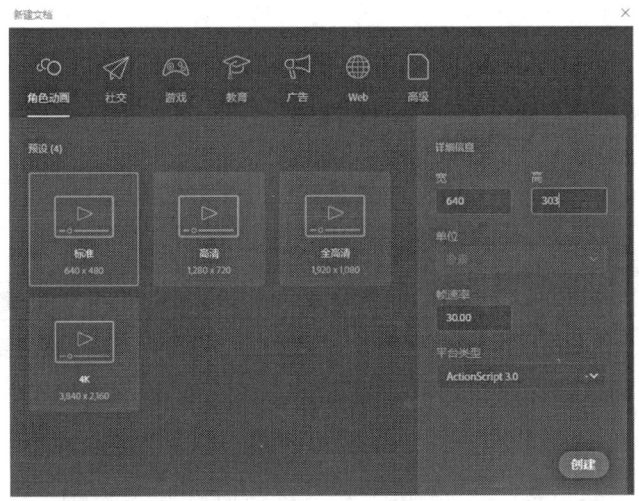

图3-45　"新建文档"对话框

2. 导入素材

步骤02　选择"文件"→"导入"→"导入到舞台"菜单命令（如图3-46所示）或按Ctrl+R组合键，打开"导入"对话框，如图3-47所示，选择素材图片，单击"打开"按钮。

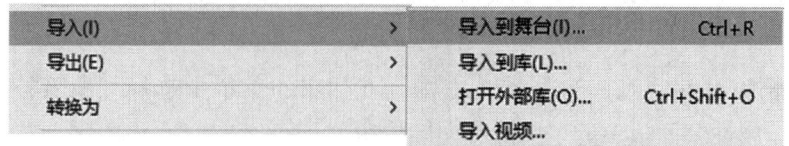

图3-46   "导入到舞台"命令

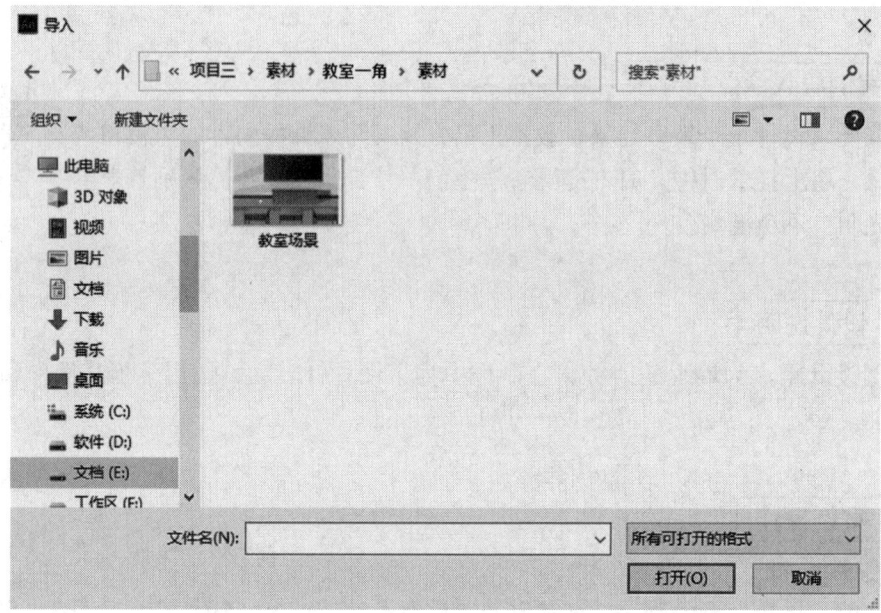

图3-47   "导入"对话框

步骤03   在舞台中调整素材图片的大小和位置，如图3-48所示，锁定该图层。

步骤04   选择舞台中的素材图片，在时间轴中双击"图层_1"，将其命名为"背景"，如图3-49所示。

图3-48   舞台中的图片效果

图3-49   重命名图层

3. 绘制图形

步骤05   在"时间轴"面板中单击"新建图层"按钮▣，将新建图层命名为"钟壳"。选择"椭圆工具"▣，在舞台中绘制正圆形，在其"属性"面板中设置"宽""高"均为80 px，"填充"为白色，"笔触"为土黄色（#F49F55），"笔触大小"为4，如图3-50所示，正圆形效果如图3-51所示，将其作为时钟的外壳。

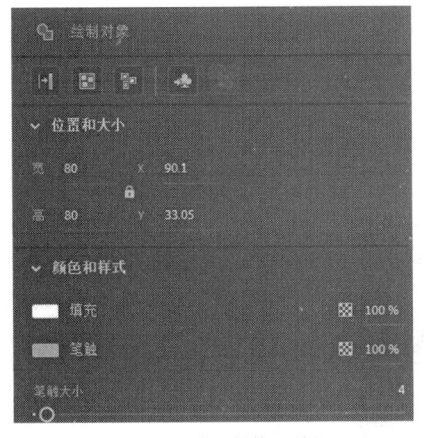

图3-50 "属性"面板

图3-51 时钟外壳效果

步骤06　在"时间轴"面板中单击"新建图层"按钮，将新建图层命名为"小圆点"。选择"视图"→"标尺"菜单命令或按Ctrl+Shift+Alt+R组合键，显示标尺。

步骤07　选择"钟壳"图层中的图形，使用"任意变形工具"拖出水平和垂直的辅助线，在图形的中心点处相交，在该中心点处绘制一个小圆形，如图3-52所示，在其"属性"面板中设置"填充"为黑色，无笔触，"宽""高"均为4 px，如图3-53所示，与辅助线的对齐效果如图3-54所示。

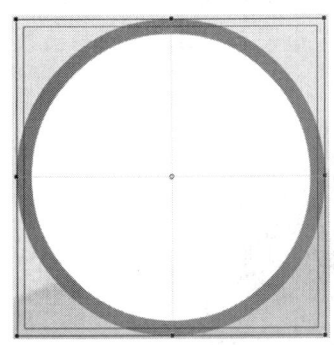

图3-52 添加辅助线

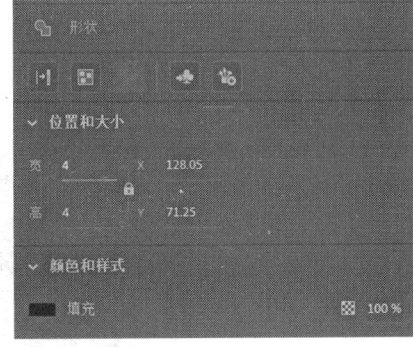

图3-53 "属性"面板

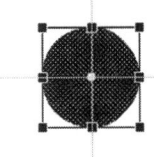

图3-54 小圆形效果

步骤08　在"时间轴"面板中单击"新建图层"按钮，将新建图层命名为"刻度"。绘制一条线段，在其"属性"面板中设置"宽""高"分别为0 px、3.3 px，"笔触大小"为0.5，"笔触"颜色为灰色（#999999），如图3-55所示，将其作为时钟的刻度。

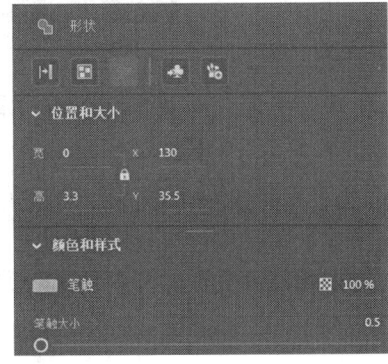

图3-55 "属性"面板

步骤09　选择图形，选择"任意变形工具" 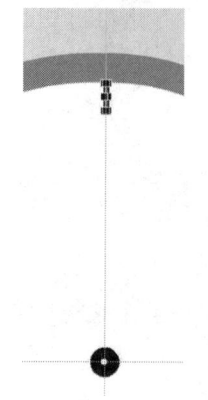，将其中心点拖至"小圆点"图层中图形的中心点处，如图3-56所示。

步骤10　打开"变形"面板，设置"旋转"为30°，如图3-57所示，单击"重制选区和变形"按钮 12次，效果如图3-58所示。

图3-56　调整线段的中心点 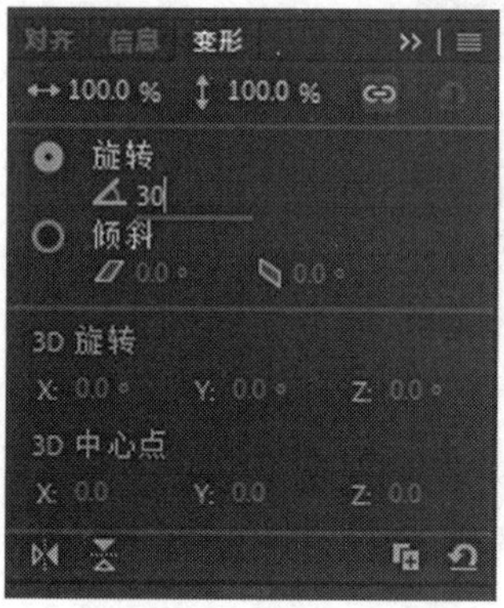　　　　图3-57　"变形"面板 　　　　图3-58　重制选区和变形效果

步骤11　在"时间轴"面板中单击"新建图层"按钮 3次，新建3个图层，将图层分别命名为"时针""分针""秒针"。以"小圆点"图层对象为起点，选择线段，在"颜色"面板中设置"笔触"为绿色（#85BA4F），绘制长度分别为12 px、16 px和23 px的线段，效果如图3-59所示，将其作为时针、分针和秒针。将"小圆点"图层拖至所有图层的最上方，如图3-60所示。

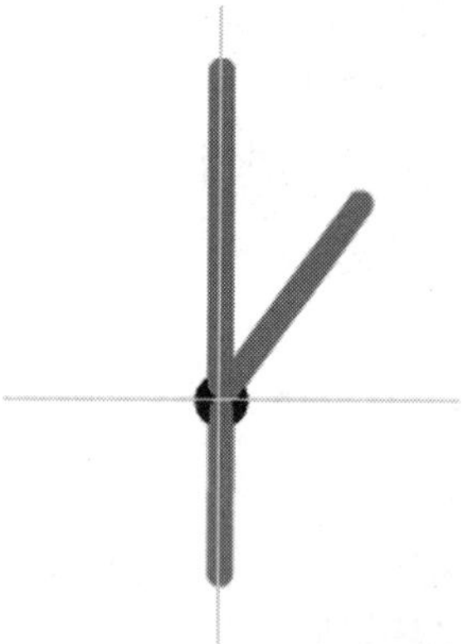

图3-59　绘制时针、分针和秒针 　　　　图3-60　调整图层顺序

步骤12　在"时间轴"面板中单击"新建图层"按钮 ，将新建图层命名为"文字"。选择"工具"面板中的"文本工具" ，在素材图片中的黑板处输入文本"AN二维动画制作课题"，再使用"选择工具" 单击文本框，在其"属性"面板中设置"文本类型"为"静态文本"，"字体"为"隶书"，"大小"为34 pt，"填充"为白色，"呈现"为"使用设备字体"，如图3-61所示，文本效果如图3-62所示。

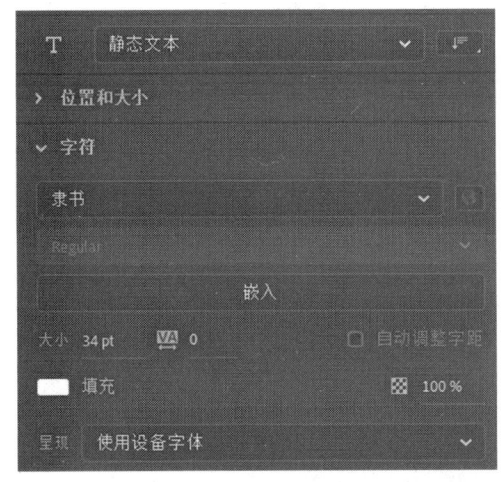

图3-61　"属性"面板 图3-62　文本效果

4. 制作动画

步骤13　按F5键，在"时间轴"面板中分别为所有图层的第1 800帧插入帧，然后按F6键，为"秒针"图层的第1 800帧插入关键帧，再选择"秒针"图层的第1帧，右击，在弹出的菜单中选择"创建传统补间"选项，此刻时间轴的帧背景色显示为紫色，在"库"面板中会增加元件。

步骤14　选择"秒针"图层的第1帧，在"属性"面板中设置"旋转"为"顺时针"，如图3-63所示。

步骤15　分别为"秒针"图层的第1帧和第1 800帧设置中心点，使用"任意变形工具"  进行定位，效果如图3-64所示，调整图形在舞台中的位置和细节。

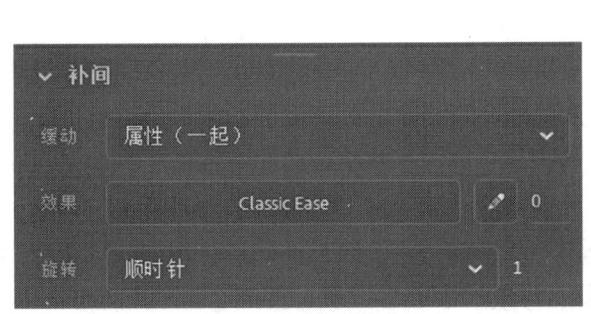

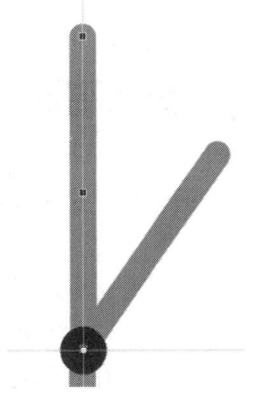

图3-63　"属性"面板 图3-64　设置秒针中心点

5. 保存文件

步骤16　选择"文件"→"保存"菜单命令或按Ctrl+S组合键，打开"另存为"对话框，指定文件的保存路径，设置"文件名"为"教室一角"，"保存类型"为"Animate文档（*.fla）"，如图3-65所示，单击"保存"按钮。

步骤17　选择 "控制"→"测试"菜单命令或按Ctrl+Enter组合键，生成播放文件，效果如图3-66所示，本案例制作完成。

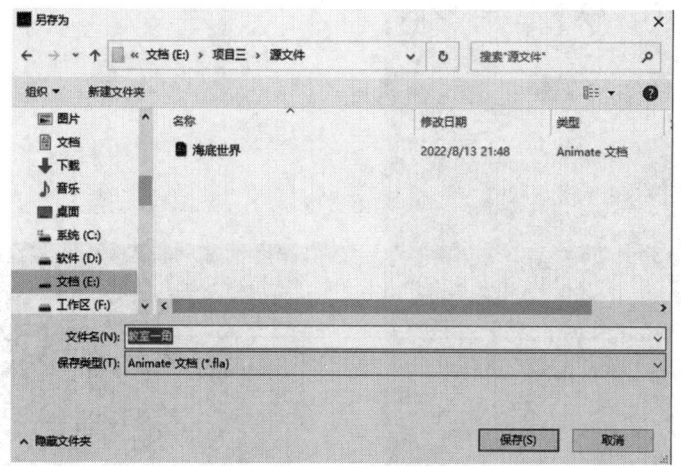

图3-65　"另存为"对话框

图3-66　最终效果

3.5 补间形状

形状补间适用于矢量形状。在Animate中，可以在时间轴中的某一特定帧上绘制一个矢量形状并更改该形状，或在另一特定帧上绘制另外的矢量形状，然后为这两帧之间的帧插入中间形状，从而创建从一个形状变换为另一个形状的动画效果。可以为均匀的实心笔触和不均匀的花式笔触应用形状补间，也可以为补间形状内形状的位置和颜色进行补间。利用形状补间，可以实现对象的大小、位置、旋转、颜色和透明度等的变换特效。

 提示　如果要对组、实例或位图应用形状补间，需要先分离这些元素。如果需要对文本应用形状补间，需要将文本分离两次，从而将文本转换为对象。

导入素材图片或编辑对象（矢量图），插入起始关键帧和结束关键帧，编辑各帧对象的变化，然后选择第一关键帧，右击，在弹出的菜单中选择"创建补间形状"选项，如图3-67所示，也建议针对普通帧执行该操作。

在"属性"面板中单击 按钮，此时时间轴中显示一个长箭头，帧范围显示为土黄色。如果要删除形状补间，选择第1帧，右击，在弹出的菜单中选择"删除形状补间动画"选项，如图3-68所示。

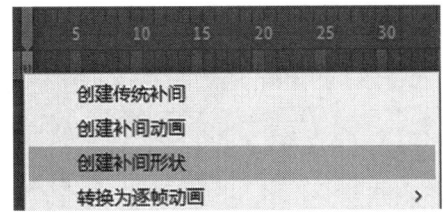

图3-67 "创建补间形状"选项

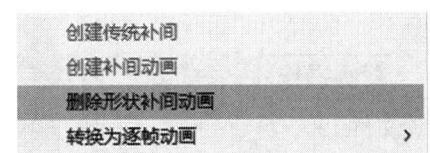

图3-68 "删除形状补间动画"选项

在补间形状"属性"面板（如图3-69所示）的"补间"属性区中，可以设置"缓动""效果""混合"等属性。

● 混合：包括"分布式"和"角形"。选择"分布式"选项，可以使变形的中间形状趋于平滑；选择"角形"选项，则创建包含角度和直线的中间形状。

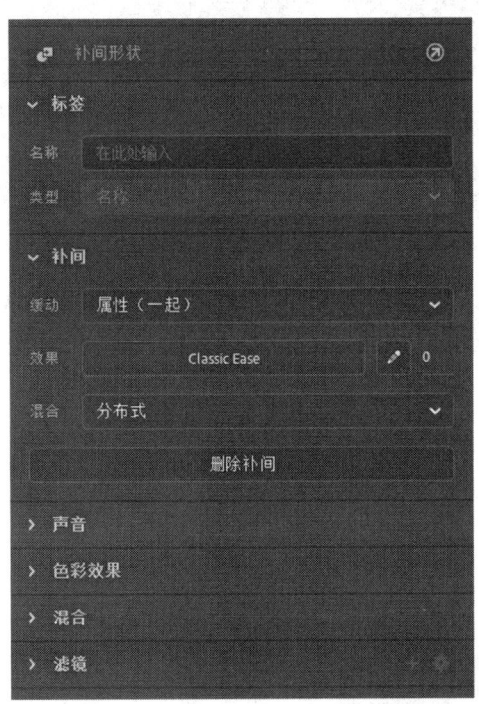

图3-69 "属性"面板

● 删除补间：用于删除帧中的补间形状。

❖ 案例演练 高尔夫球场

 案例导入

在当今社会，高尔夫球场已经成为娱乐、休闲的场所之一。某高尔夫球场特别制作了一款网站宣传广告，旨在突出优质的绿化环境和惬意的挥杆心情。

扫码观看视频

设计说明

本案例画面简单、干净，以蓝天白云作为背景，草坪翠绿，树木青葱，高尔夫球直线进洞，视觉感受轻松、愉悦。

案例操作

1. 新建文件

步骤01　选择"文件"→"新建"菜单命令或按Ctrl+N组合键，打开"新建文档"对话框，设置"宽""高"分别为640 px、300 px，如图3-70所示，单击"创建"按钮。

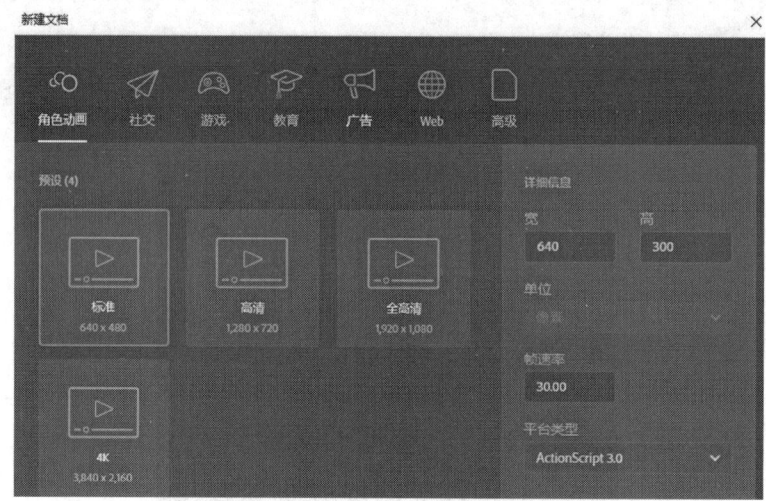

图3-70　"新建文档"对话框

2. 绘制图形

步骤02　在"时间轴"面板中单击"新建图层"按钮■，将新建图层命名为"天空"。使用"矩形工具"■绘制一个与舞台大小一致的矩形，在"颜色"面板中设置"填充类型"为"线性渐变"，无笔触，如图3-71所示，在矩形中从左至右填充蓝色（#0061DD）、白色渐变，效果如图3-72所示，将其作为天空，锁定图层。

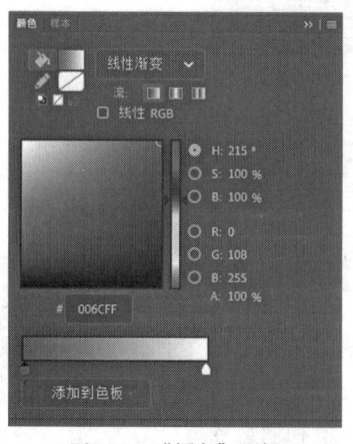

图3-71　"颜色"面板

图3-72　填充效果

步骤03　在"时间轴"面板中单击"新建图层"按钮⊞，将新建图层命名为"云朵"。选择"椭圆工具"◯，在"属性"面板中设置"填充"为白色，无笔触，如图3-73所示，绘制多个圆形，将其组合起来，形成云朵形状，效果如图3-74所示。

图3-73　"属性"面板

图3-74　云朵效果

步骤04　在"时间轴"面板中单击"新建图层"按钮⊞，将新建图层命名为"山"。选择"钢笔工具"✐或"矩形工具"▢，在"属性"面板中单击"对象绘制"按钮▣，如图3-75所示，绘制山形。

步骤05　复制山形，在"颜色"面板中分别设置"填充"为翠绿色（#66CC00）和绿色（#009900），无笔触，填充效果如图3-76所示，将其作为球场山坡。

图3-75　单击"对象绘制"按钮

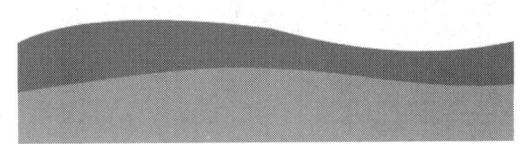

图3-76　山形效果

步骤06　在"时间轴"面板中单击"新建图层"按钮⊞，将新建图层命名为"洞口"。选择"椭圆工具"◯，在其"属性"面板中单击"对象绘制"按钮▣，设置"填充"为土黄色（#533300），无笔触，绘制效果如图3-77所示，将其作为球洞。

图3-77　球洞效果

步骤07　在"时间轴"面板中单击"新建图层"按钮⊞，将新建图层命名为"球"。选择"椭圆工具"◯，在其"属性"面板中设置"宽""高"均为38 px，在"颜色"面板中设置"填充类型"为"径向渐变"，如图3-78所示，绘制从白色到灰色的渐变球形，效果如图3-79所示，将其作为高尔夫球。

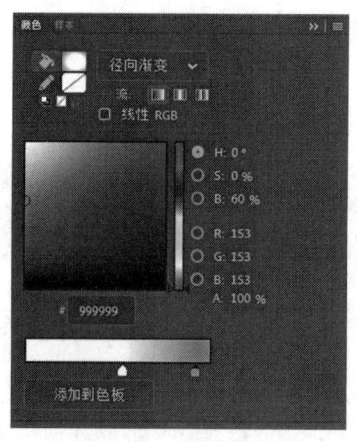

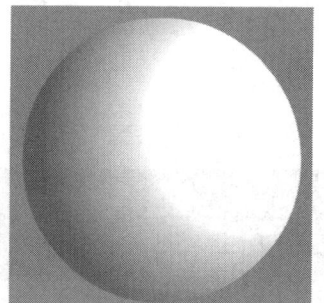

图3-78　"颜色"面板　　　　　　　　图3-79　高尔夫球效果

步骤08　在"时间轴"面板中单击"新建图层"按钮，将新建图层命名为"树枝"。选择"椭圆工具"绘制树冠，在其"属性"面板中单击"对象绘制"按钮，设置"填充"为绿色（#336306），无笔触，如图3-80所示，绘制效果如图3-81所示。

步骤09　使用"矩形工具"绘制树干，调整其形状轮廓，填充颜色为土黄色（#663300），效果如图3-82所示。

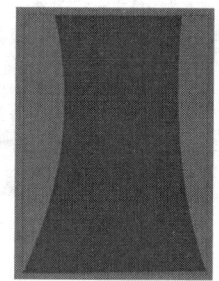

图3-80　"属性"面板　　　　图3-81　树冠效果　　　　图3-82　树干效果

步骤10　按Ctrl+G组合键组合树冠和树干，树木整体效果如图3-83所示；在场景中复制树木，随意调整树木的大小和位置，使其具有透视效果，如图3-84所示。

图3-83　树木组合效果　　　　　　　图3-84　场景效果

3. 制作动画

步骤11　在"时间轴"面板中选择所有图层，分别选择第40帧，按F5键插入帧。

步骤12　在"时间轴"面板中选择"球"图层，选择第40帧，按F6键插入关键帧，设置该帧中对象的"宽""高"均为12 px，调整高尔夫球的位置，效果如图3-85所示。

选择第45帧，按F6键插入关键帧，设置该帧中对象的"宽""高"均为8 px，调整高尔夫球的位置，效果如图3-86所示。

图3-85 球移动效果

图3-86 球进洞效果

步骤13 选择"球"图层的第48帧，按F6键插入关键帧，在"颜色"面板中设置"填充类型"为"径向渐变"，"填充"分别为白色（#FFFFFF）、"A"为50%，灰色（#999999）、"A"为50%，如图3-87所示。

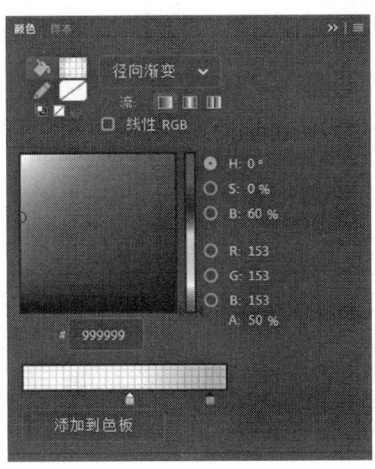

图3-87 设置渐变

步骤14　在"球"图层中选择第1、40、45帧，右击，在弹出的菜单中选择"创建补间形状"选项，时间轴显示如图3-88所示。

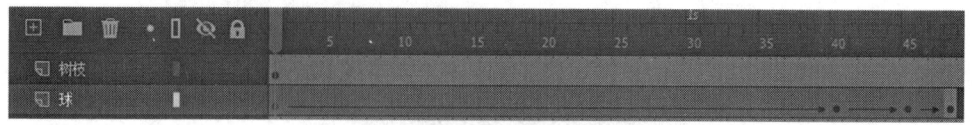

图3-88　创建补间形状

步骤15　选择除"球"图层之外的其他图层，分别选择第55帧，按F5键插入帧，时间轴显示如图3-89所示。

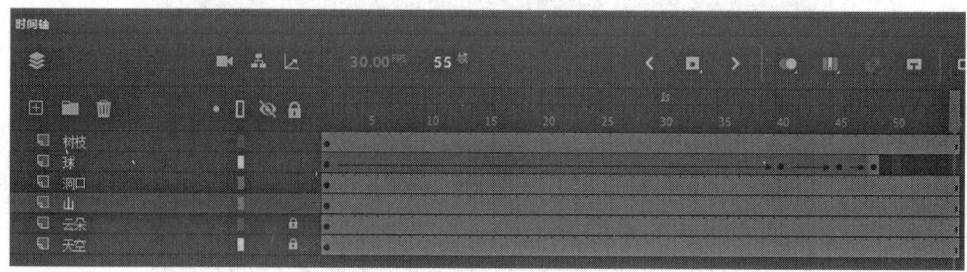

图3-89　时间轴效果

4. 保存文件

步骤16　选择"文件"→"保存"菜单命令或按Ctrl+S组合键，打开"另存为"对话框，指定文件的保存路径，设置"文件名"为"高尔夫球场"，"保存类型"为"Animate文档（*.fla）"，如图3-90所示，单击"保存"按钮。

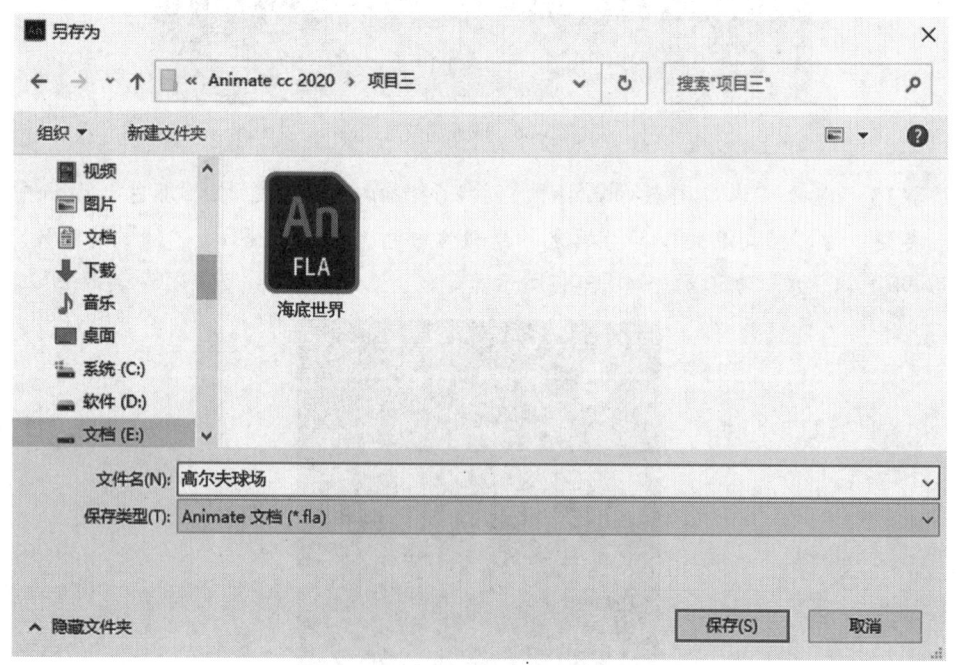

图3-90　"另存为"对话框

步骤17　选择"控制"→"测试"菜单命令或按Ctrl+Enter组合键，生成播放文件，效果如图3-91所示，本案例制作完成。

图3-91　最终效果

3.6　逐帧动画

逐帧动画是指将一张张不同的画面用关键帧串联起来，如图3-92所示。在Animate中包含的动画类型有逐帧动画、形状补间动画、传统补间动画、遮罩层和引导层动画等，而逐帧动画是一种最基本的动画。所谓逐帧动画，即舞台中每帧的内容都有所变化，适用于在每一帧中都发生内容变化而不只是跨舞台移动的复杂动画，如图3-93所示。要创建逐帧动画，需要将每帧都定义为关键帧，然后为每帧创建不同的内容，也可以将传统补间或补间动画范围转换为逐帧动画。

图3-92　逐帧动画

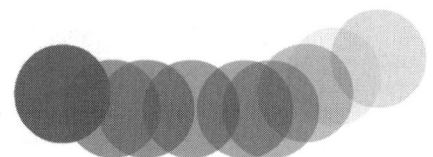

图3-93　逐帧动画效果

逐帧动画中的每一帧都包含单独的关键帧，其中每一关键帧都包含单独的动画元件实例。逐帧动画不包含插补属性值。右击要转换的补间范围，在弹出的菜单中选择"转换为逐帧动画"选项，如图3-94所示。

- 每帧设为关键帧：表示从起始帧到结束帧每一帧都转换为关键帧。
- 每隔一帧设为关键帧：表示从起始帧到结束帧每隔一帧都转换为关键帧。
- 每三帧设为关键帧：表示从起始帧到结束帧每隔三帧都转换为关键帧。

- 每四帧设为关键帧：表示从起始帧到结束帧每隔四帧都转换为关键帧。
- 自定义：表示从起始帧到结束帧自己定义区间值，将帧转换为关键帧，如图3-95所示。

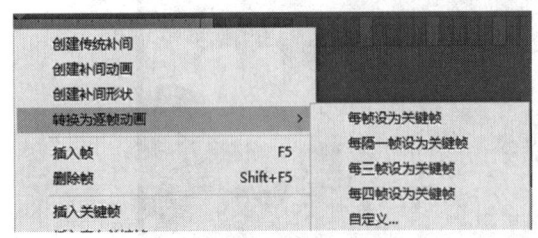

图3-94 转换为逐帧动画　　　　　　图3-95 "自定义逐帧动画"对话框

扩展知识

骨骼工具

在Animate中，使用"骨骼工具" 制作动画依据的是反向运动（IK）原理，骨骼按父子关系链接成线性骨架。当一个骨骼移动时，与其链接的骨骼也发生相应的移动。

绘制两个连接在一起的图形，如图3-96所示，分别将其新建为元件。选择"骨骼工具" ，将鼠标指针放置在其中一个元件的开始端点处，添加一条骨骼线，使其与另一个元件链接，如图3-97所示，生成一个骨架图层，如图3-98所示。

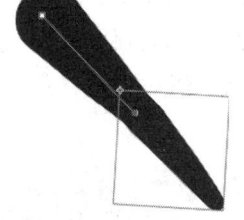

图3-96 绘制图形　　　　图3-97 骨骼链接效果　　　　图3-98 骨架图层

在该层第15帧处右击，在弹出的菜单中选择"插入姿势"选项，如图3-99所示。使用"选择工具" 定位对象，骨骼动画效果如图3-100所示。

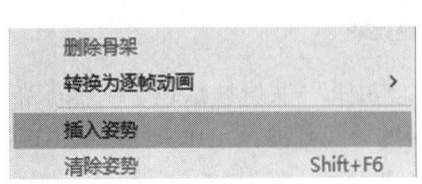

图3-99 "插入姿势"选项　　　　图3-100 骨骼动画效果

如果想要删除该动画效果，选中帧，右击，在弹出的菜单中选择"清除姿势"选项，或者按Shift+F6组合键。

完成骨骼动画的设置后，选择对象，其"属性"面板如图3-101所示。

图3-101　"属性"面板

面板中主要属性释义如下。

● 上一个同级别 ←：用于选择上一个同级的骨骼。
● 下一个同级别 →：用于选择下一个同级的骨骼。
● 子级别 ↑：用于选择子级骨骼。
● 父级别 ↓：用于选择父级骨骼。
● 关节：包括"关节：旋转""关节：X平移""关节：Y平移"，如图3-102～
　图3-104所示，默认设置为"关节：旋转"。如果要设置各"偏移"值，需要
　先勾选"约束"复选框。

图3-102　关节：旋转

图3-103　关节：X平移

图3-104　关节：Y平移

● 弹簧：用于控制骨骼在操作中的"强度"和"阻尼"属性，如图3-105所示，取值范围0~100。

图3-105　"弹簧"属性区

❖案例演练　海底世界

 案例导入

老师给学生布置作业，要求制作一个动画，以表现出鱼类的外形特点和游动时的动态。

扫码观看视频

 **设计说明**

本案例以一张素材图片为背景制作鱼游动的动画，要求合理控制鱼游动时的速度，清晰表现出其外形特点。

 **案例操作**

1. 新建文件

步骤01　选择"文件"→"新建"菜单命令或按Ctrl+N组合键，打开"新建文档"对话框，设置"宽""高"分别为550 px、368 px，"平台类型"为"ActionScript 3.0"，如图3-106所示，单击"创建"按钮。

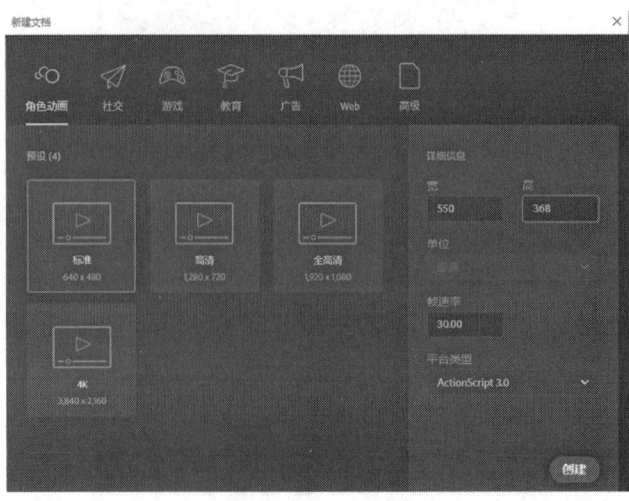

图3-106　"新建文档"对话框

2. 导入素材

步骤02　选择"文件"→"导入"→"导入到库"菜单命令（如图3-107所示），打开"导入到库"对话框，如图3-108所示，选择素材图片，单击"打开"按钮，"库"面板显示如图3-109所示。

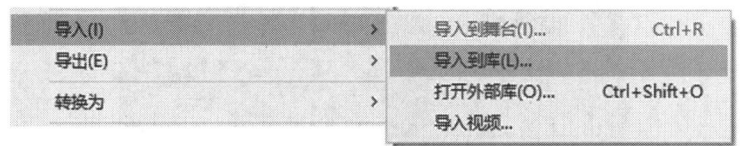

导入(I)	>	导入到舞台(I)...	Ctrl+R
导出(E)	>	导入到库(L)...	
转换为	>	打开外部库(O)...	Ctrl+Shift+O
		导入视频...	

图3-107　"导入到库"命令

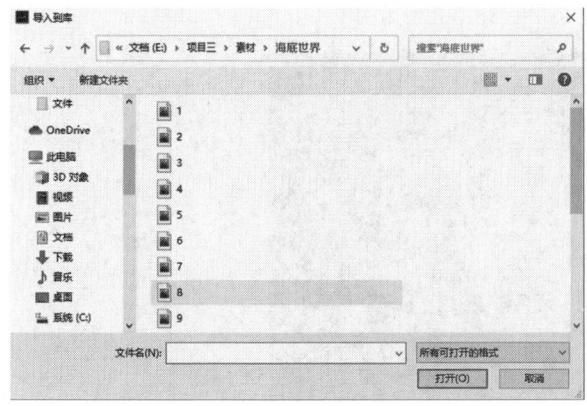

图3-108　"导入到库"对话框

图3-109　"库"面板

步骤03　在"库"面板中拖动素材图片至舞台中，如图3-110所示。在"时间轴"面板中将图层命名为"背景"。调整素材图片的大小和位置，在该图层的第22帧右击，在弹出的菜单中选择"插入帧"选项或按F5键，锁定图层。

步骤04　在"时间轴"面板中单击"新建图层"按钮 ，将新建图层命名为"鱼"。在"库"面板中拖动"1.png"素材图片至舞台，使用"任意变形工具" 选择图片，将其调整至合适的大小和位置，效果如图3-111所示。

图3-110　背景效果

图3-111　鱼效果

3. 制作动画

步骤05　选择"鱼"图层的第2帧，右击，在弹出的菜单中选择"插入关键帧"选项或按F6键，选中该帧中的舞台对象，在"属性"面板中单击"交换"按钮 ，如图3-112所示，打开"交换位图"对话框，在对话框中选择"2.png"，如图3-113所示，单击"确定"按钮。

图3-112   "交换"按钮

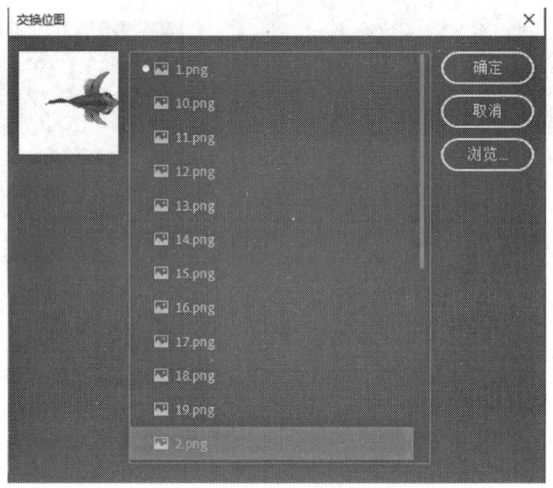

图3-113   "交换位图"对话框

步骤06   重复上一步操作20次，时间轴效果如图3-114所示，调整对象在舞台中的位置。

图3-114   重复操作效果

4. 保存文件

步骤07   选择"文件"→"保存"菜单命令或按Ctrl+S组合键，打开"另存为"对话框，指定文件的保存路径，设置"文件名"为"海底世界"，"保存类型"为"Animate文档（*.fla）"，如图3-115所示，单击"保存"按钮。

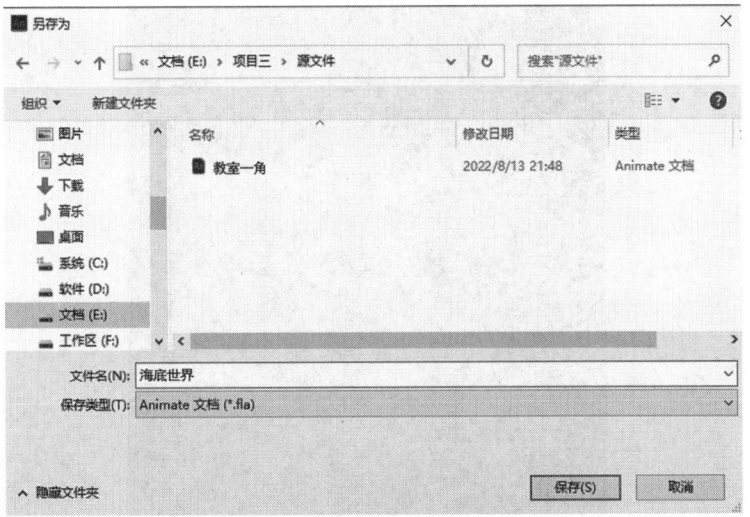

图3-115　"另存为"对话框

步骤08　选择"控制"→"测试"菜单命令或按Ctrl+Enter组合键，生成播放文件，效果如图3-116所示，本案例制作完成。

图3-116　最终效果

3.7 文本

3.7.1　文本字段

在Animate中，使用"文本工具" T 可以创建3种文本字段，即静态文本、动态文本和输入文本。这3种文本字段的定义和效果是不同的，在"属性"面板中可以进行设置，如图3-117所示。

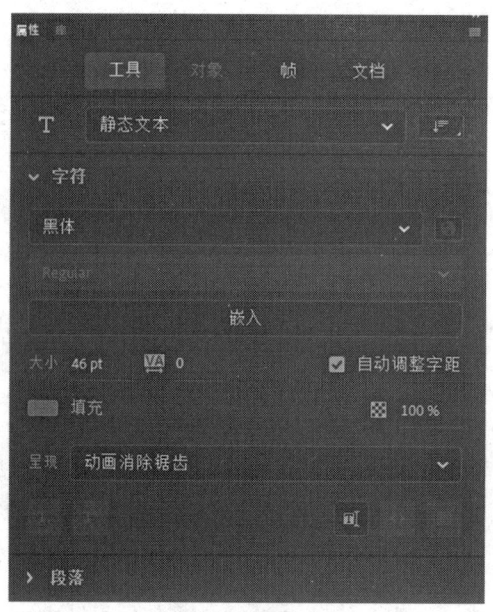

图3-117　"属性"面板

1. 静态文本

　　静态文本字段显示的是不会动态更改的文本字符。使用"文本工具"在舞台中输入相应的文本，即可显示该文本效果。该文本字段不可以用于编程，但可以用于制作动画。

2. 动态文本

　　动态文本字段显示的是动态更新的文本（如图3-118所示），多用于编程，可制作进度条数字更新、体育得分或天气预报等。可以为动态文本重命名，如图3-119所示（图中以"text1"为例）。

图3-118　动态文本

图3-119　重命名文本字段

3. 输入文本

　　输入文本字段用于在表单或调查表中输入文本（如图3-120所示），使其运用交互式编程功能，以获取用户信息或其他信息。可以为输入文本重命名，如图3-121所示（图中以"text2"为例）。

图3-120　输入文本

图3-121　重命名文本字段

提示　动态文本和输入文本都可以使用交互代码，属性和使用方法相同。

3.7.2 创建文本

在Animate中创建文本很简单，与其他软件的操作方法类似。

1. 直接输入文本

选择"文本工具"，在舞台中单击定位光标，然后输入文本内容，如图3-122所示。

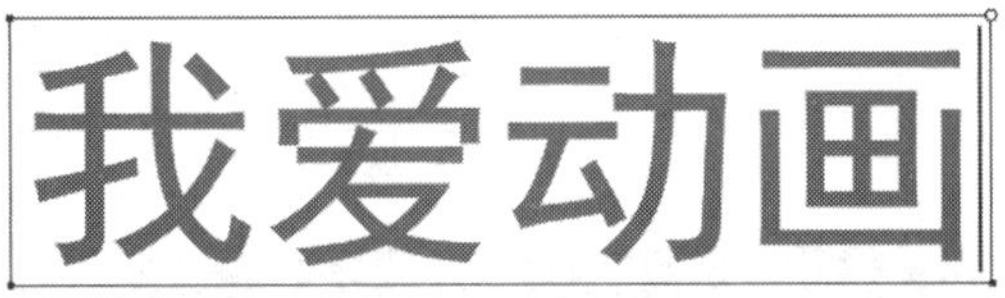

图3-122　直接输入文本

2. 限制范围文本

选择"文本工具"，按住鼠标左键并拖动鼠标指针，在舞台中绘制一个文本框，如图3-123所示，然后在其中输入文本内容。

图3-123　限制范围文本

扩展知识

字体嵌入

在发布的SWF文件中嵌入字体，当在其他计算机中播放该文件时可以使该文件保持一致的文本外观。对于设置了"使用设备字体"的文本对象，没有必要嵌入字体。

选择"文本工具"，在"属性"面板中单击"嵌入"按钮，打开"字体嵌入"对话框，设置字体，如图3-124所示，单击"确定"按钮。

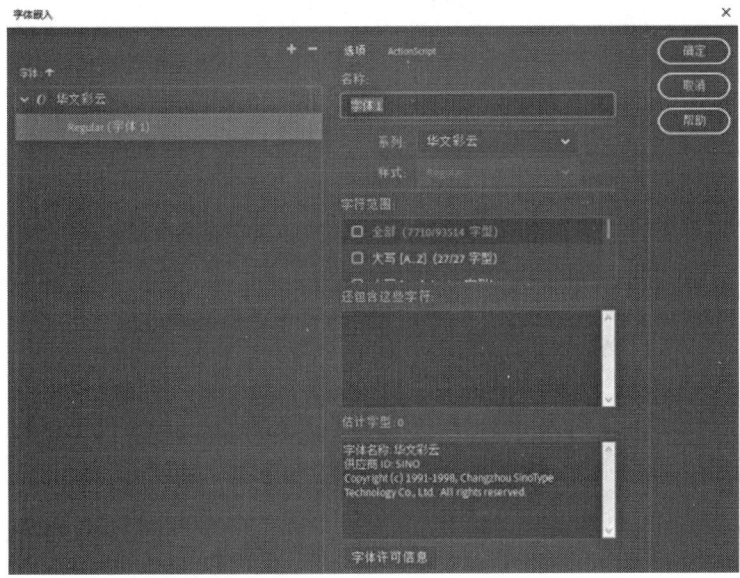

图3-124　"字体嵌入"对话框

3.7.3 文本属性

1. 位置和大小

完成文本的创建后，在其"属性"面板中可以设置其位置和大小，如图3-125所示。

> 🖊 **提示**　　锁定图标■表示对相关属性进行等比例设置，单击可切换锁定状态；显示为■，表示解锁，即对属性分别进行设置。

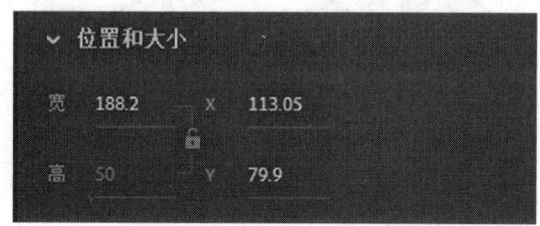

图3-125　"位置和大小"属性区

2. 文本方向

在"属性"面板中可以根据需要设置文本方向，包括"水平""垂直""垂直，从左向右"3种方向，如图3-126所示。

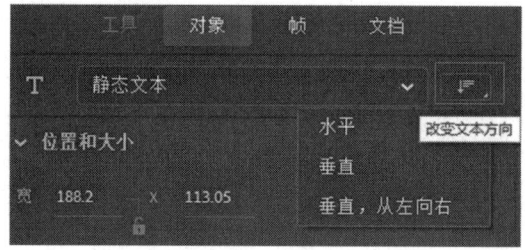

图3-126　文本方向

> 🖊 **提示**　　"改变文本方向"属性仅针对静态文本。

3. 字符

在"属性"面板的"字符"属性区中，可以对文本的字符属性进行设置，如图3-127所示。

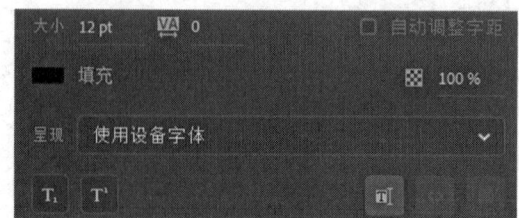

图3-127　"字符"属性设置

● **大小：** 用于设置字符的大小。该属性右侧的■属性用于设置字符的间距，默认值为0；也可以勾选最右侧的"自动调整字距"复选框，对字符间距进行自动调整。

- 填充：单击其左侧的色块，在打开的色板中设置颜色，如图3-128所示。该属性右侧的 ▨ 100% 百分比数值框用于设置文本颜色的透明度。

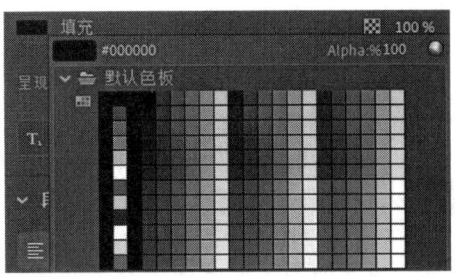

图3-128　色板

- 呈现：用于指定文本的消除锯齿效果，如图3-129所示。默认设置为"可读性消除锯齿"选项，一般情况下选择"使用设备字体"选项。其中，"使用设备字体"用于指定 SWF 文件使用本地计算机中安装的字体来显示文本；"位图文本[无消除锯齿]"用于关闭消除锯齿功能，不对文本进行平滑处理；"动画消除锯齿"用于通过忽略对齐方式和字距微调信息来创建更平滑的动画；"可读性消除锯齿"用于使用 Animate 文本呈现引擎来改进字体的清晰度，特别是较小字体的清晰度；"自定义消除锯齿"用于修改文本的属性。

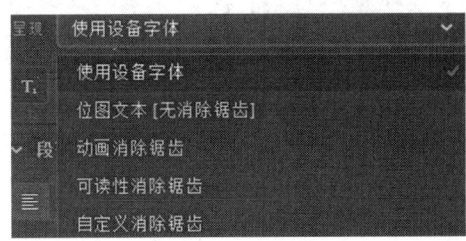

图3-129　"呈现"属性

- 切换上标 T'/切换下标 T₁：用于指定文本显示为上标或下标。
- 可选 ▤：当文件生成SWF格式时，可对影片中的文字选择、复制。输入文本无法使用此功能。
- 将文本呈现为HTML ◇：用于指定文本是否需要使用适当的 HTML 标签保留丰富的文本格式（如字体和超链接）。静态文本无法使用此功能。
- 在文本周围显示边框 ▤：用于为文本添加黑色边框或白色背景。静态文本无法使用此功能。

4. 段落

在"属性"面板的"段落"属性区中，可以对段落文本进行设置，如图3-130所示。

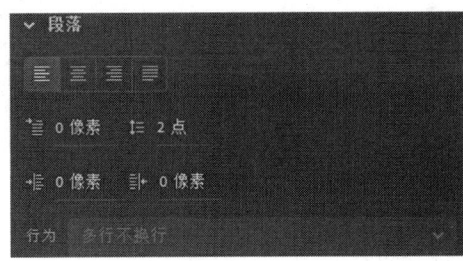

图3-130　"段落"属性设置

- 左对齐▤：用于以左对齐方式对齐段落文本。
- 居中对齐▤：用于以居中对齐方式对齐段落文本。
- 右对齐▤：用于以右对齐方式对齐段落文本。
- 两端对齐▤：用于以两端对齐方式对齐段落文本。
- 缩进▤ 0 像素：用于缩进段落文本中的字符。
- 行距▤ 2 点：用于设置段落文本的行距。
- 边距▤ 0 像素 ▤ 0 像素：用于设置段落文本的左、右边距。
- 行为：包括"单行""多行""多行不换行"选项。其中，"单行"用于将文本显示为一行；"多行"用于将文本显示为多行；"多行不换行"用于将文本显示为多行，并且仅当最后一个字符是换行字符时才换行。

5. 选项

在"属性"面板的"选项"属性区中可以为文本创建超链接。静态文本和动态文本的"选项"属性区具有相同的设置，如图3-131所示；而输入文本的"选项"属性区则不同，如图3-132所示。

图3-131　静态文本"选项"设置　　　　　　图3-132　输入文本"选项"设置

- 链接：用于指定网址。当测试SWF文件播放效果时，可以访问输入的网页。
- 目标：用于为文本字段设置变量名称。
- 最大字符数：用于设置在输出SWF格式文件时输入文本框中输入的字符数，最大值为65 535。

3.7.4　编辑文本

1. 分离文本

在制作文本的过程中，有时需要将每个字符置于单独的文本字段中编辑字体、字型、大小、颜色、方向等属性。此时可以先选择文本，如图3-133所示，然后选择"修改"→"分离"菜单命令，或按Ctrl+B组合键，或右击，在弹出的菜单中选择"分离"选项，分离效果如图3-134所示。

图3-133　选择文本　　　　　　　　　图3-134　分离文本

选择所有文本，再次选择"修改"→"分离"菜单命令，可以将字符转换为形状，如图3-135所示，此时可以任意调整文本效果。

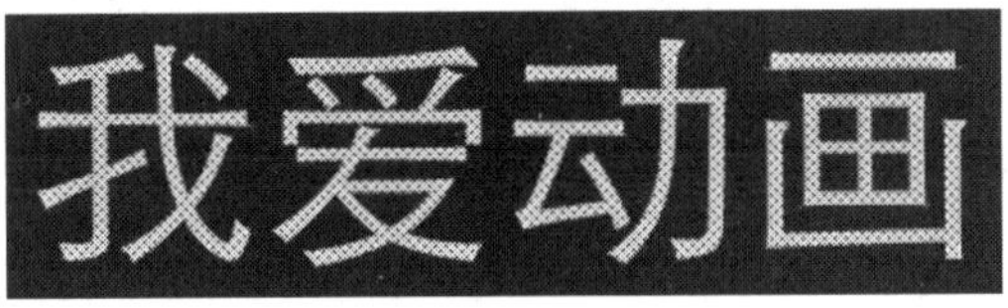

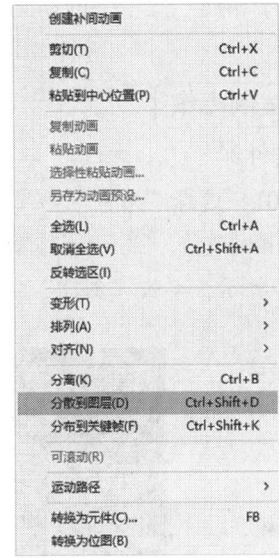

图3-135 再次分离文本

2. 文本分散到图层

如果文本内容过多，不便于编辑，可以将文本指定到新的图层。选择文本，然后选择"修改"→"分离"菜单命令，或按Ctrl+B组合键，或右击，在弹出的菜单中选择"分离"选项，效果如图3-136所示，再次选择所有文本，右击，在弹出的菜单中选择"分散到图层"选项，如图3-137所示。

图3-136 分离文本

图3-137 分散到图层

在"时间轴"面板中，所选择的文本被分别放置在不同的图层中，如图3-138所示，此时就可以为各分离文本块单独制作文字动画了。

提示　对舞台中的任何元素（包括图形对象、实例、位图、视频剪辑、分离文本块等）都可以应用"分散到图层"命令。

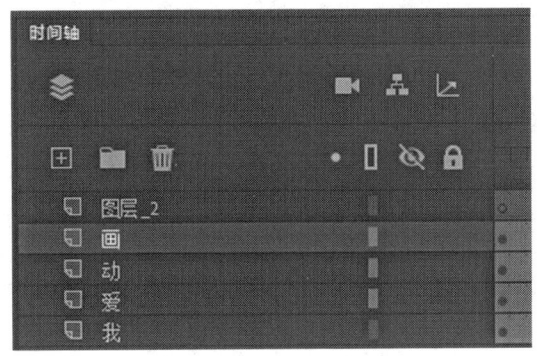

图3-138 文本分散到图层

❖ 案例演练　电子相册

 案例导入

扫码观看视频

某景区要求根据提供的风景素材图片制作一本电子相册在网页上供浏览，旨在突出景区的特点。

 设计说明

本例以白色为背景，借助传统胶片的外观形态作为电子相册的框架，在胶片的上方显示"电子相册"几个字的动画效果，以增加趣味性。

案例操作

1. 新建文件

步骤01　选择"文件"→"新建"菜单命令或按Ctrl+N组合键，打开"新建文档"对话框，设置"宽""高"分别为640 px、250 px，"平台类型"为"ActionScript 3.0"，如图3-139所示，单击"创建"按钮。

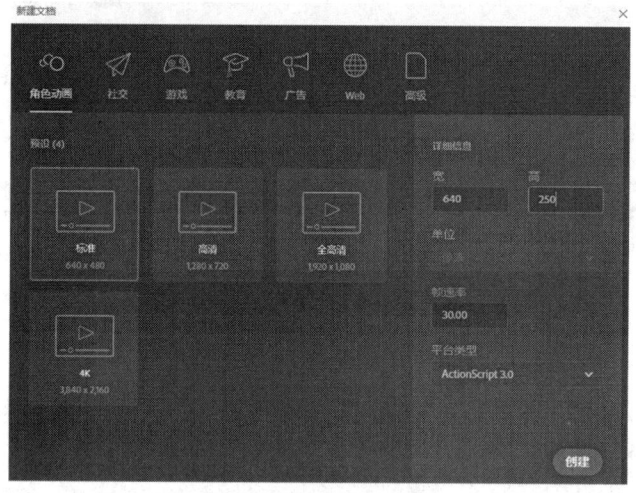

图3-139　"新建文档"对话框

2. 导入素材

步骤02　选择"文件"→"导入"→"导入到库"菜单命令（如图3-140所示），打开"导入到库"对话框，选择素材图片，如图3-141所示，单击"打开"按钮，"库"面板显示如图3-142所示。

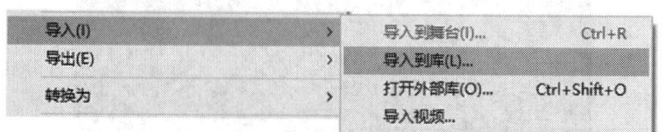

图3-140　"导入到库"命令

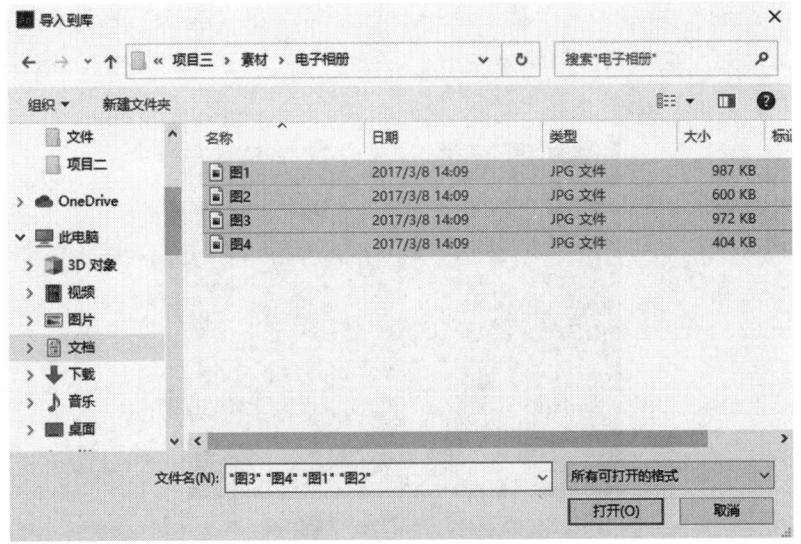

图3-141 "导入到库"对话框

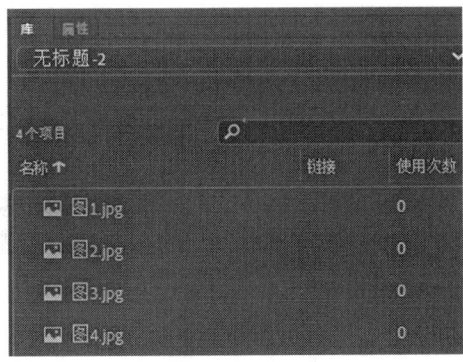

图3-142 "库"面板

3. 绘制图形

步骤03 在"时间轴"面板中单击"新建图层"按钮▣，将新建图层命名为"胶片"，使用"矩形工具"▣在舞台中绘制一个矩形，在"属性"面板中单击"创建对象"按钮▣，设置"宽""高"分别为640 px、200 px，"X""Y"分别为0、36，"填充"为黑色，无笔触，如图3-143所示，绘制效果如图3-144所示。

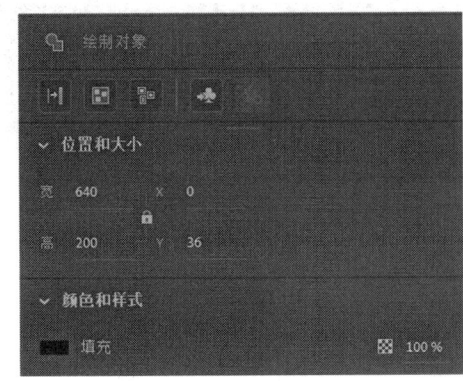

图3-143 "属性"面板

图3-144 矩形效果

步骤04　使用"矩形工具"▣绘制一个正方形，在"属性"面板中单击"创建对象"按钮▦，设置"宽""高"均为12 px，设置"X""Y"分别为7、48，"填充"为白色，无笔触，如图3-145所示。

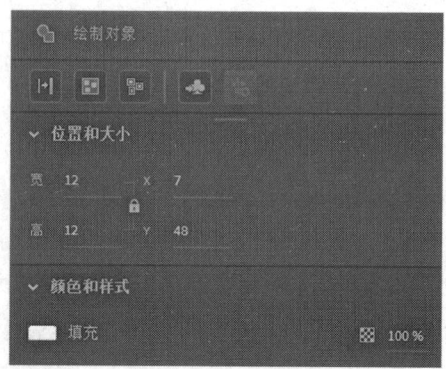

图3-145　"属性"面板

步骤05　选中正方形进行复制，按Ctrl+G组合键组合多个正方形，效果如图3-146所示。

步骤06　复制正方形组合，将正方形组合分别放在矩形上、下方合适的位置并对齐，效果如图3-147所示。

图3-146　正方形组合效果　　　　　　　　图3-147　图形效果

步骤07　在"时间轴"面板中单击"新建图层"按钮▣，将新建图层命名为"图片"。

步骤08　使用"矩形工具"▣绘制一个199×121 px的矩形，选择该矩形，在"颜色"面板中设置"填充类型"为"位图填充"，无笔触，如图3-148所示，选择素材图片进行填充，调整素材图片的位置。

步骤09　重复绘制矩形并填充位图的操作3次，然后分别设置素材图片的位置和间距，效果如图3-149所示。

图3-148　"颜色"面板

图3-149　图片效果

4. 输入文本

步骤10　在"时间轴"面板中单击"新建图层"按钮▣，将新建图层命名为"文字"。选择"文本工具"▣输入文本"电子相册"，在其"属性"面板中设置"字体"为"华文琥珀"，"大小"为22 pt，"填充"为红色，"呈现"为"使用设备字体"，如

图3-150所示。

步骤11 选择"修改"→"分离"菜单命令或按Ctrl+B组合键，分离文本效果如图3-151所示。

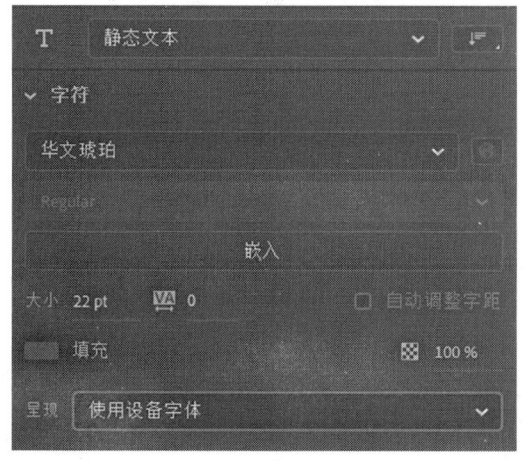

图3-150 "属性"面板

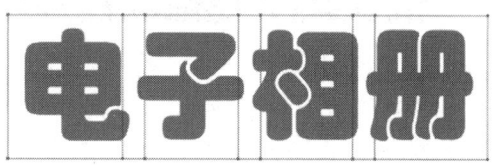

图3-151 分离文本效果

步骤12 将文本拖至舞台外，选择文本，右击，在弹出的菜单中选择"分散到图层"选项，或按Ctrl+Shift+D组合键，将文本分散到图层，效果如图3-152所示，删除文本图层。

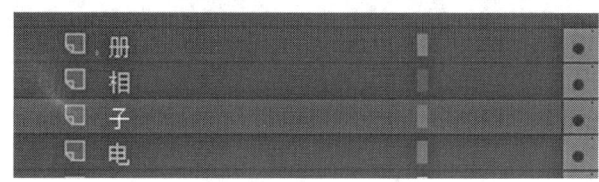

图3-152 文本分散到图层

5. 制作动画

步骤13 选择"图片"图层的第1帧，右击，在弹出的菜单中选择"创建补间动画"选项，打开"将所选的多项内容转换为元件以进行补间"对话框，如图3-153所示，单击"确定"按钮。

步骤14 选择"图片"图层的第58帧，按F6键插入关键帧，选择该帧中的对象，水平向左移动该对象，如图3-154所示，此时帧的颜色显示为土黄色。

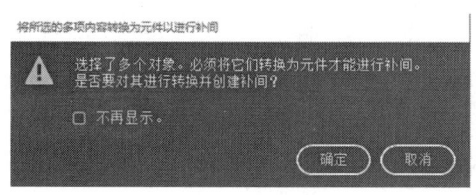

图3-153 创建补间动画

图3-154 插入关键帧

步骤15 分别选择"时间轴"面板中的"电""子""相""册"图层，按Ctrl+B组合键，分离选中图层中的文本，将其转换成形状，如图3-155所示。

步骤16 将4个文本图层中的对象拖至舞台外，选择各图层的第5帧，按F6键分别插入关键帧，再分别移动各图层中的该帧对象至如图3-156所示的位置。

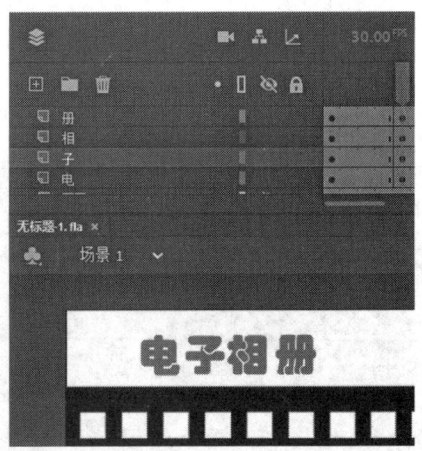

图3-155　将文本转换成形状　　　　　　　　　　图3-156　插入关键帧

步骤17　选择4个文本图层的第10帧，按F6键插入关键帧，使用"任意变形工具"[图]分别调整各文本图层中该帧对象的旋转方向，效果如图3-157所示。

步骤18　选择4个文本图层的第15帧，按F6键插入关键帧，使用"任意变形工具"[图]分别调整各文本图层中该帧对象的旋转方向，效果如图3-158所示。

图3-157　调整文本效果　　　　　　　　　　　　图3-158　调整文本效果

步骤19　分别选择4个文本图层的第20、25、30、35、43和50帧，按F6键插入关键帧，如图3-159所示。

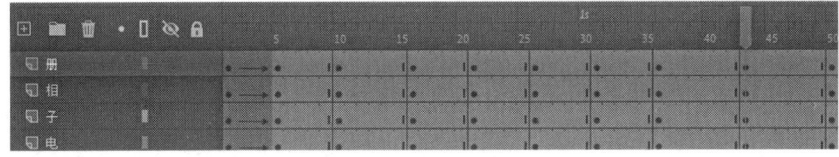

图3-159　插入关键帧效果

步骤20　使用"任意变形工具"[图]分别调整各文本图层中该帧对象的旋转方向，效果如图3-160~图3-165所示。

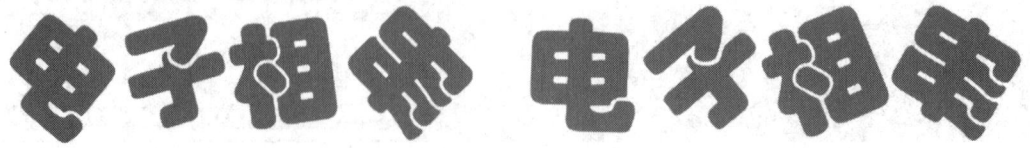

图3-160　调整文本效果　　　　　　　　　　　　图3-161　调整文本效果

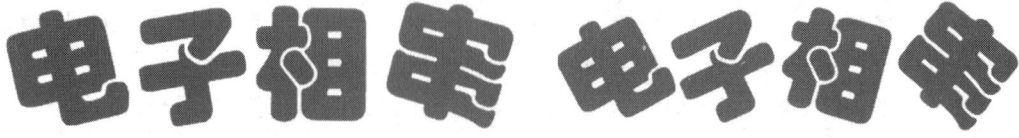

图3-162　调整文本效果　　　　　　　　　　　　图3-163　调整文本效果

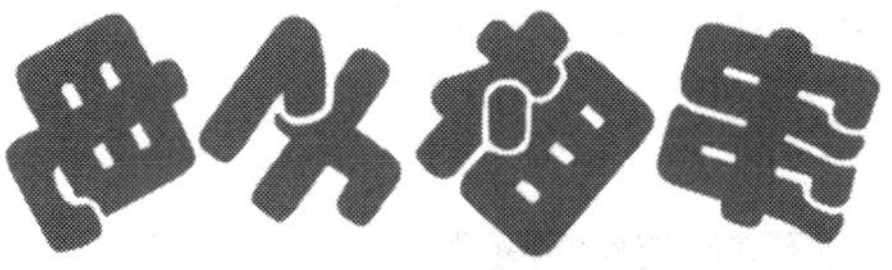

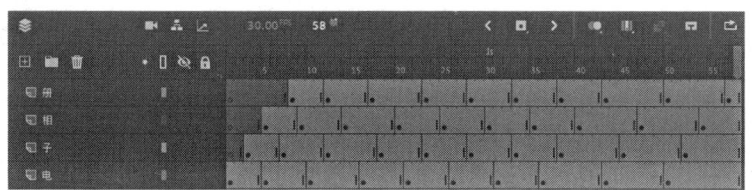

图3-164　调整文本效果 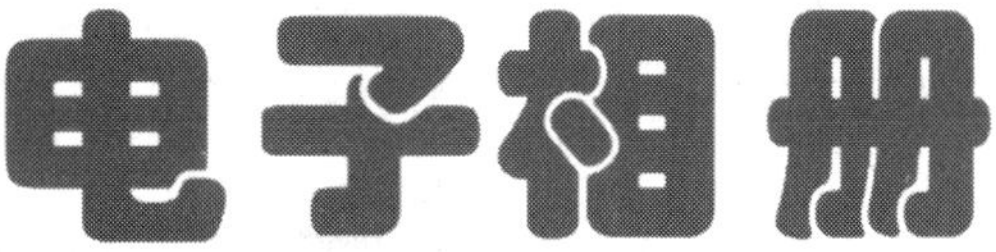　　　　　　　　　图3-165　调整文本效果

步骤21　在"时间轴"面板中选择"电"图层，选择第58帧，按F5键插入帧；选择"子"图层，选择第1~2帧，按F7键插入空白关键帧。

步骤22　使用同样的方法，依次对"相""册"图层进行操作，选择"相"图层的第1~4帧和"册"图层的第1~7帧，按F7键插入空白关键帧。

步骤23　选择所有图层的第58帧，按F5键插入帧，如图3-166所示。

图3-166　时间轴效果

步骤24　分别选择"电""子""相""册"图层中的第1个关键帧，右击，在弹出的菜单中选择"创建补间形状"选项，效果如图3-167所示。

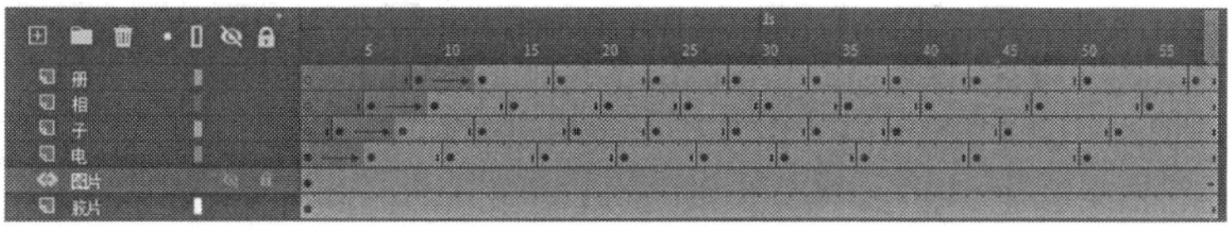

图3-167　时间轴帧效果

6. 保存文件

步骤25　选择"文件"→"保存"菜单命令或按Ctrl+S组合键，打开"另存为"对话框，指定文件的保存路径，设置"文件名"为"电子相册"，"保存类型"为"Animate文档（*.fla）"，如图3-168所示，单击"保存"按钮。

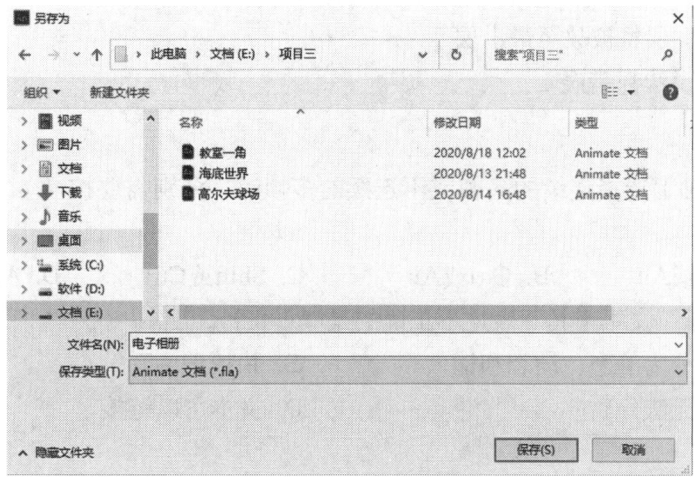

图3-168　"另存为"对话框

125

步骤26 选择"控制"→"测试"菜单命令或按Ctrl+Enter组合键，生成播放文件，效果如图3-169所示，本案例制作完成。

图3-169 最终效果

3.8 本章总结

通过对本章内容的学习，可以深入了解时间轴中关于层控制区和时间线控制区的相关知识，熟练掌握传统补间、补间动画、补间形状和逐帧动画的制作方法，以及"文本工具"的使用技巧，并对"骨骼工具"有初步的认知。

3.9 练习与实践

➢ 单选题

1. 在任何情况下，如果想要将所选工具变为选择状态，只需要按（ ）键。
A. Space   B. Alt   C. Ctrl   D. Shift

2. 下面关于新建图层的位置顺序说法正确的是（ ）。
A. 新建图层将被放至当前选定图层的下面
B. 新建图层将被放至当前选定图层的上面
C. 新建图层将被放至最上层
D. 以上说法都错误

➢ 多选题

1. 在时间轴上选择连续的多帧或不连续的多帧时，分别需要按（ ）键，再使用鼠标进行选择。
A. Shift或Alt   B. Ctrl或Alt   C. Shift或Ctrl   D. Alt或Ctrl

2. 下列对于"文本工具"表述不正确的是（ ）。
A. 文本分为静态、动态和输入   B. 快捷键为T
C. 文本无法分离   D. 文本可以链接

➢ **判断题**

1. 只有在图为矢量图的情况下，传统补间动画才可以编辑特效。

    A. 对   B. 错

2. 时间轴中的帧是独立的，因此，不能同时编辑多个帧中的对象。

    A. 对   B. 错

➢ **实训任务　制作童话场景动画**

项目背景介绍

制作有动画效果的童话场景。

设计任务概述

1. 设置文档。

2. 编辑图形。

3. 填充颜色。

4. 制作动画。

5. 完成时间：40分钟。

设计参考图（见右图）

第**4**章

代码实现

▲ **本章导读**

本章主要讲解元件的类型、编辑与应用，以及"动作"面板的相关知识，有助于读者灵活地调动镜头语言。

▲ **学习目标**

掌握元件的创建与编辑，以及"库"面板的使用方法。
掌握元件的重复应用，以提高工作效率、减少文件量。
理解元件的相互嵌套及多变动画效果。
掌握"动作"面板的使用与代码实现。

▲ **实训任务**

端午贺卡
繁星闪耀
网页导航
手机APP

配套电子文件

▲ **效果欣赏**

 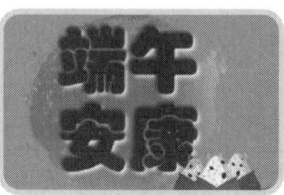 

4.1 元件

在Animate中，"元件"是指使用 SimpleButton （AS 3.0）和 MovieClip 类一次性创建的图形、按钮或影片剪辑，可以在文档中重复使用。元件可以包含从其他软件中导入的图片，在Animate中创建的任何元件都会自动成为当前文档的库的一部分。使用元件可以设置对象的大小、颜色、位置、透明度、方向和缓动等。

> **提示** "实例"是指位于舞台中或嵌套在另一个元件内的元件副本。实例可以与其父元件在颜色、大小和功能方面有所差别。编辑元件会更新它的所有实例，但对元件的一个实例应用效果则只更新该实例。

每个元件都有其独立的时间轴、图层和舞台，可以将帧、关键帧和图层添加至元件的时间轴。创建元件时需要选择元件类型。在Animate中有3种不同类型的元件，即图形元件、按钮元件和影片剪辑元件。

1. 新建元件

选择"插入"→"新建元件"菜单命令，或按Ctrl+F8组合键，或在"库"面板的下方单击"新建元件"按钮，打开"创建新元件"对话框，如图4-1所示。

图4-1 "创建新元件"对话框

在"名称"文本框中为元件命名，在"类型"下拉列表中选择元件的类型，包括"图形""影片剪辑""按钮"选项，单击"确定"按钮，创建一个新的元件，名称为"元件1"，"库"面板显示效果如图4-2所示。

图4-2 "库"面板

此时舞台中显示为元件编辑模式，舞台的左上方有3个按钮，分别释义如下。

- "编辑元件"：用于切换整个文件的元件编辑模式。
- "回到场景"：用于快速回到主场景编辑模式。
- "当前图形元件"：表示当前状态为图形元件编辑模式（也可以是影片剪辑元件或按钮元件编辑模式）。

在当前舞台中显示一个十字光标，表示该元件的中心定位点，该定位点一般位于元件编辑窗口的中心，如图4-3所示。

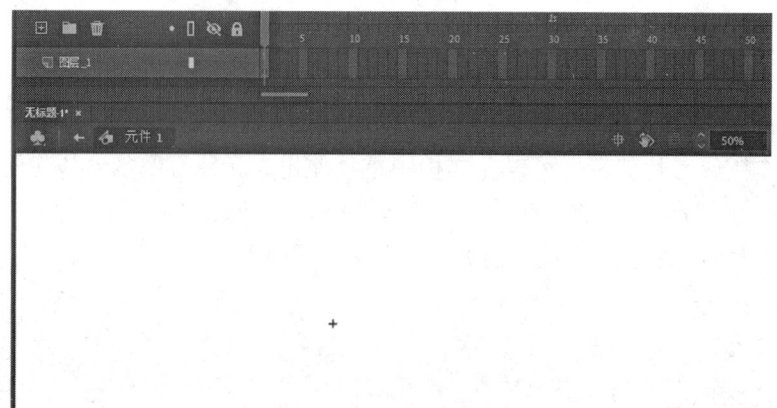

图4-3　元件编辑模式

2. 将对象转换为元件

可以将舞台中的对象转换为元件。选择对象，右击，在弹出的菜单中选择"转换为元件"选项，或按F8键，打开"转换为元件"对话框，如图4-4所示，单击"确定"按钮，将对象转换为元件。Animate 会将该元件添加到库中，舞台中选定的对象成为该元件的一个实例。

图4-4　"转换为元件"对话框

提示　也可以选择"修改"→"转换为元件"菜单命令，打开"转换为元件"对话框。

3. 编辑元件

创建元件后，可以选择"编辑"→"编辑元件"菜单命令，在元件编辑模式下编辑该元件。

提示　也可以选择"编辑"→"在当前位置编辑"菜单命令，在舞台中编辑该元件，舞台中的其他对象以灰色显示，与正在编辑的元件区分开。

4.1.1　图形元件

图形元件 是最基本的元件类型，可用于静态图像，并可用于创建连接到主时间轴的可重用动画片段，与主时间轴同步运行。交互式控件和声音在图形元件的动画序列中不起作用。

将图形元件拖入舞台，选择该元件，其"属性"面板如图4-5所示。

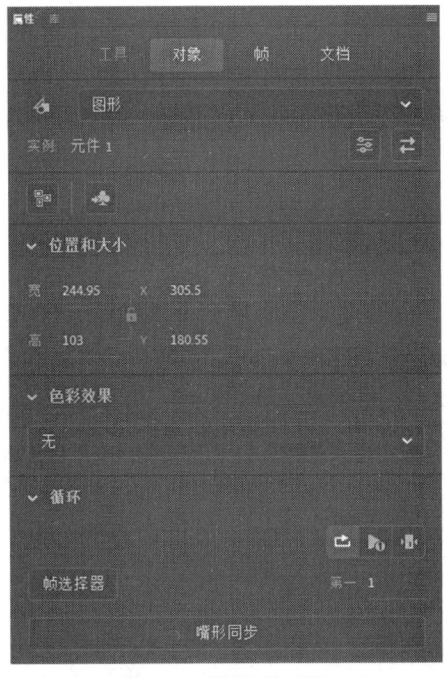

图4-5 "属性"面板

面板中主要属性释义如下。

- 分离▦：用于将对象分离，使其成为二维矢量图形。
- 转换为元件▦：单击该按钮，可以打开"转换为元件"对话框。
- 色彩效果：用于为对象设置不同的颜色效果，包括"无""亮度""色调""高级""Alpha"选项。

  无：表示不应用色彩效果。

  亮度：用于调整亮度效果。设置为-100%时，亮度最低；设置为100%时，亮度最高。

  色调：用于调整RGB色彩效果，可以分别设置色调、红色、绿色和蓝色。色调的取值范围为0%~100%，颜色的取值范围为0~255。

  高级：用于调整透明度和RGB色彩效果。透明度的取值范围为0%~100%，颜色的取值范围为0~255。

  Alpha：用于调整透明度效果。取值范围为0%~100%，默认值为100%。
- 循环：用于设置动画循环的次数。

❖ 案例演练　端午贺卡

 案例导入

　　端午是一年一度的传统节日。值此佳节，某公司制作了电子贺卡，为员工小吴送去节日祝福。

扫码观看视频

设计说明

本案例以手持手机渐入画面，通过手指点击手机屏幕上的信封，展开电子贺卡。电子贺卡主要由端午节的代表性元素粽子和粽叶构成，"端午安康"几个字道出卡片主题，对员工小吴的祝福话语体现出企业的人文关怀，画面生动而温馨。

案例操作

1. 打开素材

步骤01　选择"文件"→"打开"菜单命令或按Ctrl+O组合键，打开"打开"对话框，选择"端午贺卡素材.fla"素材文件，如图4-6所示，单击"打开"按钮。

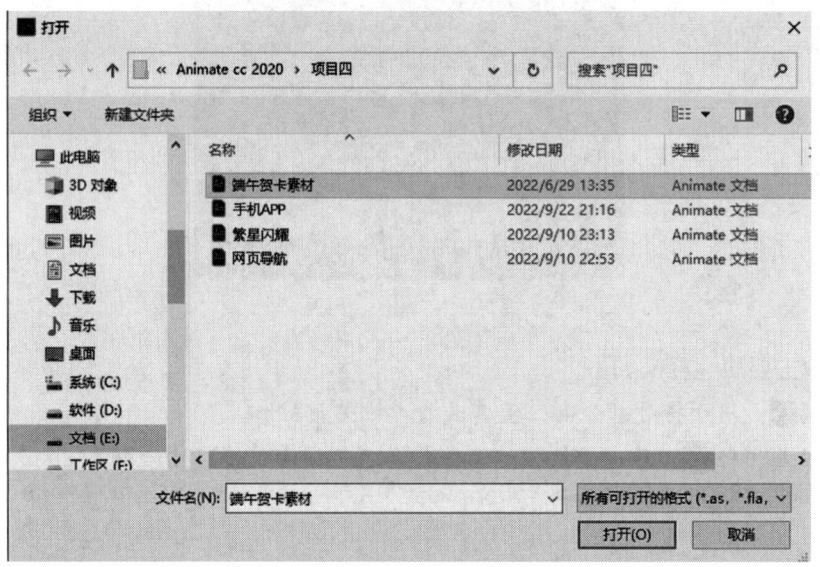

图4-6　"打开"对话框

2. 制作手和手机动画

步骤02　在"库"面板中展开"手机和手"文件夹，将"手"元件拖至舞台的左下角，使衣袖与舞台的左下角对齐，如图4-7所示。

步骤03　再次选择"手"元件，右击，在弹出的菜单中选择"转换为元件"选项，打开"转换为元件"对话框，设置"名称"为"手和手机"，"类型"为"图形"，如图4-8所示，单击"确定"按钮，双击该元件，进入元件编辑模式。

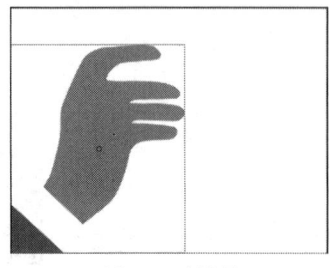

图4-7　手效果

图4-8　"转换为元件"对话框

步骤04　在"时间轴"面板中双击"图层_1"，将其重命名为"手"；新建图层，将新建图层命名为"大拇指"，选择该图层中的第1帧，在"库"面板中将"手机和手"文件夹中的"大拇指"元件拖至舞台中，放至"手"元件附近合适的位置，效果如图4-9所示。

步骤05　分别选择两个图层的第30帧，按F6键插入关键帧；回到第1帧，选中该帧中的两个元件，在"属性"面板的"色彩效果"属性区中设置"Alpha"为40%，如图4-10所示，按住鼠标左键不放，将元件向左下方移动少许距离，制作手的动画效果；再分别选中两个图层中的第1帧，右击，在弹出的菜单中选择"创建传统补间动画"选项，效果如图4-11所示。

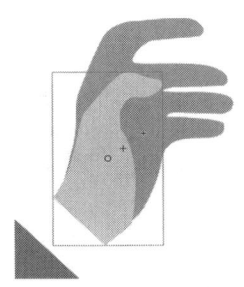

图4-9　大拇指效果

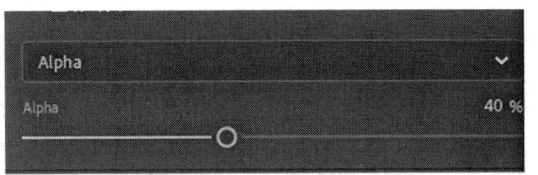

图4-10　"色彩效果"属性区

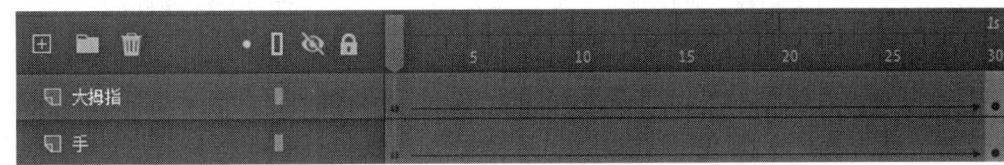

图4-11　创建传统补间动画

步骤06　在"时间轴"面板中单击"新建图层"按钮，将新建图层命名为"手机"，选择第25帧，按F7键插入空白关键帧，在"库"面板中将"手机和手"文件夹中的"手机"元件拖至舞台中合适的位置，调整图层顺序，如图4-12所示，使"手机"图层位于"大拇指"图层的下方，效果如图4-13所示。

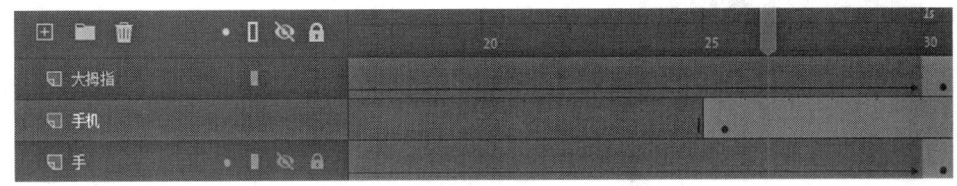

图4-12　"时间轴"面板

步骤07　选择舞台中的"手机"元件，右击，在弹出的菜单中选择"转换为元件"选项，在"转换为元件"对话框中，设置"名称"为"手机动画"，"类型"为"影片剪辑"，如图4-14所示，单击"确定"按钮，双击该元件，进入元件编辑模式。

步骤08　在"时间轴"面板中双击图层名称，将其命名为"手机"；选择该图层的第207、223帧，按F6键插入关键帧；选择第223帧中的对象，在"属性"面板的"色彩效果"属性区中设置"Alpha"为0%，如图4-15所示；再选择第207帧，右击，在弹出的菜单中选择"创建传统补间"选项，制作手机动画，效果如图4-16所示。

图4-13　组合效果　　　　　　　　　图4-14　　"转换为元件"对话框

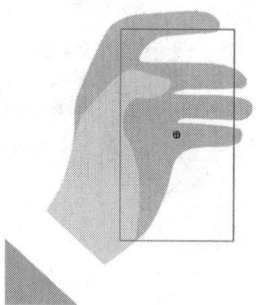

图4-15　　"色彩效果"属性区　　　　　　图4-16　手机动画

3. 制作文字动画

步骤09　在"时间轴"面板中单击"新建图层"按钮█，将新建图层命名为"文字组合"，选择该图层的第81帧，按F7键插入空白关键帧，在"库"面板的"手机和手"文件夹中将"矩形"元件拖入舞台，放置在手机附近合适的位置，重复操作3次，效果如图4-17所示。

步骤10　选择4个"矩形"元件，右击，在弹出的菜单中选择"转换为元件"选项，在打开的"转换为元件"对话框中设置"名称"为"矩形组合"，"类型"为"图形"，如图4-18所示，单击"确定"按钮，双击"矩形组合"元件，进入元件编辑模式。

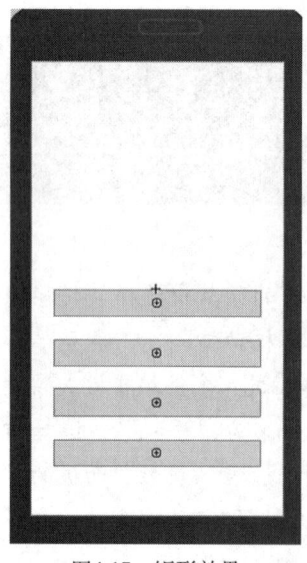

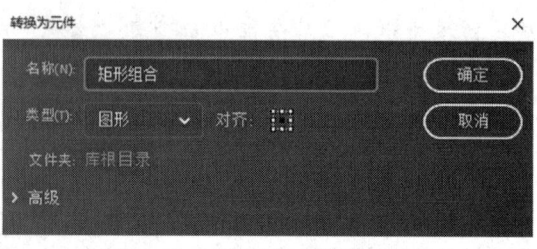

图4-17　矩形效果　　　　　　　　　图4-18　　"转换为元件"对话框

步骤11　在"时间轴"面板中双击"图层_1"名称，将其命名为"矩形组合"；选择该图层的第117帧，按F5键插入帧，在"时间轴"面板中单击"新建图层"按钮，将新建图层命名为"文字"，选择该图层的第41帧，按F7键插入空白关键帧。

步骤12　选择"文本工具"，在其"属性"面板中设置"类型"为"静态文本"，"字体"为"微软雅黑"，"大小"为6 pt，"填充"为黑色，"呈现"为"使用设备字体"，如图4-19所示。

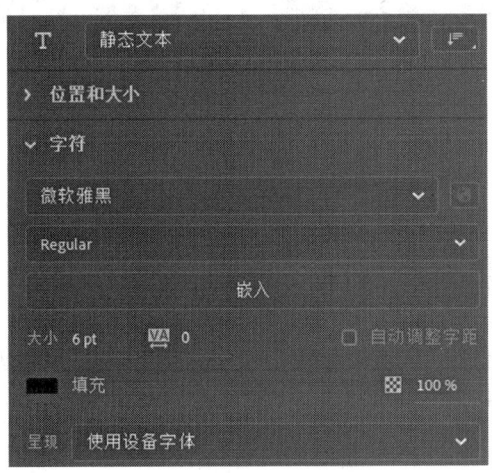

图4-19　"属性"面板

步骤13　选择"文字"图层的第41~44帧，按F6键插入关键帧，分别以逐帧动画方式在"矩形组合"元件的第1个矩形中输入文本"邮件通知"，效果如图4-20所示。

步骤14　选择"文字"图层的第47~52帧，按F6键插入关键帧，分别以逐帧动画方式在"矩形组合"元件的第2个矩形中输入文本"收件人：小吴"，效果如图4-21所示。

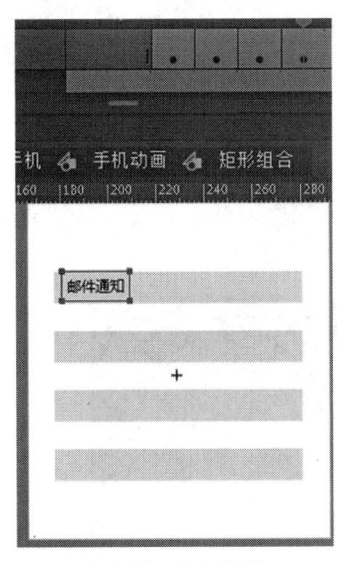

图4-20　文本动画

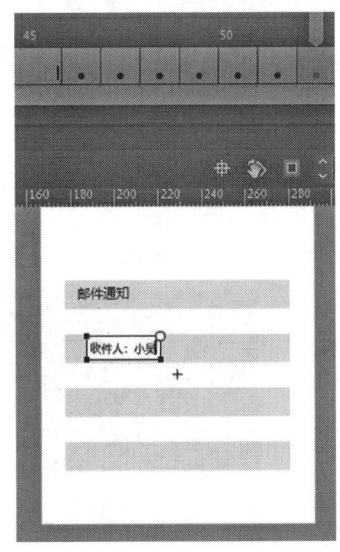

图4-21　文本动画

步骤15　选择"文字"图层的第54~68帧，按F6键插入关键帧，分别以逐帧动画方式在"矩形组合"元件的第3个矩形中输入文本"端午佳节，送上祝福和快乐……"，效果如图4-22所示。

步骤16　选择"文字"图层的第71~79帧，按F6键插入关键帧，分别以逐帧动画方式在"矩形组合"元件的第4个矩形中输入文本"更多详细信息……"，效果如图4-23所示。

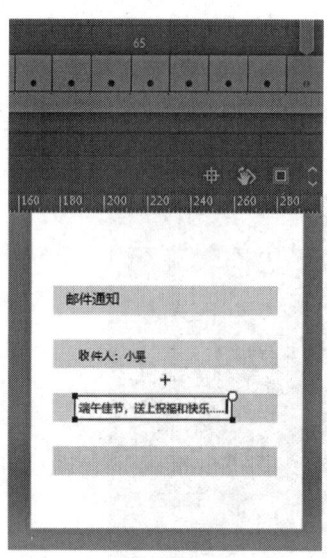 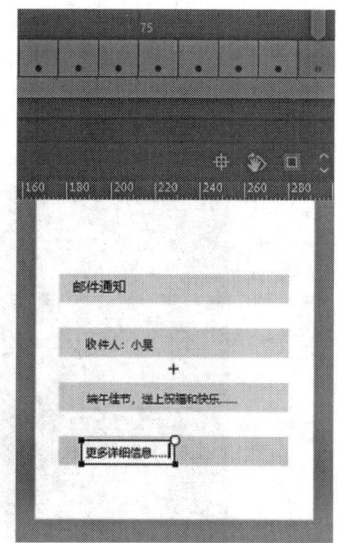

图4-22　文本动画　　　　　　　　　　图4-23　文本动画

步骤17　选择"文字"图层的第117帧，按F5键插入帧，如图4-24所示，文字动画制作完成，返回"手机动画"元件编辑模式。

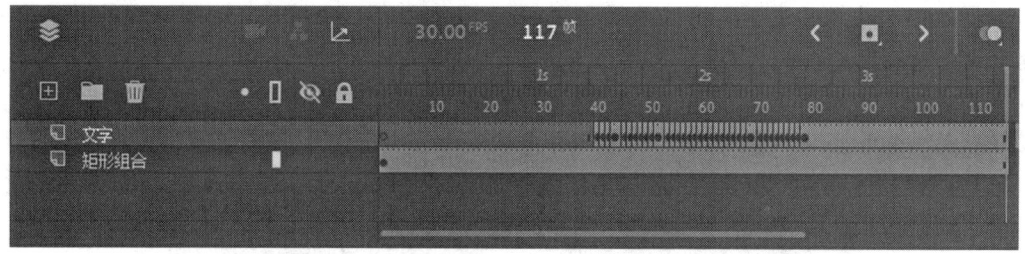

图4-24　时间轴效果

步骤18　分别选择"文字组合"图层中的第96、213和229帧，按F6键插入关键帧，选择第81、229帧中的对象，在"属性"面板的"色彩效果"属性区中设置"Alpha"为0%，如图4-25所示。

图4-25　"色彩效果"属性区

步骤19　选择"文字组合"图层中的第81、213帧，右击，在弹出的菜单中选择"创建传统补间"选项，制作文字渐入、渐出效果。

4. 制作信封动画

步骤20　在"手机动画"元件编辑模式中，在"时间轴"面板中单击"新建图层"

按钮 ▣ ，将新建图层命名为"信封"，选择该图层的第55帧，按F7键插入空白关键帧，从"库"面板的"信封"文件夹中将"信封"元件拖入舞台，放置在手机屏幕的上方，效果如图4-26所示。

步骤21 双击"信封"元件，进入元件编辑模式，在"时间轴"面板中选中所有图层的第115帧，按 F5 键插入帧；再选择"上方 1"图层的第 26 帧，按 F6 键插入关键帧；选择第26帧中的对象，使用"任意变形工具" ▣ 调整对象中心点的位置，效果如图4-27所示。

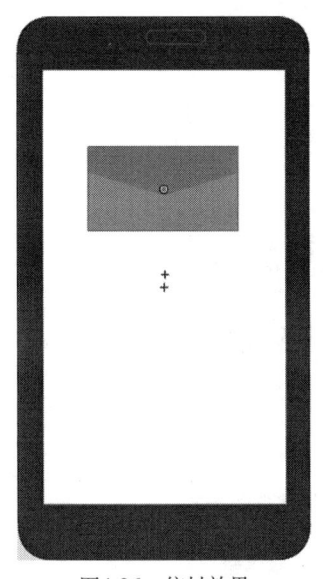

图4-26 信封效果

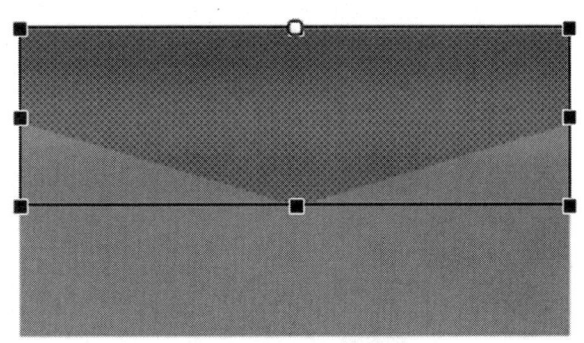

图4-27 调整中心点的位置

步骤22 选择第40帧，按F6键插入关键帧，再次使用"任意变形工具" ▣ 调整第40帧中对象中心点的位置，调整图形效果，如图4-28所示。

图4-28 信封效果

步骤23 选择第44帧，按F6键插入关键帧，再次使用"任意变形工具" ▣ 调整第44帧中对象中心点的位置，如图4-29所示。

步骤24 选择"修改"→"变形"→"垂直翻转"菜单命令，如图4-30所示，垂直翻转效果如图4-31所示。

步骤25 选择第61帧，按F6键插入关键帧，再次使用"任意变形工具" ▣ 调整第61帧中对象中心点的位置，调整图形效果，如图4-32所示。

图4-29　信封效果

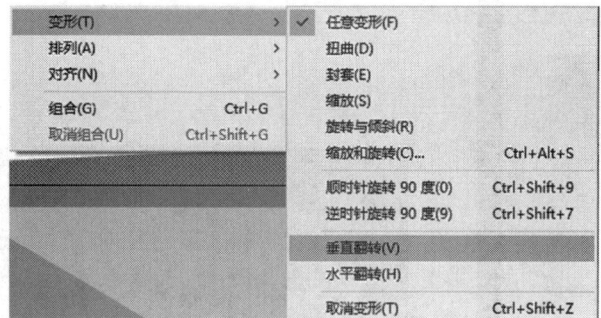

变形(T)	>	✓	任意变形(F)	
排列(A)	>		扭曲(D)	
对齐(N)	>		封套(E)	
组合(G)	Ctrl+G		缩放(S)	
取消组合(U)	Ctrl+Shift+G		旋转与倾斜(R)	
			缩放和旋转(C)...	Ctrl+Alt+S
			顺时针旋转 90 度(0)	Ctrl+Shift+9
			逆时针旋转 90 度(9)	Ctrl+Shift+7
			垂直翻转(V)	
			水平翻转(H)	
			取消变形(T)	Ctrl+Shift+Z

图4-30　"垂直翻转"命令

图4-31　垂直翻转效果

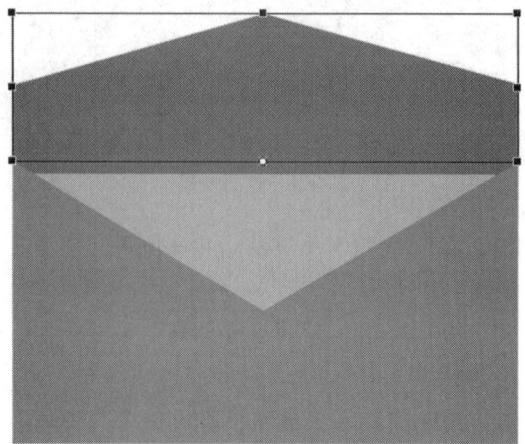

图4-32　信封效果

步骤26 选择第26、45帧，右击，在弹出的菜单中选择"创建补间形状"选项，制作信封封口处动画。

步骤27 选择"信封前"和"信封后"图层，分别选择两个图层的第136、151帧，按F6键插入关键帧；分别选择两个图层第151帧中的对象，在"属性"面板的"颜色和样式"属性区中，设置"填充"的"Alpha"  为0%，效果如图4-33所示。

图4-33 "颜色和样式"属性区

步骤28 分别选择两个图层的第136帧，右击，在弹出的菜单中选择"创建补间形状"选项，制作图层中对象渐出的动画效果，时间轴显示如图4-34所示。

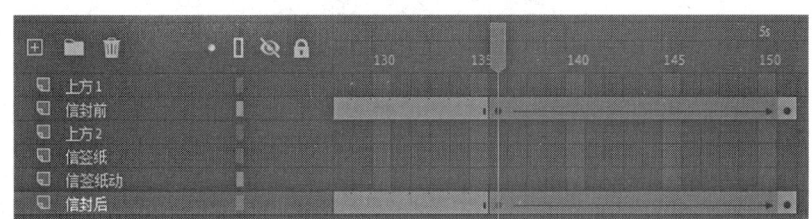

图4-34 时间轴效果

步骤29 选择"信签纸动"图层中的第158帧，按F5键插入帧；选择该图层的第116、131帧，按F6键插入关键帧；选择第131帧中的对象，将其向上移动，效果如图4-35所示。

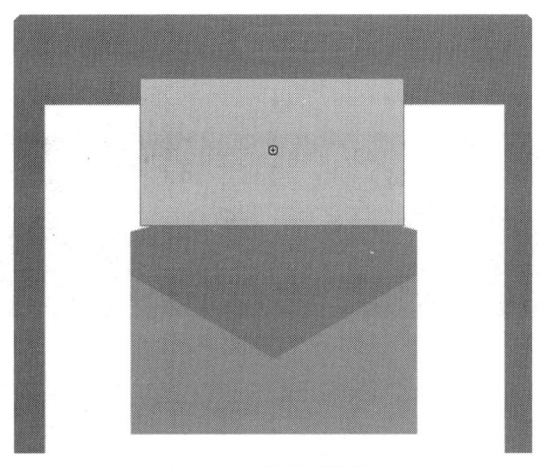

图4-35 信签纸效果

步骤30 选择"信签纸动"图层的第116帧，右击，在弹出的菜单中选择"创建传统补间"选项，制作信签纸抽出的动画效果。

步骤31 选择"信签纸动"图层的第136和157帧，按F6键插入关键帧；选择第157帧中的对象，使用"任意变形工具"  将其放大；选择第136帧，右击，在弹出的菜单中选择"创建传统补间"选项，在其"属性"面板中设置"旋转"为"顺时针"，如图4-36所示，制作信签纸逐渐放大的动画效果，如图4-37所示。

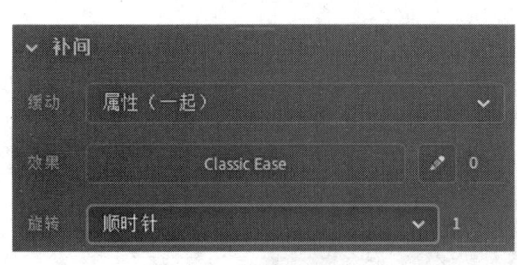

图4-36 "补间"属性区　　　　　　　　　图4-37 信签纸放大效果

提示　　　　在信签纸抽出动画中，发现"上方1"图层中的对象被遮挡，下面进行调整。

步骤32　选择"时间轴"面板中的"上方2"图层，选择该图层的第116帧，按F7键插入空白关键帧；选择"上方1"图层的最后一帧，右击，在弹出的菜单中选择"复制帧"选项，再选择"上方2"图层的第116帧，右击，在弹出的菜单中选择"粘贴帧"选项。

步骤33　选择"上方2"图层的第136、151帧，按F6键插入关键帧，选择第151帧中的对象，在"属性"面板的"颜色和样式"属性区中设置"填充"的"Alpha" ▨ 为0%，如图4-38所示。

图4-38 "颜色和样式"属性区

步骤34　选择"上方2"图层的第136帧，右击，在弹出的菜单中选择"创建补间形状"选项，制作图层中对象渐出的动画效果，时间轴显示如图4-39所示。

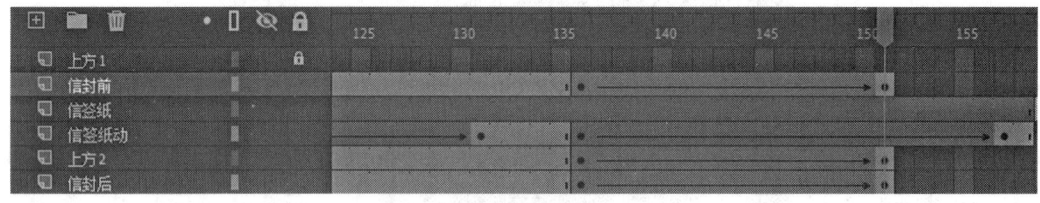

图4-39 时间轴效果

提示　　　　信签纸展示是作为一个转场，从一个场景切换到另一个场景，因此，需要单独将信签纸存放在一个图层中。

步骤35　复制"信签纸动"图层的最后一帧，右击，在弹出的菜单中选择"复制帧"选项，再选择"信签纸"图层的第159帧，按F7键插入空白关键帧，右击该帧，在弹出的菜单中选择"粘贴帧"选项，使其与"信签纸动画"重合。

步骤36　选择该帧中的对象，右击，在弹出的菜单中选择"转换为元件"选项，打开"转换为元件"对话框，设置"名称"为"信签纸动画"，"类型"为"图形"，如图4-40所示，单击"确定"按钮，双击"信签纸动画"元件，进入元件编辑模式。

图4-40　"转换为元件"对话框

5. 制作印动画

　　步骤37　在"时间轴"面板中双击图层名称，将其命名为"纸"，选择该图层的第145帧，按F5键插入帧，选择"纸"图层，右击，在弹出的菜单中选择"复制图层"选项，如图4-41所示。

　　步骤38　在"时间轴"面板中双击图层名称，将其命名为"纸阴影"，选择该图层中的元件，在"属性"面板的"色彩效果"属性区中，设置"亮度"为-12%，如图4-42所示，向右、向下按方向键，并调整该图层置于最底层，制作阴影效果，如图4-43所示。

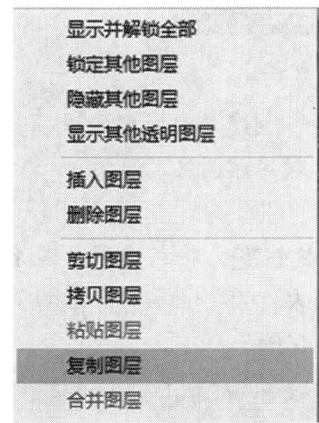

图4-41　"复制图层"选项

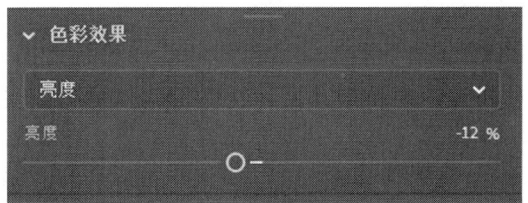

图4-42　"色彩效果"属性区

图4-43　信签纸阴影效果

　　步骤39　在"时间轴"面板中单击"新建图层"按钮，将新建图层命名为"印"。选择该图层的第20帧，按F7键插入空白关键帧，从"库"面板的"信封"文件夹中将"特效印"元件拖入舞台中合适的位置，效果如图4-44所示。

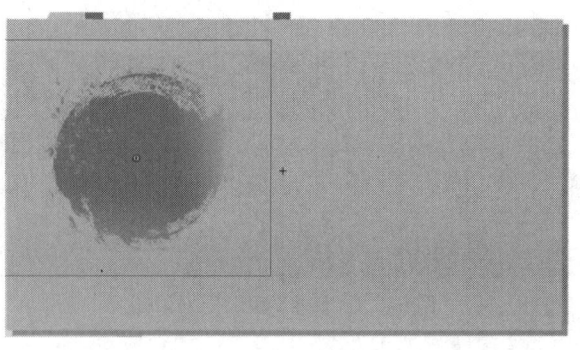

图4-44 印效果

步骤40 选择第30帧，按F6键插入关键帧；选择第20帧中的对象，在"属性"面板的"色彩效果"属性区中设置"Alpha"为0%，如图4-45所示。

图4-45 "色彩效果"属性区

步骤41 选择第20帧，右击，在弹出的菜单中选择"创建传统补间"选项，制作图形渐入的动画效果，然后选择第145帧，按F5键插入帧，锁定该图层。

6. 制作柳叶动画

步骤42 在"时间轴"面板中单击"新建图层"按钮■，将新建图层命名为"柳叶"。选择该图层的第20帧，按F7键插入空白关键帧，从"库"面板的"柳叶"文件夹中将"柳叶1"元件拖入舞台中合适的位置，效果如图4-46所示。

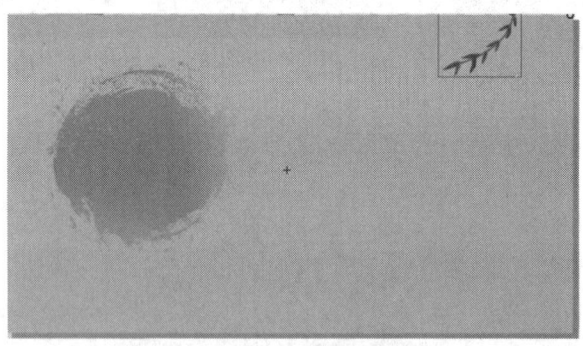

图4-46 柳叶效果

步骤43 选择"柳叶"图层中的对象，右击，在弹出的菜单中选择"转换为元件"选项，打开"转换为元件"对话框，设置"名称"为"柳叶动画"，"类型"为"图形"，如图4-47所示，单击"确定"按钮，双击元件，进入元件编辑模式。

步骤44 在"时间轴"面板中单击"新建图层"按钮■，分别新建四个图层，将新建图层分别命名为"柳叶2""柳叶3""柳叶4""柳叶5"。在"时间轴"面板中双击"图层_1"，将其命名为"柳叶1"，如图4-48所示。

图4-47 "转换为元件"对话框

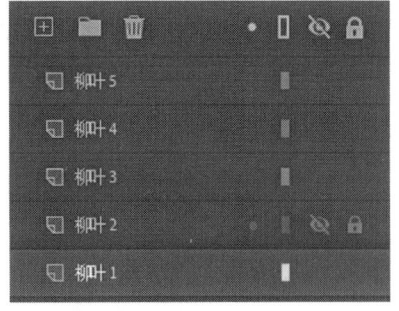

图4-48 图层效果

步骤45 在"库"面板的"柳叶"文件夹中，分别对应图层名称拖动 "柳叶2" "柳叶3" "柳叶4" "柳叶5" 元件至舞台中的合适位置，效果如图4-49所示。

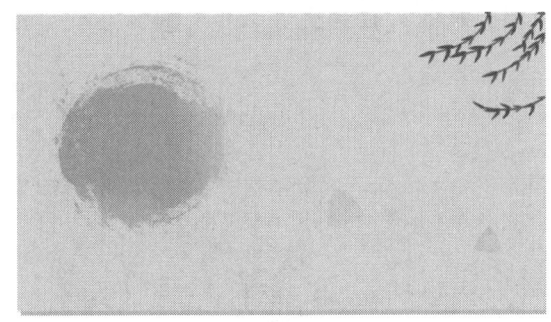

图4-49 柳叶组合效果

提示 为了使柳叶看起来更繁茂，需要复制柳叶图层。

步骤46 选择"柳叶4"图层，右击，在弹出的菜单中选择"复制图层"选项，将副本图层命名为"柳叶6"，选择该图层中的对象，适当调整其位置和大小，使柳叶摆放自然。

步骤47 选择"柳叶1"图层第1帧中的对象，使用"任意变形工具"调整对象中心点的位置至对象的右上角，效果如图4-50所示。

图4-50 调整中心点的位置

步骤48 使用相同的方法，分别选择"柳叶2" "柳叶3" "柳叶4" "柳叶5" "柳叶6"图层第1帧中的对象，使用"任意变形工具"调整对象中心点的位置至对象的右上角，效果如图4-51所示。

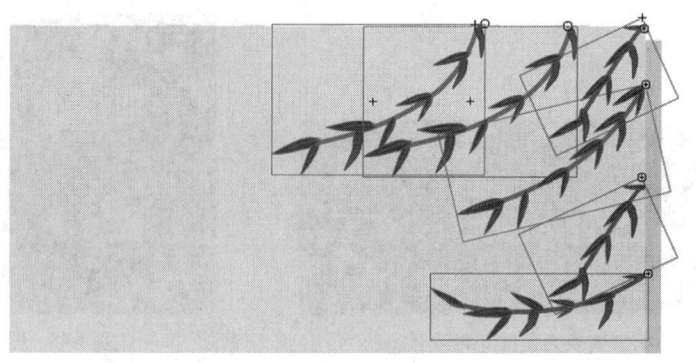

图4-51　调整中心点的位置

　　步骤49　分别选择各柳叶图层的第25帧和第50帧，按F6键插入关键帧，再分别选择各图层第25帧中的对象，使用"任意变形工具"■调整柳叶的方向，效果如图4-52所示。

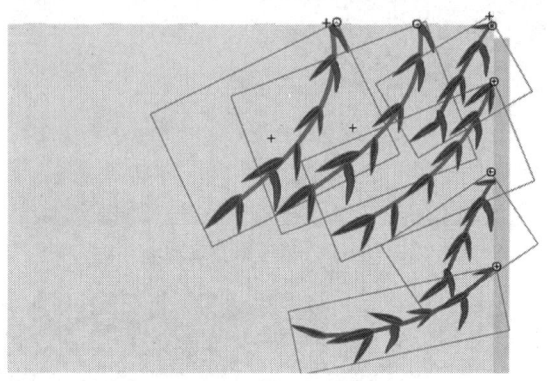

图4-52　调整柳叶方向

　　步骤50　分别选择各柳叶图层的第1、25帧，右击，在弹出的菜单中选择"创建传统补间"选项，"时间轴"面板如图4-53所示，单击舞台上方的"信签纸动画"图形元件按钮，回到上一层编辑模式。

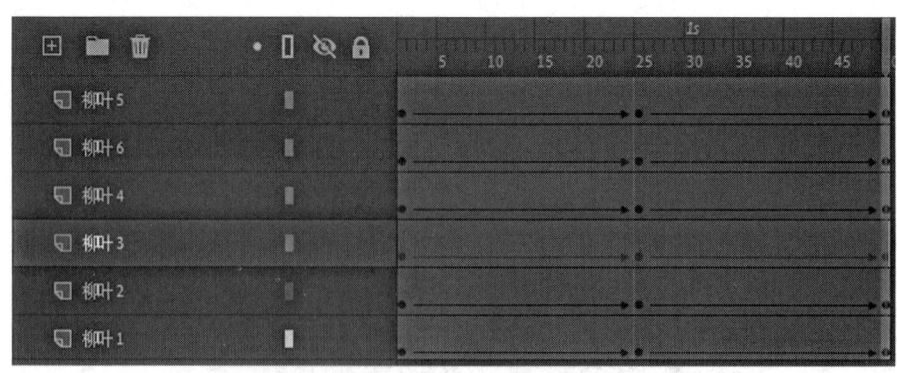

图4-53　时间轴效果

　　步骤51　在"信签纸动画"元件的编辑模式中，选择各柳叶图层的第26帧，按F6键插入关键帧；选择第20帧中的对象，在"属性"面板的"色彩效果"属性区中设置"Alpha"为0%，如图4-54所示；选择第20帧，右击，在弹出的菜单中选择"创建传统补间"选项，制作柳叶渐入的动画效果。

图4-54 "色彩效果"属性区

7. 制作线条动画

步骤52 在"时间轴"面板中单击"新建图层"按钮▣，将新建图层命名为"线条"。选择该图层的第20帧，按F7键插入空白关键帧，从"库"面板的"信封"文件夹中将"线条"元件拖入舞台中的合适位置，效果如图4-55所示。

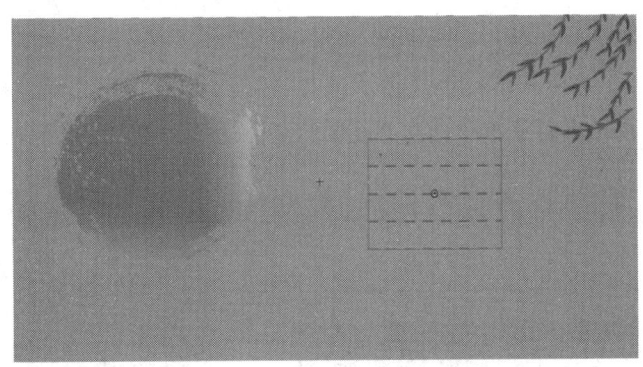

图4-55 线条效果

步骤53 选择第34帧，按F6键插入关键帧；回到第20帧，选择该帧中的对象，在"属性"面板的"色彩效果"属性区中设置"Alpha"为0%，如图4-56所示。

图4-56 "色彩效果"属性区

步骤54 选择第20帧，右击，在弹出的菜单中选择"创建传统补间"选项，制作线条渐变动画效果。

8. 制作粽子动画

步骤55 在"时间轴"面板中单击"新建图层"按钮▣，在柳叶图层的上方新建图层，将新建图层命名为"粽子"。选择该图层的第25帧，按F7键插入空白关键帧，从"库"面板的"粽子"文件夹中将"粽子"元件拖入舞台中的合适位置，效果如图4-57所示。

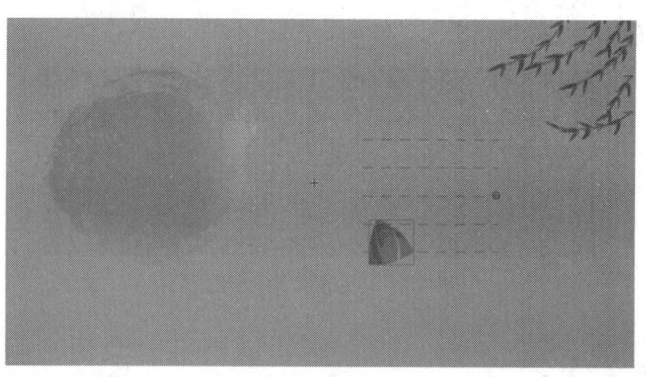

图4-57　粽子效果

步骤56　选择粽子对象，右击，在弹出的菜单中选择"转换为元件"选项，打开"转换为元件"对话框，设置"名称"为"小粽子组合"，"类型"为"图形"，如图4-58所示，单击"确定"按钮，双击元件，进入元件编辑模式。

步骤57　在"时间轴"面板中双击"图层_1"，将其重命名为"粽子"，选择"粽子"图层，右击，在弹出的菜单中选择"复制图层"选项，重复操作4次，如图4-59所示。

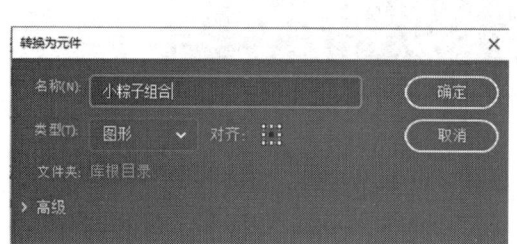

图4-58　"转换为元件"对话框　　　　　图4-59　粽子图层复制效果

步骤58　将各粽子图层重命名为"粽子"，再分别对各图层中的粽子随意摆放；选择各图层的第16帧，按F6键分别插入关键帧；选择各图层的第120帧，按F5键插入帧。

步骤59　回到各"粽子"图层的第1帧，分别选择该帧中的对象，在"属性"面板的"色彩效果"属性区中设置"Alpha"为0%，如图4-60所示。

图4-60　"色彩效果"属性区

提示　　随意设置各图层的"Alpha"值，可以使制作出的效果更自然。

步骤60　选择各"粽子"图层的第1帧，分别右击，在弹出的菜单中选择"创建传统补间"选项，制作粽子随机淡入的效果。

步骤61　分别选择各"粽子"图层中的帧，将鼠标指针放至帧区域中，按住鼠标左键不放，随意调整各帧的起始位置，使各"粽子"图层中的帧在不同的时间点渐入，效果如图4-61所示。

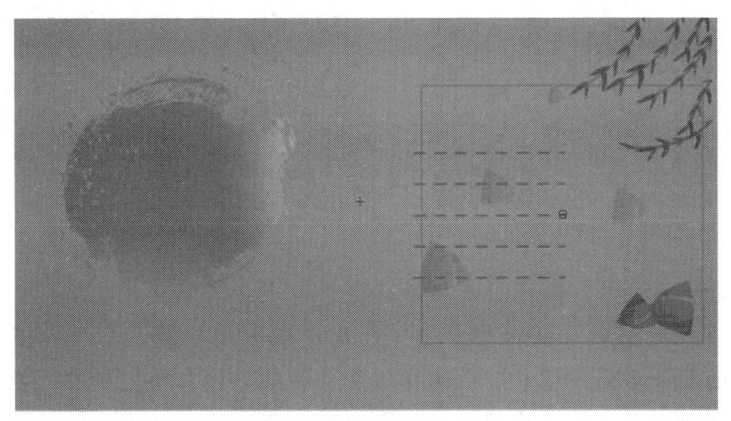

图4-61　粽子渐入效果

步骤62　删除该元件在"时间轴"面板中各图层除第120帧以外的帧，如图4-62所示。

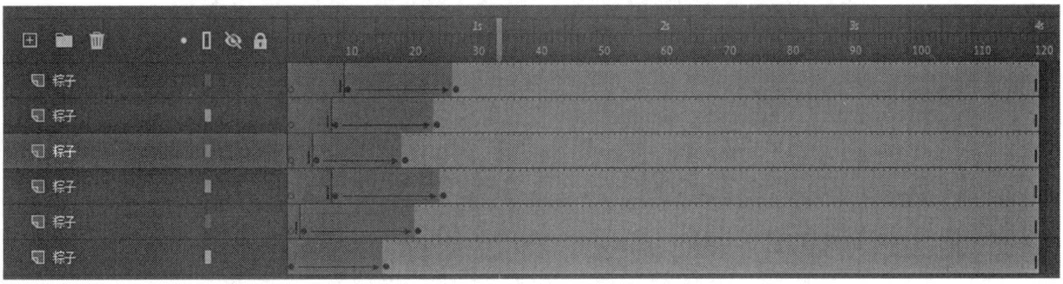

图4-62　时间轴效果

步骤63　双击舞台的空白区域，回到"信签纸动画"元件编辑模式。

9. 制作文本动画

步骤64　在"时间轴"面板中单击"新建图层"按钮 ，在"印"图层的上方新建图层，将新建图层命名为"端午安康"。选择该图层的第36帧，按F7键插入空白关键帧，从"库"面板的"文字"文件夹中将"端午安康"元件拖入舞台中的合适位置，效果如图4-63所示。

步骤65　选择第45帧，按F6键插入关键帧；回到第36帧，选择该帧中的对象，按住Shift键，使用"任意变形工具" 以对象中心点为基点，缩小该对象，效果如图4-64所示。

步骤66　选择第36帧，右击，在弹出的菜单中选择"创建传统补间"选项，制作文本变大的动画效果。

图4-63　文本效果

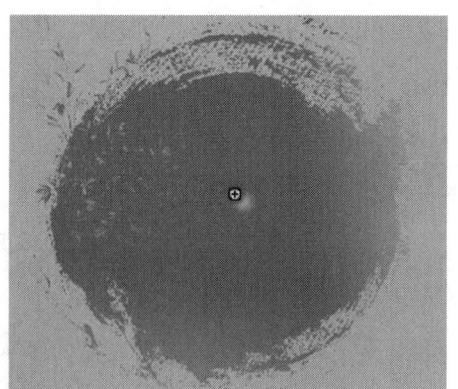

图4-64　文本缩小效果

10. 制作粽叶动画

步骤67　在"时间轴"面板中单击"新建图层"按钮 ▣，在柳叶图层的上方新建图层，将新建图层命名为"粽叶"。选择该图层的第46帧，按F7键插入空白关键帧，从"库"面板的"柳叶"文件夹中将"叶子"元件拖至舞台中的合适位置，调整元件的大小，效果如图4-65所示。

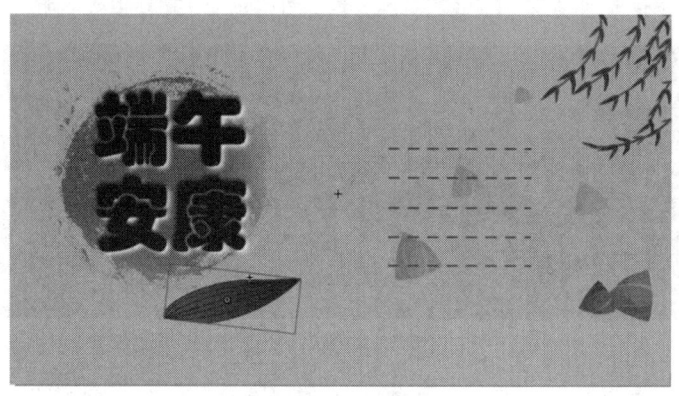

图4-65　粽叶效果

步骤68　选择叶子对象，右击，在弹出的菜单中选择"转换为元件"选项，打开"转换为元件"对话框，设置"名称"为"粽子和叶子"，"类型"为"图形"，如图4-66所示，单击"确定"按钮，双击该元件，进入元件编辑模式。

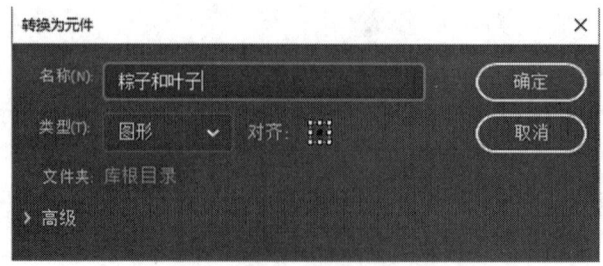

图4-66　"转换为元件"对话框

步骤69　在"时间轴"面板中双击图层名称，将其命名为"叶子1"；选择该图层的第100帧，按F5键插入帧；选择该图层，右击，在弹出的菜单中选择"复制图层"选项，双击副本图层，将其命名为"叶子2"，如图4-67所示。

步骤70 选择"叶子2"图层中的对象，调整对象的位置，效果如图4-68所示。

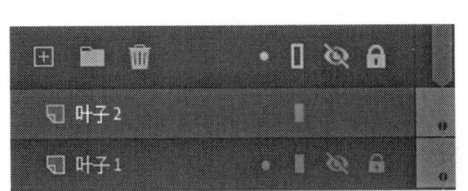

图4-67 复制图层

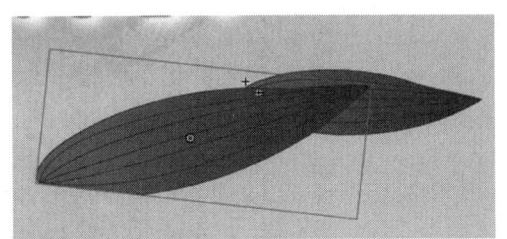

图4-68 粽叶效果

步骤71 选择"叶子1""叶子2"图层中的第27帧，按F6键插入关键帧；回到第1帧，分别选中"叶子1""叶子2"图层第1帧中的对象，在"属性"面板的"色彩效果"属性区中设置"Alpha"为0%，如图4-69所示。

图4-69 "色彩效果"属性区

步骤72 选择"叶子1""叶子2"图层中的第1帧，右击，在弹出的菜单中选择"创建传统补间"选项，时间轴显示如图4-70所示，制作粽叶渐入的动画效果。

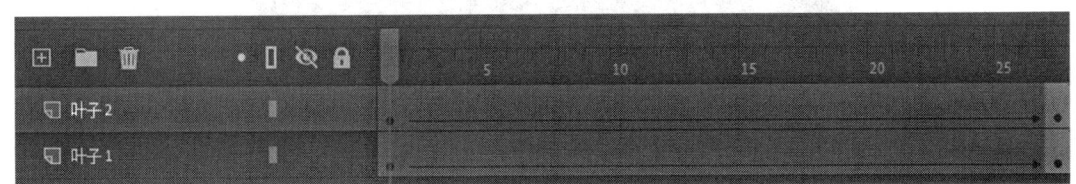

图4-70 时间轴效果

11. 制作主体粽子动画

步骤73 在"时间轴"面板中单击"新建图层"按钮，将新建图层命名为"粽子"；选择该图层的第10帧，按F7键插入空白关键帧，从"库"面板的"粽子"文件夹中将"粽子组合"元件拖入舞台中的合适位置，调整对象的大小，效果如图4-71所示。

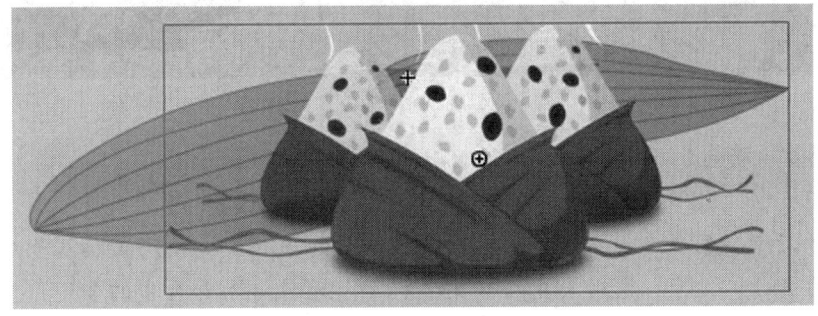

图4-71 主体粽子效果

步骤74　选择该图层的第36帧，按F6键插入关键帧，选择该帧中的对象，将其放至粽叶的上方，效果如图4-72所示。

图4-72　调整主体粽子的位置

步骤75　回到第10帧，选择粽子对象，在"属性"面板的"色彩效果"属性区中设置"高级"的"Alpha"值，如图4-73所示。

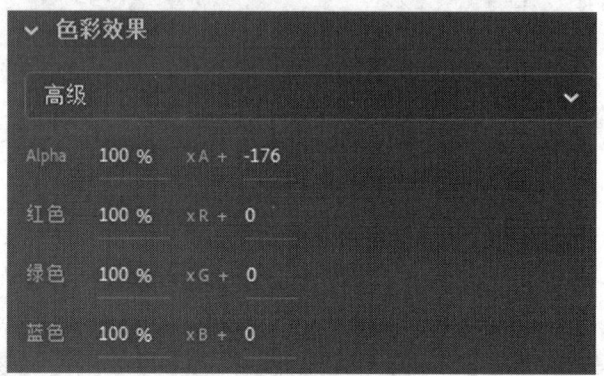

图4-73　"色彩效果"属性区

步骤76　选择该图层的第20帧，右击，在弹出的菜单中选择"创建传统补间"选项，时间轴显示如图4-74所示，制作主体粽子动画，双击舞台的空白区域，回到"信签纸动画"元件编辑模式。

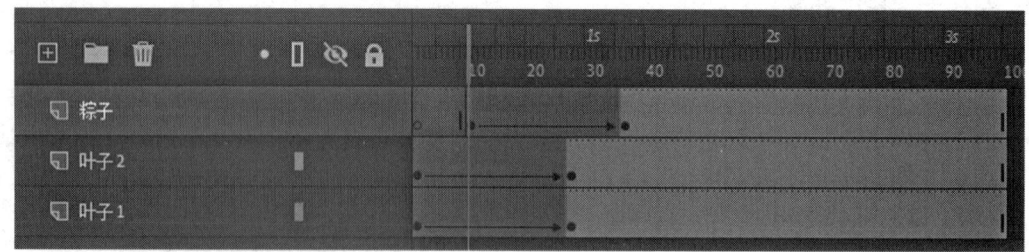

图4-74　时间轴效果

12. 制作祝福语动画

步骤77　在"时间轴"面板中单击"新建图层"按钮 ，在"线条"图层的上方新建图层，将新建图层命名为"文字"，选择该图层的第46帧，按F7键插入空白关键帧，从"库"面板的"文字"文件夹中将"文字祝福"元件拖入舞台中的合适位置，效果如图4-75所示，双击舞台的空白区域，回到"信封"元件编辑模式。

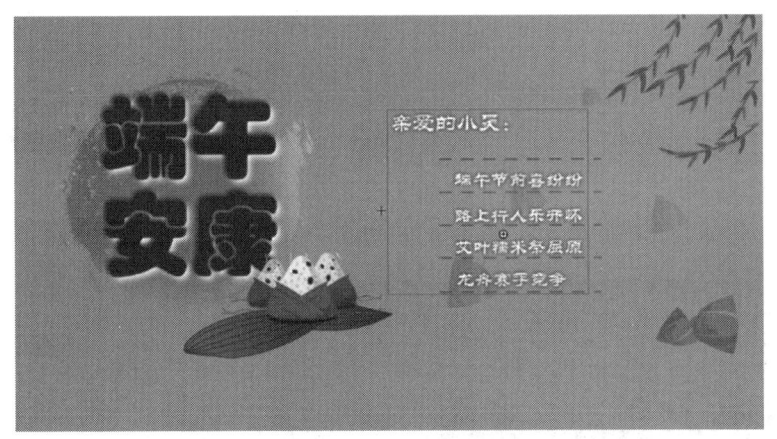

图4-75　设置文字效果图

步骤78　选择"信签纸"图层的第303帧，按F5键插入帧，双击舞台的空白区域，回到"手机动画"元件编辑模式。

13. 制作手机移动动画

步骤79　选择"信封"图层的第358帧，按F5键插入帧；选择第71帧，按F6键插入关键帧，选择该帧中的对象，适当向上移动位置；选择第55帧中的对象，在"属性"面板的"色彩效果"属性区中设置"Alpha"为11%，如图4-76所示。

步骤80　选择第55帧，右击，在弹出的菜单中选择"创建传统补间"选项，制作信封渐入的动画效果，双击舞台的空白区域，回到"手和手机"元件编辑模式。

步骤81　选择"大拇指"图层的第75、77和79帧，按F6键插入关键帧；选择第77帧中的对象，使用"任意变形工具"调整对象的中心点至其左下角，并调整手指的方向使其向上，效果如图4-77所示。

图4-76　"色彩效果"属性区

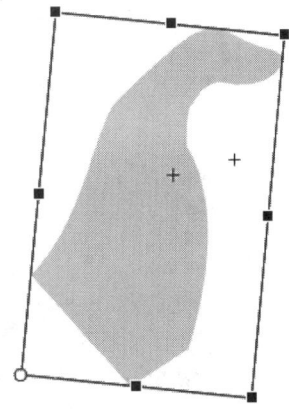

图4-77　对象调整效果

步骤82　选择"大拇指"和"手"图层，分别选择图层中的第258、278帧，按F6键插入关键帧；分别选择第278帧中的对象，在"属性"面板的"色彩效果"属性区中设置"Alpha"为0%，如图4-78所示。

步骤83　分别选择两个图层的第258帧，右击，在弹出的菜单中选择"创建传统补间"选项，制作图形渐出的动画效果。

步骤84 选择"手机"图层的第411帧，按F5键插入帧；选择第54帧，按F6键插入关键帧；选择第54帧中的对象，向上移动，效果如图4-79所示。

图4-78 "色彩效果"属性区　　　　　　图4-79 调整图形位置

步骤85 选择第25帧，右击，在弹出的菜单中选择"创建传统补间"选项，制作手机从下向上移动的动画效果。

步骤86 双击舞台的空白区域，回到主场景，选择"场景"图层的第413帧，按F5键插入帧。

14. 保存文件

步骤87 选择"文件"→"保存"菜单命令或按Ctrl+S组合键，打开"另存为"对话框，指定文件的路径，设置"文件名"为"端午贺卡"，"类型"为"Animate文档（*.fla）"，如图4-80所示，单击"保存"按钮。

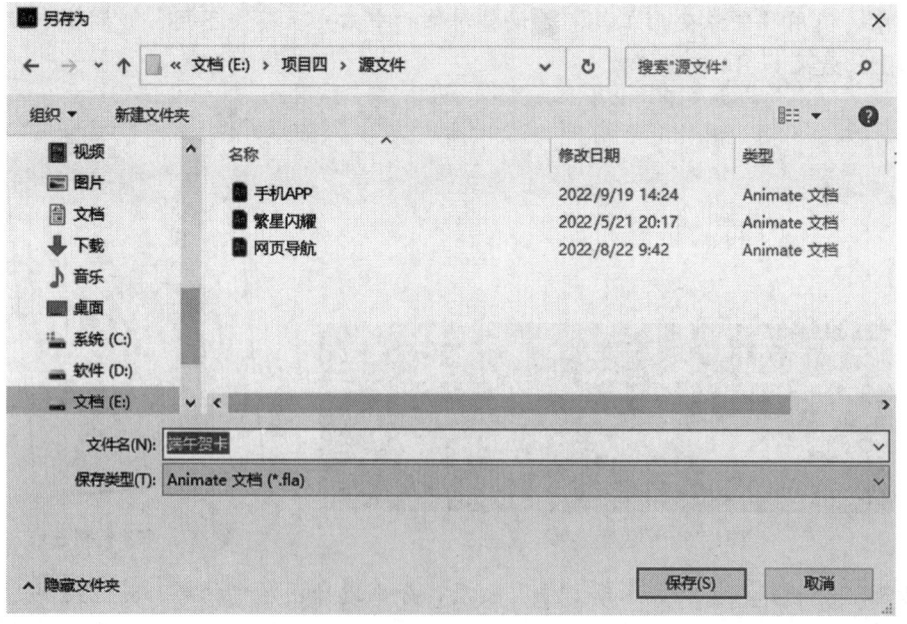

图4-80 "另存为"对话框

步骤88 选择"控制"→"测试"菜单命令或按Ctrl+Enter组合键，生成播放文件，效果如图4-81所示，本案例制作完成。

图4-81　最终效果

4.1.2　影片剪辑元件

在Animate中，影片剪辑元件 ![] 可用于创建可重用的动画片段，它拥有各自独立于主时间轴的多帧时间轴，也可被导入主场景中编写动作脚本。

> **提示**　多帧时间轴可以被看作是嵌套在主时间轴内，其中包含交互式控件、声音，以及其他影片剪辑实例。

✍ 扩展知识

元件与时间轴

　　图形元件是一组在动画中或单一帧模式中使用的帧，可用于静态图像，并可用于创建连接到主时间轴的可重用动画片段，交互式控件和声音在图形元件的动画序列中不起作用。动画图形元件使用与主文档相同的时间轴，在文档编辑模式下可以显示它们的动画。由于没有自己的时间轴，图形元件在 FLA 文件中的尺寸小于按钮或影片剪辑元件。影片剪辑元件和按钮元件则拥有自己独立的时间轴。

影片剪辑元件的"属性"面板如图4-82所示。

其中，单击"滤镜"属性区的 ![+] 按钮，可以添加滤镜，如图4-83所示。

"滤镜"属性区的主要属性释义如下。

- 投影：用于制作投影效果，可以设置模糊、挖空、内阴影、隐藏对象等。
- 模糊：用于制作模糊效果。
- 发光：用于制作发光效果，可以设置模糊、内发光、挖空等。
- 斜角：用于制作斜角效果，可以设置模糊、距离、挖空等。

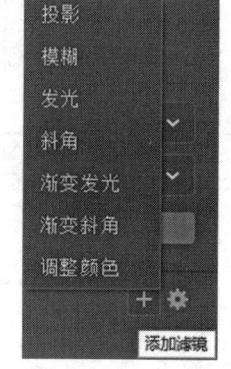

图4-82　"属性"面板　　　　　图4-83　"滤镜"属性区

- 渐变发光：用于制作渐变发光效果，可以设置模糊、距离、挖空等。
- 渐变斜角：用于制作渐变斜角效果，可以设置模糊、距离、挖空等。
- 调整颜色：用于调整颜色效果，可以设置亮度（-100~100）、色相（-180~ 180）、对比度（-100~100）和饱和度（-100~100）等。

❖案例演练　繁星闪耀

 案例导入

本案例要求制作一个夏夜场景，明月高悬，星空浩瀚，树影婆娑，万籁俱寂。

扫码观看视频

设计说明

本案例以深蓝色到浅蓝色的径向渐变作为夜空，前景为草地和山丘，背景为闪耀的繁星，整个场景悠远而静谧。

 案例操作

1. 新建文件

步骤01　选择"文件"→"新建"菜单命令或按Ctrl+N组合键，打开"新建文档"对话框，设置"宽""高"分别为640 px、350 px，"平台类型"为"ActionScript 3.0"，如图4-84所示，单击"创建"按钮，在文档"属性"面板中设置舞台背景为黑色。

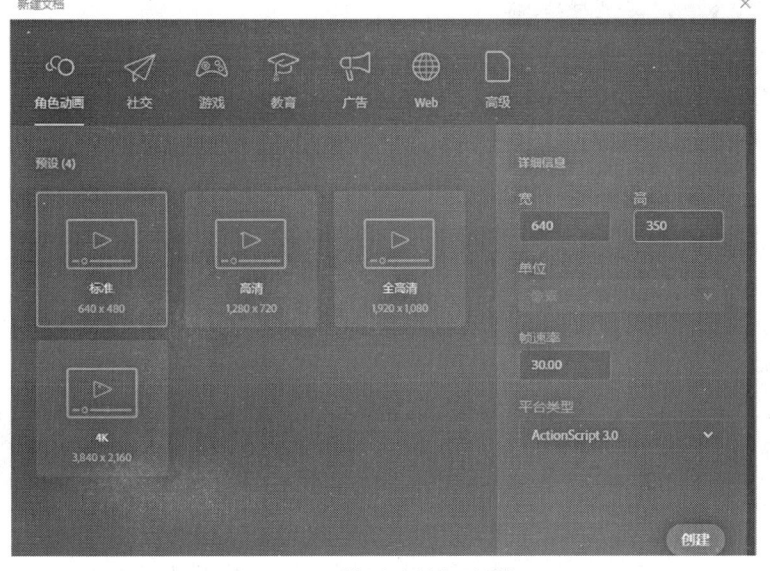

图4-84　"新建文档"对话框

2. 绘制背景

步骤02　在"时间轴"面板中单击"新建图层"按钮，将新建图层命名为"背景"。使用"矩形工具"绘制一个与舞台大小一致的矩形。

步骤03　在"颜色"面板中，设置"填充类型"为"径向渐变"，设置渐变色条从左至右分别为（#00C6FF）、（#0099FF）和（#000066），如图4-85所示，为矩形填充渐变，使用"渐变变形工具"调整渐变填充的位置，效果如图4-86所示。

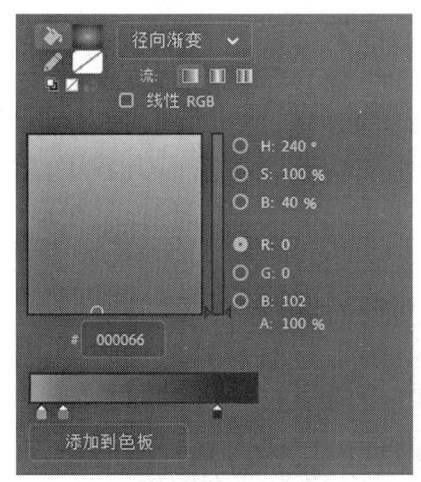

图4-85　"颜色"面板

图4-86　渐变填充效果

3. 绘制山丘

步骤04　在"时间轴"面板中单击"新建图层"按钮，将新建图层命名为"路"。选择"矩形工具"，绘制一个58×640 px的矩形，在"颜色"面板中设置"填充类型"为"线性渐变"，设置渐变色条从左至右分别为墨绿色（#000E19）、绿色（#202C1A），如图4-87所示，为矩形填充渐变，使用"选择工具"调整形状效果，如图4-88所示。

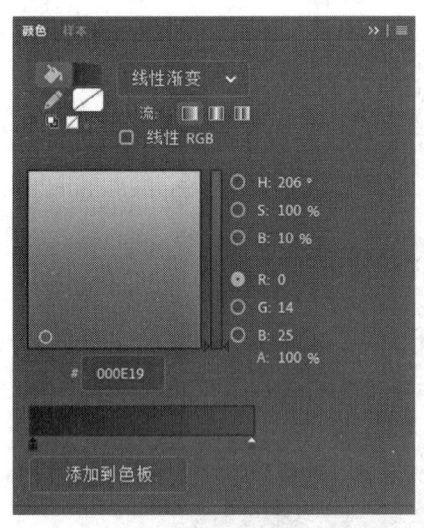

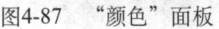

图4-87 "颜色"面板

图4-88 图形效果

步骤05 在"时间轴"面板中单击"新建图层"按钮⊞，将新建图层命名为"小山"。选择"传统画笔工具"，设置"填充"为棕色（#331A00），绘制效果如图4-89所示。

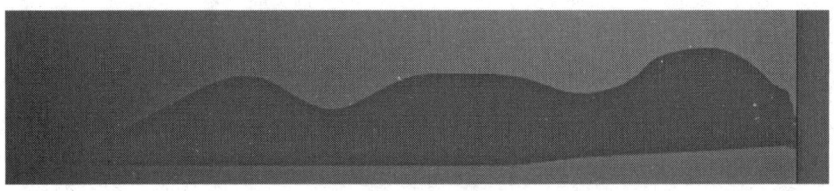

图4-89 小山效果

步骤06 在"时间轴"面板中单击"新建图层"按钮⊞，将新建图层命名为"假山"。选择"传统画笔工具"，在"属性"面板的"传统画笔选项"属性区中设置"填充"为黑色（#000000），绘制假山的背光面；设置"填充"为灰色（#2F2F2F），绘制假山的受光面；设置"填充"为灰白色，笔触大小为2，绘制假山的高光，效果如图4-90所示。

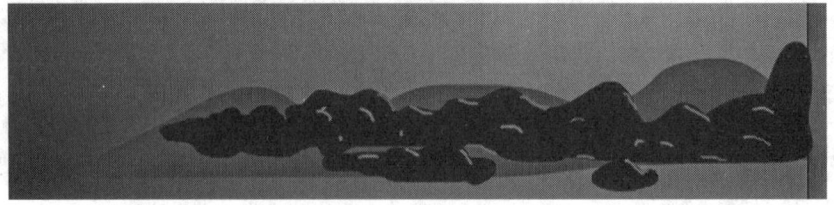

图4-90 假山效果

4. 绘制月亮

步骤07 在"时间轴"面板中单击"新建图层"按钮⊞，将新建图层命名为"月亮"。选择"椭圆工具"绘制一个直径为70 px的正圆形，将其放置在场景的右上角，在"颜色"面板中设置"填充"为白色，无笔触，填充效果如图4-91所示。

图4-91　月亮效果

步骤08　选择月亮，选择"修改"→"形状"→"柔化填充边缘"菜单命令，打开"柔化填充边缘"对话框，属性设置如图4-92所示，单击"确定"按钮，效果如图4-93所示。

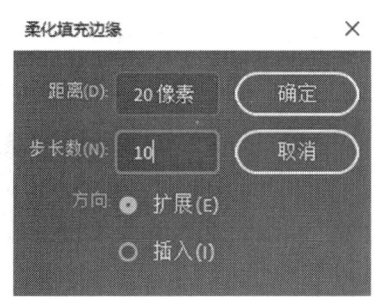

图4-92　"柔化填充边缘"对话框

图4-93　柔化效果

5. 绘制树枝和树叶

步骤09　在"时间轴"面板中单击"新建图层"按钮⊞，将新建图层命名为"树"。使用"传统画笔工具"✐绘制树枝，在"颜色"面板中设置"填充"为绿色（#322C00），无笔触，效果如图4-94所示。

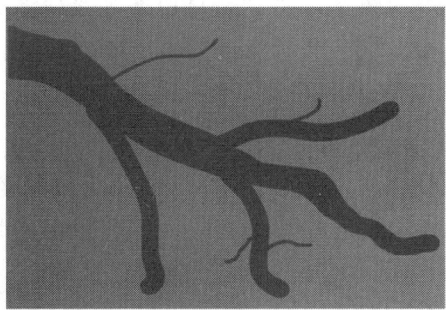

图4-94　树枝效果

步骤10　选择"线条工具"✐绘制一侧树叶轮廓，在"属性"面板中单击"对象绘制"按钮▣，设置"笔触大小"为0.5，在"颜色"面板中设置"填充"为无，"笔触"

为绿色（#333300），使用"选择工具" ▷调整一侧树叶轮廓，效果如图4-95所示。

步骤11　选择一侧树叶轮廓，右击，在弹出的菜单中选择"复制"选项，复制该轮廓，单击舞台的空白区域，右击，在弹出的菜单中选择"粘贴到当前位置"选项。

步骤12　选择复制得到的一侧树叶轮廓，选择"修改"→"变形"→"水平翻转"菜单命令，调整一侧树叶轮廓的位置，使树叶轮廓完整，效果如图4-96所示。

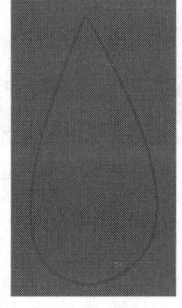

图4-95　一侧树叶轮廓效果　　　图4-96　完整树叶轮廓效果

步骤13　选择树叶轮廓，选择"修改"→"分离"菜单命令，调整分离对象的位置并填充墨绿色（#2D2E03），效果如图4-97所示。

步骤14　选择"线条工具" ╱继续绘制树叶并填充颜色，效果如图4-98所示。

步骤15　绘制并复制树叶，将其放置在树枝附近，效果如图4-99所示。

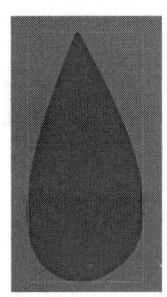
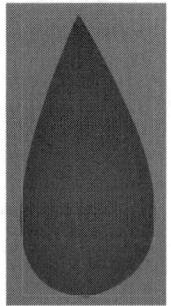

图4-97　填充颜色　　图4-98　树叶效果　　　　图4-99　树枝和树叶效果

6. 制作星星动画

步骤16　在"时间轴"面板中单击"新建图层"按钮 ⊡，将新建图层命名为"星星"。选择"多角星形工具" ⬡，其"属性"面板设置如图4-100所示，在"颜色"面板中设置"填充"为白色，无笔触，在舞台中绘制5×5 px的星形，效果如图4-101所示。

图4-100　"属性"面板　　　　　图4-101　星星效果

步骤17　选择星星，右击，在弹出的菜单中选择"转换为元件"选项，打开"转换为元件"对话框，设置"名称"为"星星"，"类型"为"图形"，"对齐"为"中心点对齐"，如图4-102所示，单击"确定"按钮。

图4-102　"转换为元件"对话框

步骤18　在"时间轴"面板中选择"星星"图形元件，右击，在弹出的菜单中选择"转换为元件"选项，打开"转换为元件"对话框，设置"名称"为"星星动1"，"类型"为"影片剪辑"，如图4-103所示，单击"确定"按钮，双击舞台中的星星元件，进入影片剪辑元件编辑模式。

图4-103　"转换为元件"对话框

步骤19　选择时间轴的第8、16帧，按F6键插入关键帧，选择第8帧中的元件实例，使用"任意变形工具"对该元件进行变形，将鼠标指针放至元件四个角点的任意一个点上，按住Shift键和鼠标左键，以中心为基点等比例放大对象。

步骤20　选择第16帧中的元件实例，在"属性"面板的"色彩效果"属性区中设置"Alpha"为0%，如图4-104所示。

> **∨ 色彩效果**
>
> | Alpha | ∨ |
> |---|---|
>
> Alpha　　　　　　　　　　　　　　0 %

图4-104　"色彩效果"属性区

步骤21　选择第1帧和第8帧，右击，在弹出的菜单中选择"创建传统补间"选项，时间轴显示如图4-105所示，回到主场景。

步骤22　在"库"面板中单击"新建元件"按钮或按Ctrl+F8组合键，打开"创建新元件"对话框，设置"名称"为"星星动2"，"类型"为"影片剪辑"，如图4-106所示，单击"确定"按钮，双击该元件，进入影片剪辑元件编辑模式，将图层重命名为"星星"。

图4-105 时间轴效果

图4-106 "创建新元件"对话框

步骤23 选择第1帧,从"库"面板中将"星星"图形元件拖至舞台中心,效果如图4-107所示。

步骤24 选择第8、16帧,按F6键插入关键帧,选择第8帧中的对象,使用"任意变形工具" 对该对象进行变形,按住Shift键和鼠标左键,以中心点为基点等比例缩小对象,制作该元件由大变小的动画,在该元件 "属性"面板的"色彩效果"属性区中设置"Alpha"为0%,如图4-108所示。

图4-107 "星星"图形元件

图4-108 "色彩效果"属性区

步骤25 选择第1帧和第8帧,右击,在弹出的菜单中选择"创建传统补间"选项,制作补间动画,然后回到主场景。

步骤26 选择时间轴中的第1帧,在该帧处多次从"库"面板中将"星星动1"和"星星动2"影片剪辑元件拖入舞台,随意设置对象的大小、透明度及位置,制作星星闪烁动画,效果如图4-109所示,调整各对象在舞台中的位置。

图4-109 星星效果

7. 保存文件

步骤27　选择"文件"→"保存"菜单命令或按Ctrl+S组合键，打开"另存为"对话框，指定文件的保存位置，设置"文件名"为"繁星闪耀"，"保存类型"为"Animate文档（*.fla）"，如图4-110所示，单击"保存"按钮。

步骤28　选择"控制"→"测试"命令或按Ctrl+Enter组合键，生成播放文件，效果如图4-111所示，本案例制作完成。

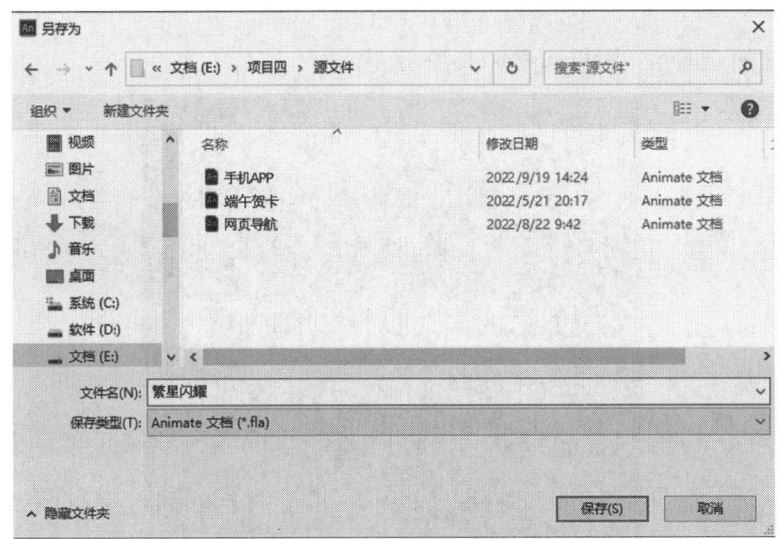

图4-110　"另存为"对话框

图4-111　最终效果

4.1.3　按钮元件

按钮元件是Animate中一种特殊的交互式影片剪辑，可以表示当鼠标事件被触发时做出的某种响应，以达到人机交互的效果。在创建按钮元件时，Animate会创建一个具有4个帧的时间轴，前3帧显示按钮的"弹起""指针经过""按下"3种状态，第4帧"点击"定义按钮的响应区域，在这个区域创建的图形不会出现在测试影片中，按钮元件的时间轴如图4-112所示。可以定义与各种按钮状态相关联的图形，然后将动作指定给按钮实例。

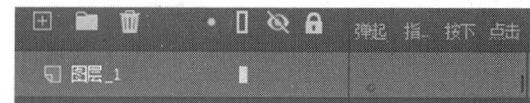

提示　可以通过单击，删除4帧中的某一帧。

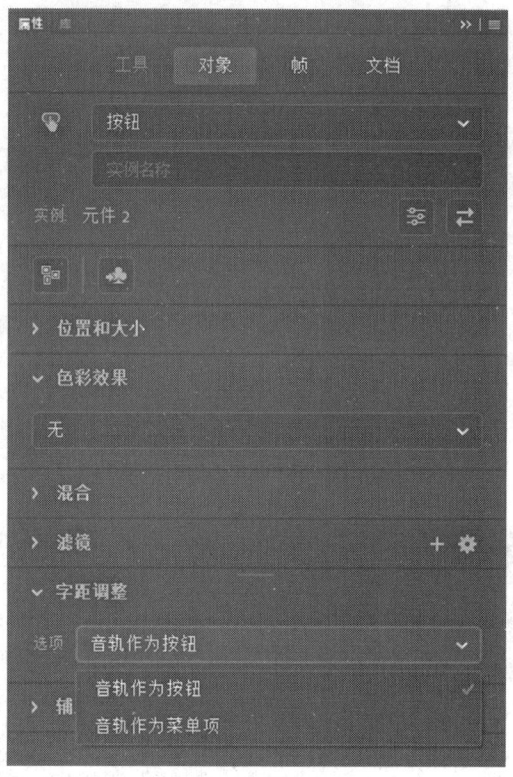

图4-112　按钮元件的时间轴

按钮元件的"属性"面板如图4-113所示。

图4-113　"属性"面板

❖ 案例演练　网页导航

案例导入

某上市公司为提高企业知名度，计划加大网络营销力度，需要重新设计网页导航，要求细化框架，布局和颜色搭配适当，效果直观、明确。

扫码观看视频

设计说明

本案例主要以蓝天白云为背景，强调空间感，寓意高远，以突出该上市公司专业、严谨的企业形象。

1. 新建文件

步骤01　选择"文件"→"新建"菜单命令，打开"新建文档"对话框，设置"宽""高"分别为 800 px、200 px，"平台类型"为"ActionScript 3.0"，如图4-114所示，单击"创建"按钮，在文档"属性"面板中设置舞台背景为蓝色（#00A0D4）。

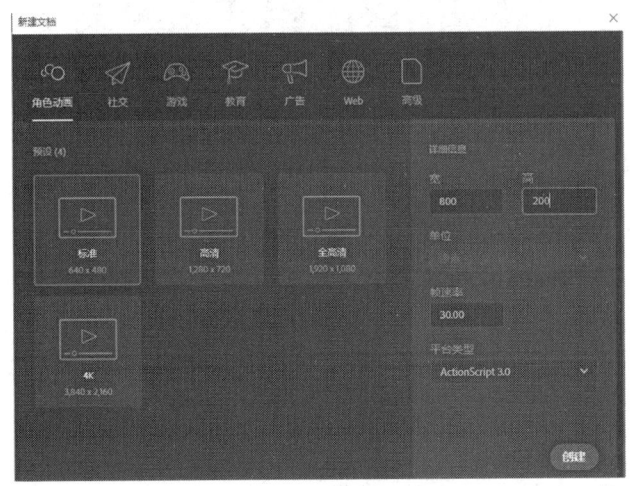

图4-114　"新建文档"对话框

2. 导入素材

步骤02　选择"文件"→"导入"→"导入到库"菜单命令（如图4-115所示），打开"导入到库"对话框，选择素材图片，如图4-116所示，单击"打开"按钮，"库"面板显示如图4-117所示。

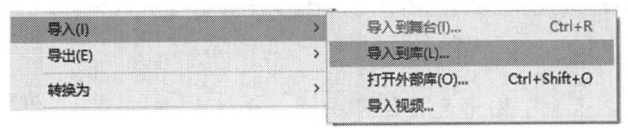

图4-115　"导入到库"命令

图4-116　"导入到库"对话框

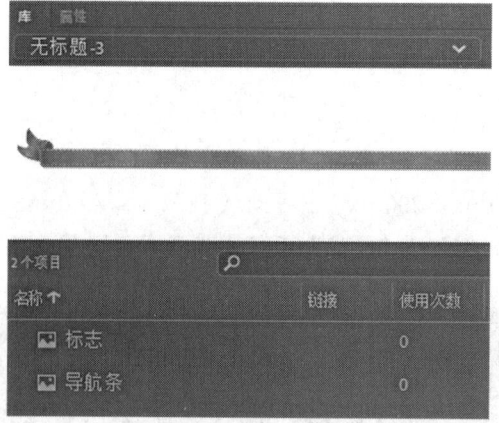

图4-117 "库"面板

3. 制作云朵动画

步骤03 在"时间轴"面板中单击"新建图层"按钮▣，将新建图层命名为"云朵"。在"库"面板中单击"新建元件"按钮▣或按Ctrl+F8组合键，打开"创建新元件"对话框，设置"名称"为"云朵"，"类型"为"图形"，如图4-118所示，单击"确定"按钮。

图4-118 "创建新元件"对话框

步骤04 进入"云朵"图形元件编辑模式，使用"椭圆工具"⬭在舞台中绘制多个椭圆形，在"属性"面板的"颜色和样式"属性区中设置"填充"为白色，"Alpha"▨为50%，无笔触，使多个椭圆形重叠在一起，组合为云朵形状，效果如图4-119所示。

步骤05 选择"时间轴"面板中的"图层_1"，重复操作两次，右击，在弹出的菜单中选择"复制图层"选项，选择两个副本图层中的对象，分别将其调整至合适的大小，效果如图4-120所示。

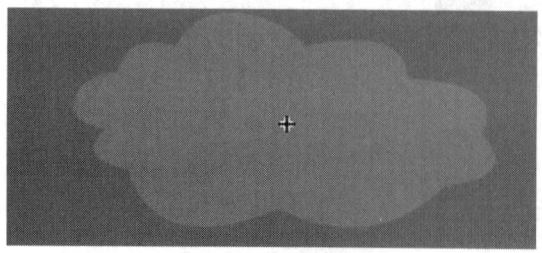

图4-119 云朵形状效果

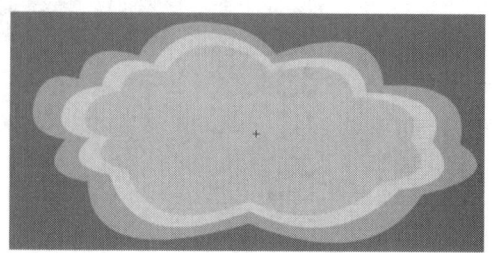

图4-120 云朵形状组合效果

步骤06 在"库"面板中单击"新建元件"按钮■或按Ctrl+F8组合键，打开"创建新元件"对话框，设置"名称"为"云朵组合"，"类型"为"影片剪辑"，如图4-121所示，单击"确定"按钮。

图4-121 "创建新元件"对话框

步骤07 进入"云朵组合"影片剪辑元件编辑模式，选择"库"面板中的"云朵"图形元件，多次拖动至"云朵组合"影片剪辑元件的舞台中，随意调整位置、大小和透明度，效果如图4-122所示，按Ctrl+E组合键回到主场景。

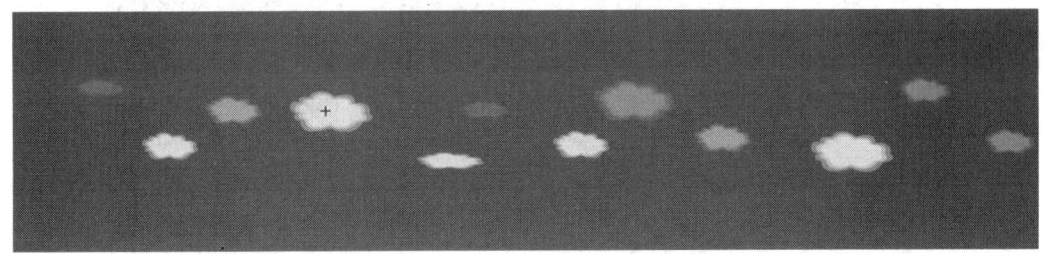

图4-122 云朵组合效果

步骤08 在"库"面板中单击"新建元件"按钮■或按Ctrl+F8组合键，打开"创建新元件"对话框，设置"名称"为"云朵组合动画"，"类型"为"影片剪辑"，如图4-123所示，单击"确定"按钮。

图4-123 "创建新元件"对话框

步骤09 进入"云朵组合动画"影片剪辑元件编辑模式，拖动"云朵组合"影片剪辑元件至该元件的舞台中，按Ctrl+E组合键回到主场景。

步骤10 将"云朵组合动画"影片剪辑元件拖至"云朵"图层的第1帧中，效果如图4-124所示，双击"云朵组合动画"影片剪辑元件，进入元件编辑模式。

图4-124 拖入"云朵组合动画"影片剪辑元件

步骤11 选择时间轴的第820帧，按F6键插入关键帧，将该帧中的对象水平拖至左侧，使该对象与场景中的舞台右对齐，效果如图4-125所示。

图4-125 移动元件的位置

步骤12 选择第1帧，右击，在弹出的菜单中选择"创建传统补间"选项，回到主场景，按Ctrl+Enter组合键测试效果。

4.绘制导航条

步骤13 在主场景的"时间轴"面板中单击"新建图层"按钮，将新建图层命名为"导航条"，在舞台中绘制一个800×41 px的矩形，在"颜色"面板中设置"填充类型"为"位图填充"，如图4-126所示，导入位图，设置"填充"为无笔触。

步骤14 选择对象，右击，在弹出的菜单中选择"转换为元件"选项或按F8键，打开"转换为元件"对话框，设置"名称"为"导航源"，"类型"为"图形"，如图4-127所示，单击"确定"按钮，调整图形元件在舞台中的位置，效果如图4-128所示。

图4-126 "颜色"面板

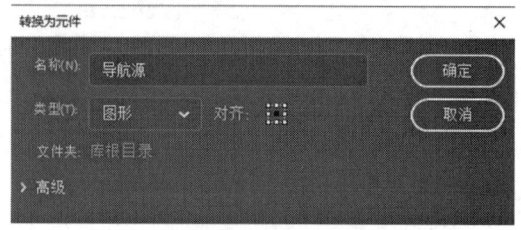

图4-127 "转换为元件"对话框

图4-128 导航效果完成

5. 制作按钮

步骤15 在主场景的"时间轴"面板中单击"新建图层"按钮 ⊞，将新建图层命名为"按钮"，在"库"面板中单击"新建元件"按钮 或按Ctrl+F8组合键，打开"创建新元件"对话框，设置"名称"为"矩形"，"类型"为"影片剪辑"，如图4-129所示，单击"确定"按钮。

图4-129 "创建新元件"对话框

步骤16 进入"矩形"影片剪辑元件编辑模式，使用"基本矩形工具" 绘制一个圆角矩形，在"属性"面板的"位置和大小"属性区中设置"宽""高"分别为111 px、55 px，在"颜色和样式"属性区中设置"填充"为白色，"Alpha" 为50%，无笔触，在"矩形选项"属性区中设置"矩形边角半径"为8，如图4-130所示，效果如图4-131所示。

图4-130 "属性"面板   图4-131 圆角矩形效果

步骤17 在"库"面板中单击"新建元件"按钮■或按Ctrl+F8组合键,打开"创建新元件"对话框,设置"名称"为"控键","类型"为"影片剪辑",如图4-132所示,单击"确定"按钮。

图4-132 "创建新元件"对话框

步骤18 进入"控键"影片剪辑元件编辑模式,拖动"矩形"影片剪辑元件至舞台中,并使其中心对齐,在"属性"面板的"滤镜"属性区中选择"发光"滤镜,设置"模糊X""模糊Y"为22,"颜色"为白色,如图4-133所示,在"时间轴"面板中将"图层_1"重命名为"矩形1",新建"轮廓"图层。

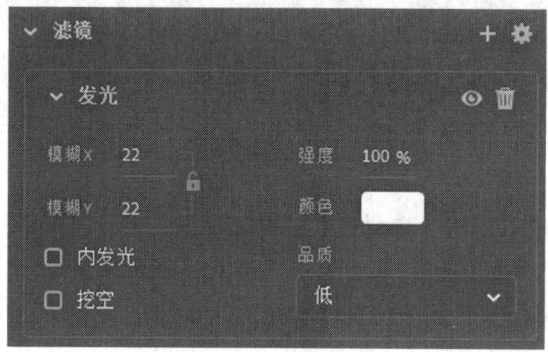

图4-133 "滤镜"属性区

步骤19 使用"基本矩形工具" ■在舞台中以中心点为基点绘制一个119×59 px的圆角矩形,如图4-134所示,在其"属性"面板的"颜色和样式"属性区中设置"填充"为无,"笔触"为白色,"Alpha"▨为51%,"笔触大小"为1,在"矩形选项"属性区中设置数值为7,如图4-135所示,圆角矩形效果如图4-136所示。

图4-134 圆角矩形效果

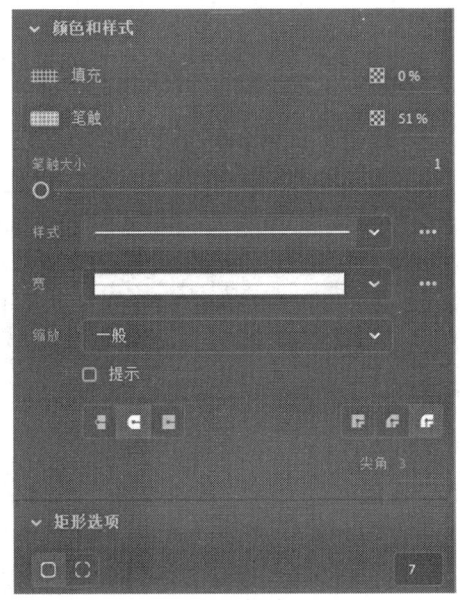

<table>
<tr><td>图4-135 "属性"面板</td><td>图4-136 调整效果</td></tr>
</table>

步骤20 在"时间轴"面板中单击"新建图层"按钮▦，将新建图层命名为"模糊"，将"矩形"影片剪辑元件拖至舞台中心，选择该对象，在"属性"面板的"色彩效果"属性区中设置"色调"为灰色（#999999），在"滤镜"属性区中选择"模糊"滤镜，设置"模糊X""模糊Y"为26，如图4-137所示，效果如图4-138所示。

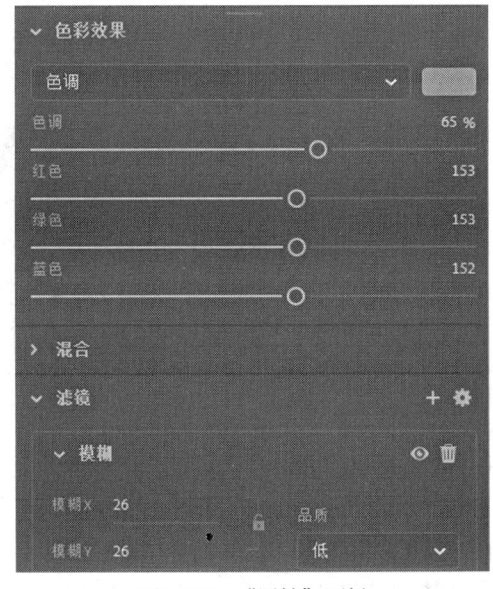

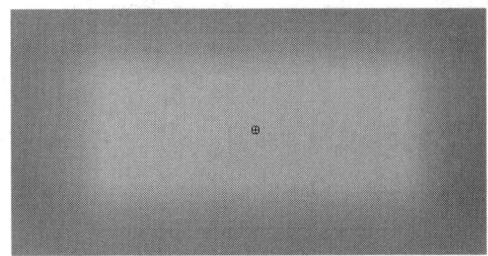

<table>
<tr><td>图4-137 "属性"面板</td><td>图4-138 调整效果</td></tr>
</table>

步骤21 在"时间轴"面板中单击"新建图层"按钮▦，将新建图层命名为"阴影"。使用"基本矩形工具"▱绘制108×26 px的圆角矩形，在"颜色"面板中设置"填充"为灰色，"A"（透明度）为36%，无笔触，调整圆角矩形形状，效果如图4-139所示，将其作为阴影。

步骤22　选择对象，右击，在弹出的菜单中选择"转换为元件"选项或按F8键，打开"转换为元件"对话框，设置"名称"为"阴影"，"类型"为"影片剪辑"，如图4-140所示，单击"确定"按钮。

图4-139　阴影效果

图4-140　"转换为元件"对话框

步骤23　选择"阴影"影片剪辑元件，在其"属性"面板的"色彩效果"属性区中设置"色调"为灰色（#999999），在"滤镜"属性区中选择"模糊"滤镜，设置"模糊X""模糊Y"为8，如图4-141所示，按钮效果如图4-142所示，按Ctrl+E组合键回到主场景。

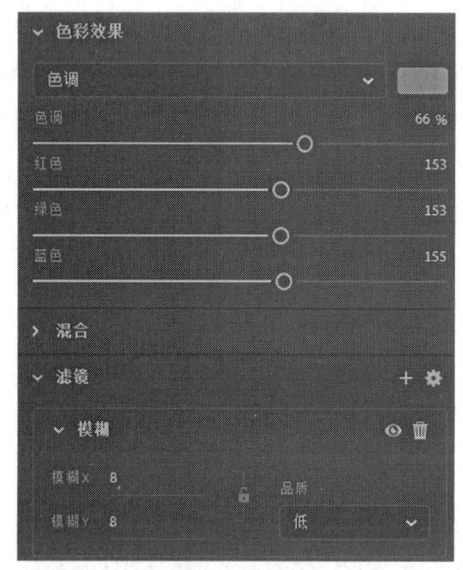

图4-141　"属性"面板

图4-142　按钮效果

步骤24　选择"按钮"图层的第1帧，选择"文本工具"🅣输入文本"公司首页"，在文本"属性"面板的"字符"面板中设置"字体"为"黑体"，"大小"为17 pt，"间距"为2，"填充"为（#333333），"呈现"为"使用设备字体"，如图4-143所示。

步骤25　选择对象，右击，在弹出的菜单中选择"转换为元件"选项或按F8键，打开"转换为元件"对话框，设置"名称"为"公司首页"，"类型"为"按钮"，如图4-144所示，单击"确定"按钮。

步骤26　双击"公司首页"按钮元件，进入元件编辑模式，在"时间轴"面板中双击"图层_1"图层，将其重命名为"文字"，选择"指针经过"帧，按F6键插入关键帧，设置文本颜色为蓝色（#007FCA）。

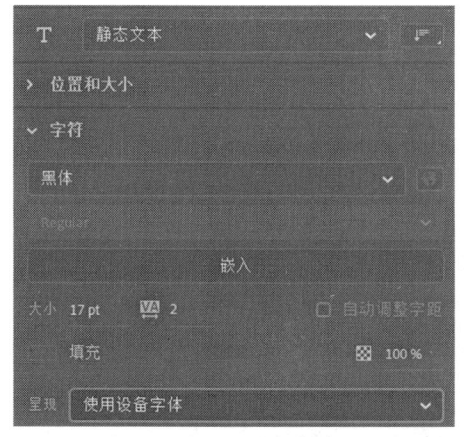

图4-143 "属性"面板   图4-144 "转换为元件"对话框

步骤27 在"时间轴"面板中单击"新建图层"按钮⊞，将新建图层命名为"透明效果"，将该图层拖至下一层，选择"指针经过"帧，按F7键插入空白关键帧，拖动"控键"影片剪辑元件至舞台中心，分别选择"按下""点击"帧，按F5键插入帧，效果如图4-145所示，按Ctrl+E组合键回到主场景。

图4-145 按钮效果

步骤28 按照同样的方法，分别制作五个按钮元件，依次输入文本为"校园环境""教师团队""专业建设""联系我们""关于我们"，然后将其分别放置在主场景的"导航条"图层中，效果如图4-146所示。

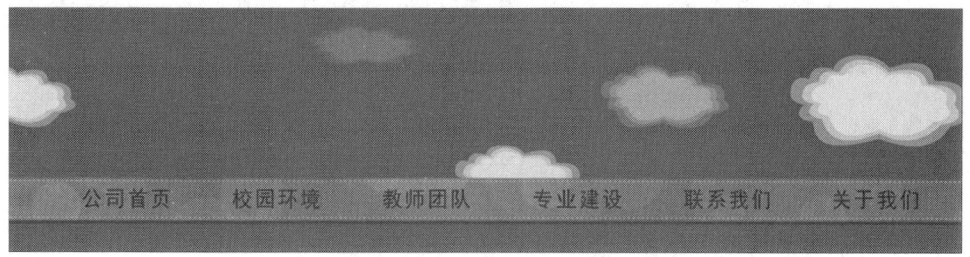

图4-146 导航按钮效果

6. 制作标志

步骤29 在主场景的"时间轴"面板中单击"新建图层"按钮⊞，将新建图层命名为"标志"，将"库"面板中的"标志.jpg"图片拖入舞台，放置在舞台的左上角处，使用"任意变形工具"调整其至合适大小，然后右击，在弹出的菜单中选择"转换为元件"选项或按F8键，打开"转换为元件"对话框，设置"名称"为"标志"，"类型"为"影片剪辑"，如图4-147所示，单击"确定"按钮。

图4-147 "转换为元件"对话框

步骤30 双击"标志"影片剪辑元件，进入该元件编辑模式，将"图层_1"重命名为"标志"，在"时间轴"面板中单击"新建图层"按钮，将新建图层命名为"云朵"，从"库"面板中将"云朵"图形元件拖入舞台，将其调整至合适的位置、大小，并与舞台中心对齐，效果如图4-148所示，按Ctrl+E组合键回到主场景，组合效果如图4-149所示。

图4-148 标志效果

图4-149 组合效果

7. 保存文件

步骤31 选择"文件"→"保存"菜单命令或按Ctrl+S组合键，打开"另存为"对话框，指定文件的保存路径，设置"文件名"为"网页导航"，"类型"为"Animate文档（*.fla）"，如图4-150所示，单击"保存"按钮。

步骤32 选择"控制"→"测试"菜单命令或按Ctrl+Enter组合键，生成播放文件，效果如图4-151所示，本案例制作完成。

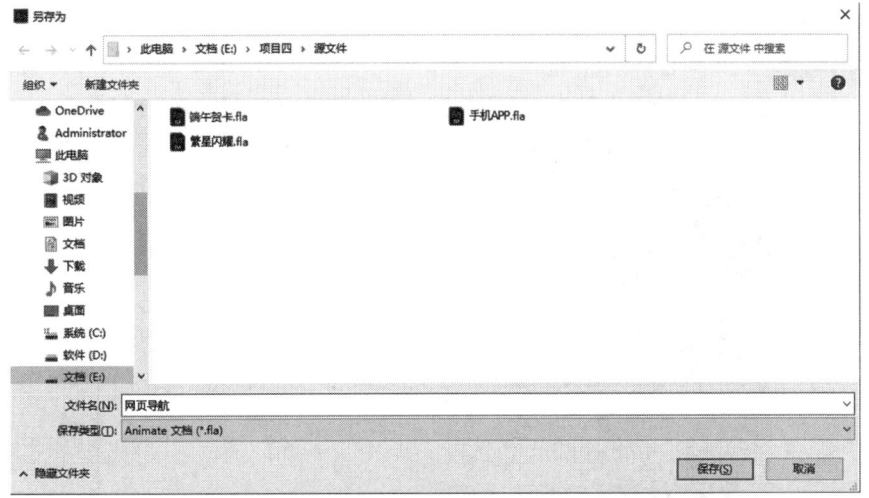

图4-150 "另存为"对话框

图4-151 最终效果

4.2 "动作"面板

Animate在原有Flash开发工具的基础上增加了H5动画功能，可用于更好地实现动画效果和多平台播放。

要创建在 FLA 文件中嵌入的脚本，需要将ActionScript代码输入到"动作"面板。

选择"窗口"→"动作"菜单命令或按F9键，打开"动作"面板，如图4-152所示，其中包括3个部分，即脚本导航器、脚本窗口和脚本功能区。

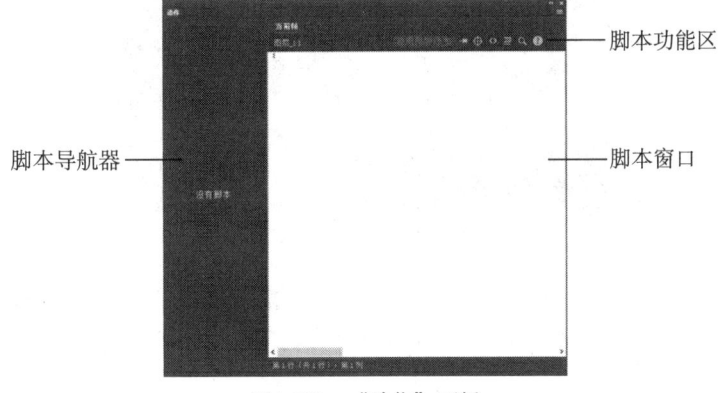

图4-152 "动作"面板

脚本导航器用于快速查看和编辑Animate文档中的脚本；脚本窗口用于输入与当前所选帧相关联的ActionScript代码，如图4-153所示；脚本功能区用于辅助代码编辑。

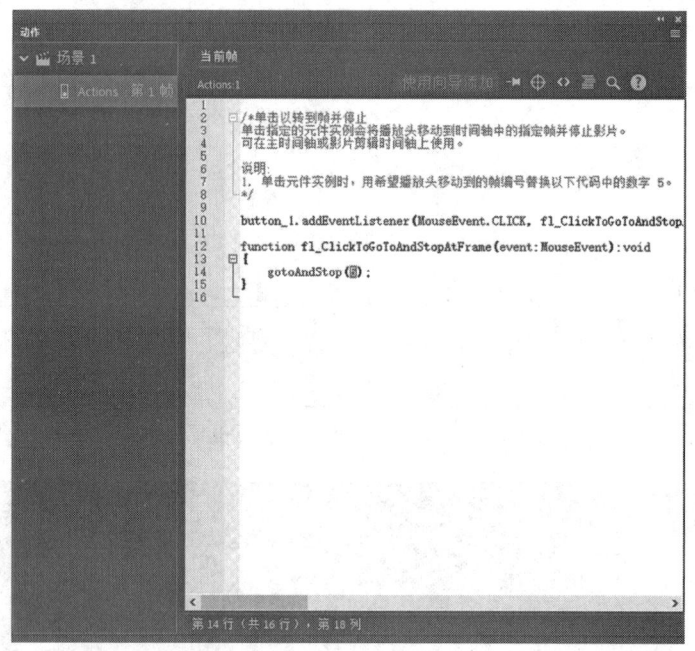

图4-153　编写代码效果

脚本功能区中主要按钮释义如下。

● 使用向导添加：用于使用简单易用的向导添加动作，而无需编写代码。

● 固定脚本 ：用于将脚本固定，以保留代码在"动作"面板中的打开位置，以便在各个打开的不同脚本中切换。

● 插入实例路径和名称 ：用于设置脚本中某个动作的绝对或相对目标路径，可以打开"插入目标路径"对话框，如图4-154所示。

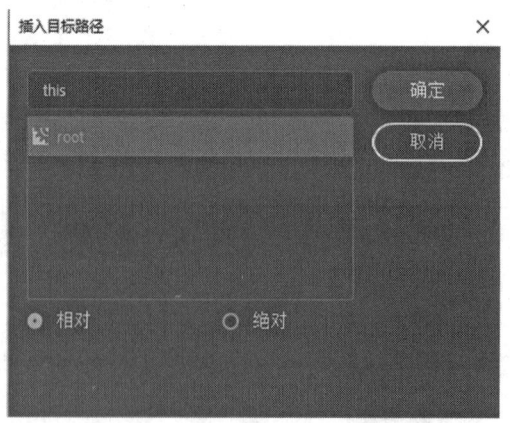

图4-154　"插入目标路径"对话框

● 代码片断 ：用于打开"代码片断"面板，显示代码片断示例，如图4-155所示。对于初学者而言，在操作过程中不是很熟悉代码的情况下，可以借助"代码片断"功能辅助编写代码。

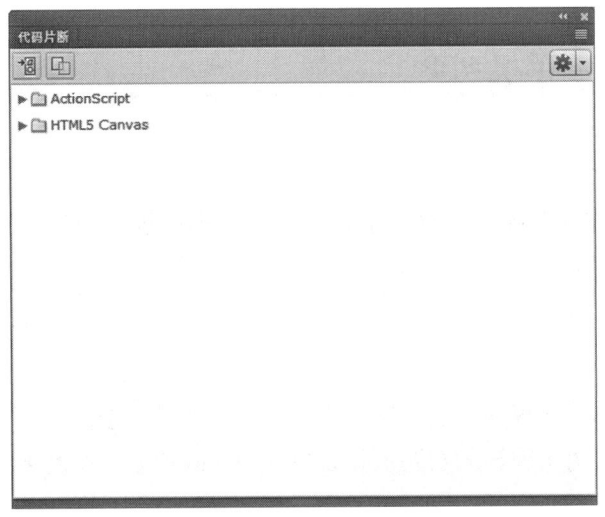

图4-155 "代码片断"面板

- 自动套用格式■：用于设置代码格式。
- 查找■：用于查找脚本中的关键字及其所在位置，如图4-156所示，并进行替换。

图4-156 查找关键字及其所在位置

- 帮助■：用于在线显示脚本窗口中所选ActionScript元素的参考信息。

如果要设置脚本窗口中文本的相关属性，可以选择"编辑"→"首选参数"菜单命令，打开"首选参数"对话框，如图4-157所示，在其中进行设置。

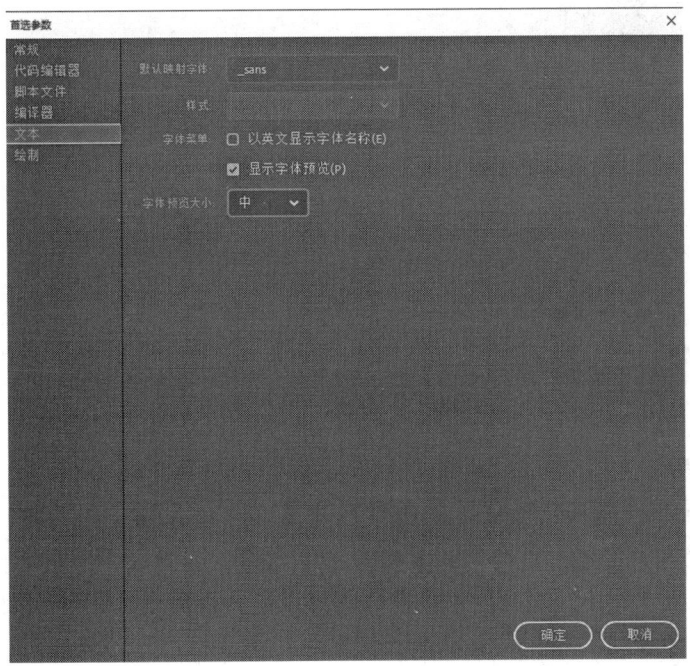

图4-157 "首选参数"对话框

❖ 案例演练　手机APP

 案例导入

某公司需要制作一款咖啡主题的手机APP，以推广该公司品牌的咖啡
产品。

扫码观看视频

 设计说明

本案例首先制作手机界面，然后制作启动界面，通过点击按钮进入APP主页界面。该
主页界面以咖啡元素为主题，分别展示界面中各图标的功能，以优化用户体验。

 案例操作

1. 打开素材

步骤01　选择"文件"→"打开"菜单命令或按 Ctrl+O组合键，打开"打开"对话
框，选择素材文件，如图4-158所示，单击"打开"按钮。

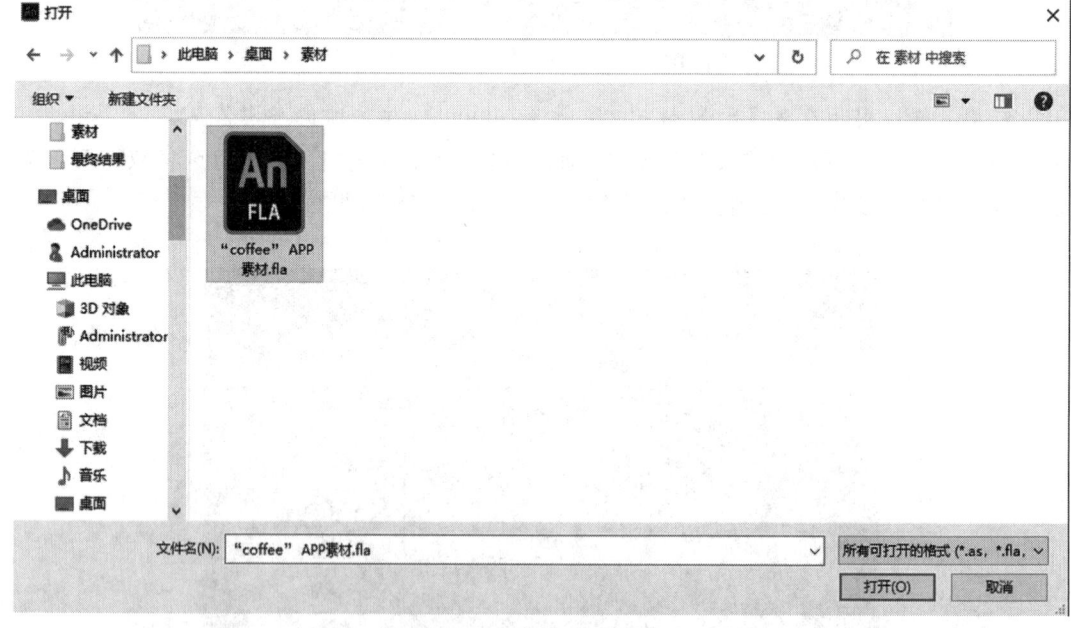

图4-158　"打开"对话框

2. 制作手机界面

步骤02　在"时间轴"面板中单击"新建图层"按钮，将新建图层命名为"机
身"；选择"机身"图层，选择"基本矩形工具"，在舞台中绘制手机机身，在"属
性"面板的"位置和大小"属性区中设置"宽""高"分别为260 px、535 px，在"颜色
和样式"属性区中设置"填充"为白色，"笔触"为玫红色，"笔触大小"为0.1，"尖
角"为3，如图4-159所示，效果如图4-160所示。

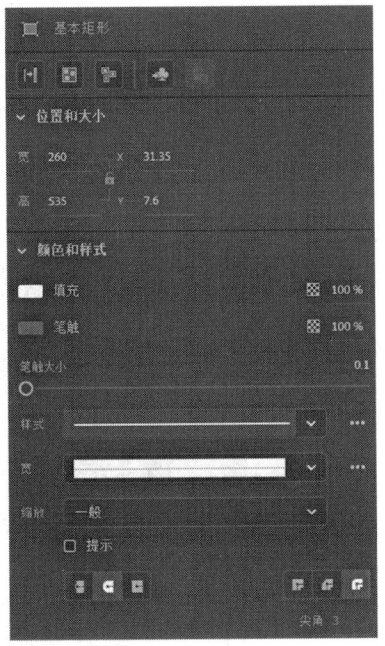

图4-159　"属性"面板

图4-160　圆角矩形效果

步骤03　使用"基本矩形工具"  绘制手机的前置摄像头、闪光灯和听筒组件，大小分别为（6×6 px）、（8×8 px）、（41×4 px），效果如图4-161所示。

步骤04　从"库"面板的"进入"文件夹中将"开机"按钮元件拖入舞台，将其放置在手机机身的右侧，效果如图4-162所示。

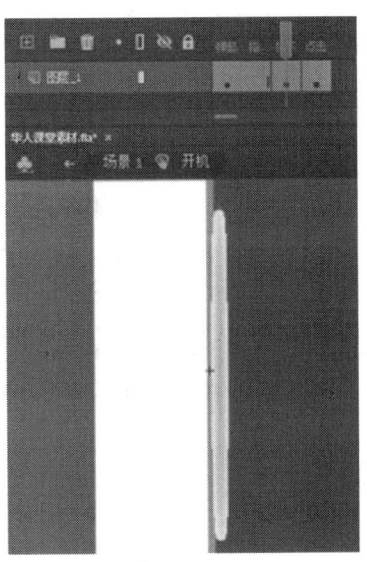

图4-161　机身组件

图4-162　右侧按键效果

步骤05　重复3次相同的操作，从"库"面板的"进入"文件夹中将"开机"按钮元件拖入舞台中手机机身的左侧，效果如图4-163所示。

步骤06　从"库"面板的"进入"文件夹中将"开机"按钮元件拖至手机机身的下方，效果如图4-164所示，选择"机身"图层的第231帧，按F5键插入帧。

步骤07　在"时间轴"面板中单击"新建图层"按钮⊞，将新建图层命名为"屏保"。使用"矩形工具"▨绘制一个230×408 px的矩形，在"颜色"面板中设置"填充类型"为"位图填充"，导入"屏保"图片，设置"填充"和"笔触"为无，如图4-165所示，调整图片在矩形中的位置。

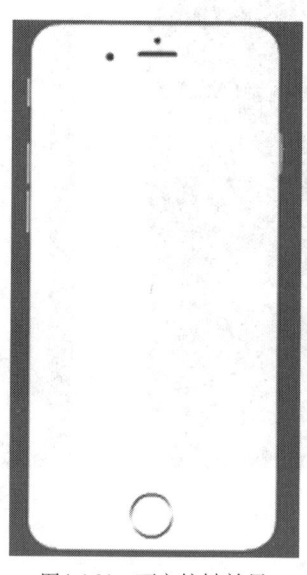

图4-163　左侧按键效果　　　图4-164　下方按键效果　　　图4-165　矩形填充位图

步骤08　在"时间轴"面板中单击"新建图层"按钮⊞，将新建图层命名为"导航"，选择第24帧，按F7键插入空白关键帧，从"库"面板的"进入"文件夹中将"导航锁屏"元件拖入主场景，放置在"屏保"图层中对象的上方，适当调整"导航锁屏"元件的位置，效果如图4-166所示。

图4-166　"导航锁屏"元件效果

步骤09　选择第35帧，按F6键插入关键帧，回到第24帧选择对象，在该元件的"属性"面板中设置"色彩效果"属性区中的"Alpha"为0%，如图4-167所示。

图4-167　"色彩效果"属性区

步骤10 右击第24帧，在弹出的菜单中选择"创建传统补间"选项，制作导航动画的淡入效果，锁定所有图层，如图4-168所示。

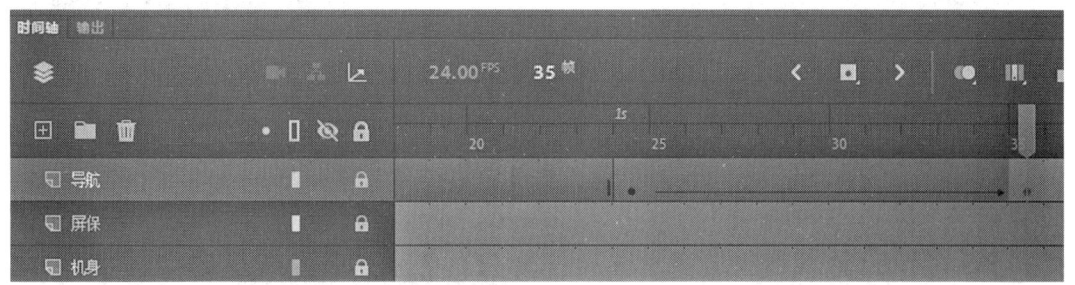

图4-168 时间轴效果

步骤11 在"时间轴"面板中单击"新建图层"按钮，将新建图层命名为"日期时间"。选择"文本工具"，输入文本"12:05"，效果如图4-169所示。

步骤12 选择该文本，在其"属性"面板中设置"字体"为"Times New Roman"，"大小"为40 pt，"填充"为白色，"呈现"为"可读性消除锯齿"，选择"投影"滤镜，设置"模糊 X""模糊 Y"均为5，"距离"为2，如图4-170所示。

图4-169 输入时间

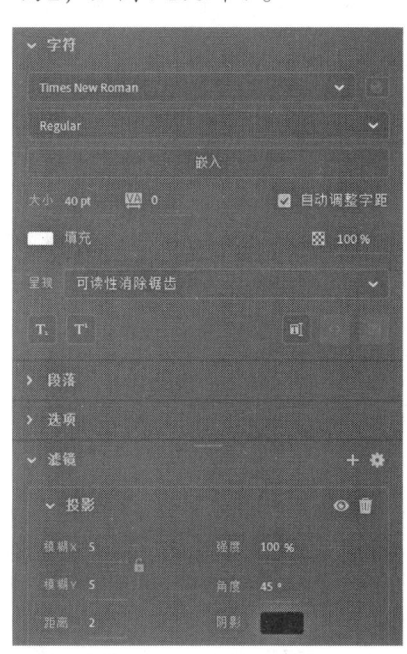

图4-170 "属性"面板

步骤13 再次输入文本"5月27日 星期三"，使用"选择工具"选中该文本，在"属性"面板中设置"字体"为"Times New Roman"，"大小"为10 pt，"填充"为"白色"。

步骤14 使用相同的属性设置，再次输入文本"庚子年四月初五"；解锁"屏保"图层，选择屏保中的对象，使用"任意变形工具"拖动出几条辅助线，选择所有文本，使其以辅助线中心水平对齐，效果如图4-171所示，文本属性设置如图4-172所示，锁定文本图层。

图4-171　输入日期

图4-172　"属性"面板

步骤15　在"时间轴"面板中选择"屏保"图层,右击,在弹出的菜单中选择"复制图层"选项,将副本图层更名为"屏幕",选择第1帧中的对象,在"颜色"面板中设置"填充"为黑色,无笔触,将该图层放至最顶层,效果如图4-173所示。

步骤16　选择第20帧,按F6键插入关键帧,选择对象,在"属性"面板的"颜色和样式"属性区中设置"Alpha"为0%,效果如图4-174所示,此时显示出"屏保"图层中的对象。

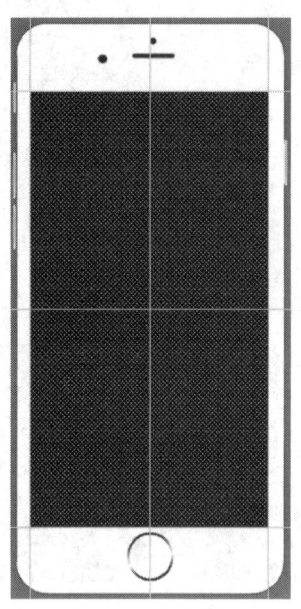

图4-173　屏幕效果

图4-174　透明屏幕效果

步骤17　选择"屏幕"图层的第1帧,右击,在弹出的菜单中选择"创建补间形状"选项,删除除了第20帧以外的所有帧,锁定所有图层,时间轴效果如图4-175所示。

步骤18　在"时间轴"面板中单击"新建图层"按钮回,将新建图层命名为"小圆点"。选择第24帧,按F7键插入空白关键帧,在"屏幕"图层中对象的下方绘制3个小圆形,在其"属性"面板中分别单击"对象绘制模式"按钮◙。

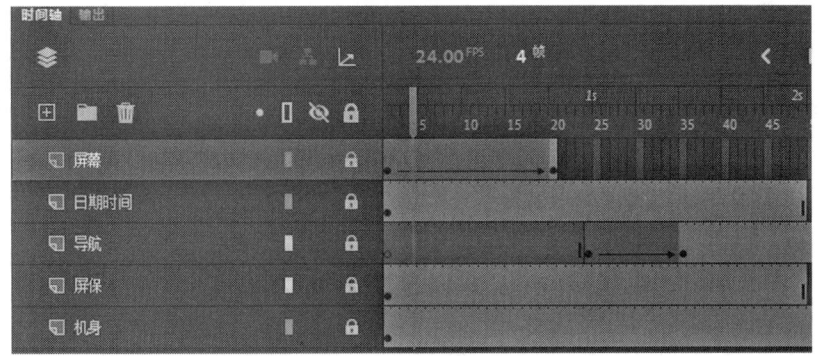

图4-175　时间轴效果

步骤19　使用"选择工具" ▷选择对象,在"属性"面板中"位置和大小"属性区中设置"宽""高"均为7 px,在"颜色和样式"属性区中设置 "填充"为白色,无笔触,如图4-176所示。

步骤20　在舞台中水平复制两个对象,使用"任意变形工具" ⊞调整该对象,使其与舞台中心的辅助线水平、垂直居中对齐,效果如图4-177所示。

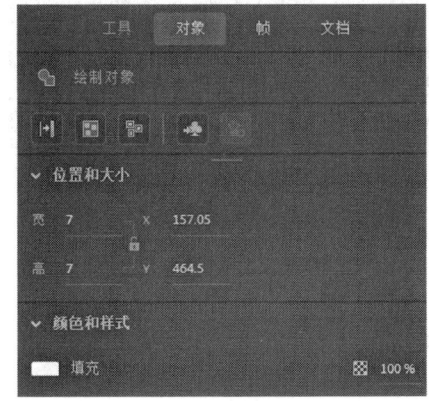

图4-176　"属性"面板

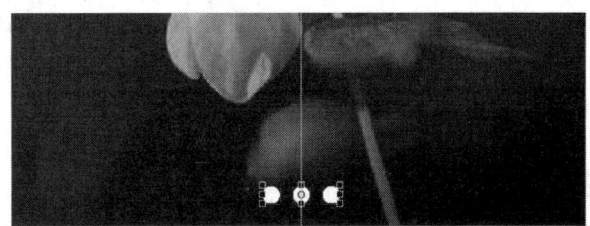

图4-177　调整小圆点的位置

步骤21　在"时间轴"面板中单击"新建图层"按钮 田,将新建图层命名为"按下主屏幕按钮以解锁",选择第24帧,按F7键插入空白关键帧,从"库"面板的"进入"文件夹中将"按下主屏幕按钮以解锁"影片剪辑元件拖至舞台中的合适位置,效果如图4-178所示,选择第35帧,按F6键插入关键帧。

图4-178　导入元件至舞台

步骤22 选择第24帧中的对象，在"属性"面板的"色彩效果"属性区中设置"Alpha"为0%，如图4-179所示；右击第24帧，在弹出的菜单中选择"创建传统补间"选项，选择除"机身""屏幕""导航"图层以外的图层，分别在第49帧后删除其余空白帧，锁定所有图层，"时间轴"面板如图4-180所示。

图4-179 "色彩效果"属性区

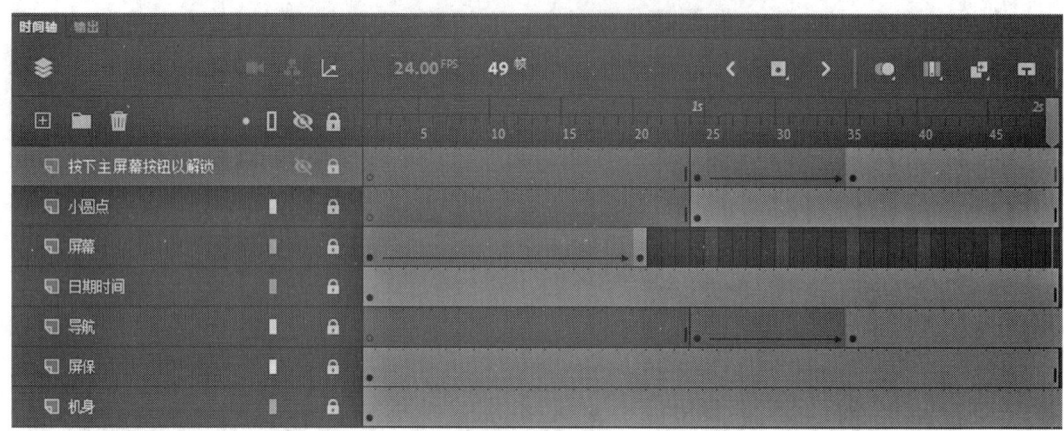

图4-180 时间轴效果

步骤23 在"时间轴"面板中单击"新建图层"按钮 ⊞，将新建图层命名为"桌面"，选择第50帧，按F7键插入空白关键帧，复制"屏保"图层的第1帧，在"桌面"图层的第50帧处粘贴帧，效果如图4-181所示。

图4-181 桌面背景效果

步骤24 选择第50帧中的对象，在"颜色"面板中设置"填充类型"为"位图填充"，导入"背景"图片，效果如图4-182所示。

步骤25 使用"渐变变形工具" 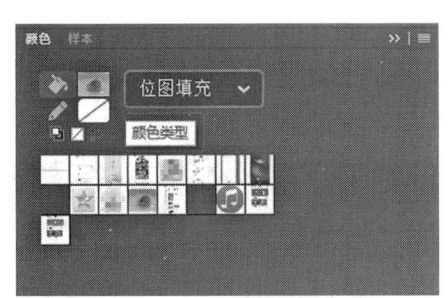 调整图片在矩形中的位置，效果如图4-183所示。

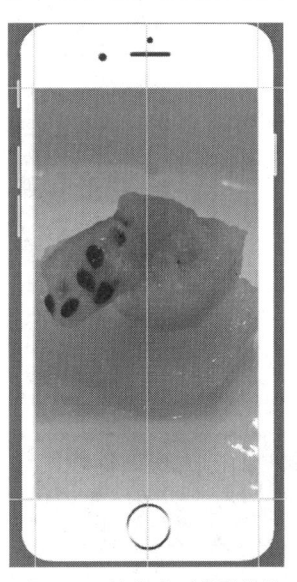

图4-182 填充背景　　　　　图4-183 填充桌面背景效果

3. 制作 APP 图标

步骤26 在指定的素材文件夹中选择所有素材图片（如图4-184所示），按住鼠标左键不放，将其拖至"库"面板中，在"库"面板的左下角单击"新建文件夹"按钮 ，将新建文件夹命名为"coffee App"，将导入的素材图片移入该文件夹中，如图4-185所示。

步骤27 在"时间轴"面板中单击"新建图层"按钮 ，将新建图层命名为"app图标"，选择时间轴的第50帧，按F7键插入空白关键帧，从"库"面板的"主界面"文件夹中将"app图标"影片剪辑元件拖至舞台，调整元件和中心辅助线至界面中的合适位置，如图4-186所示。

图4-184 素材文件

图4-185　导入"库"面板素材　　　　图4-186　APP图标效果

步骤28　进入桌面后，"导航"图层中的对象未显示，在此移动"导航"图层至"app图标"图层的上方，如图4-187所示。

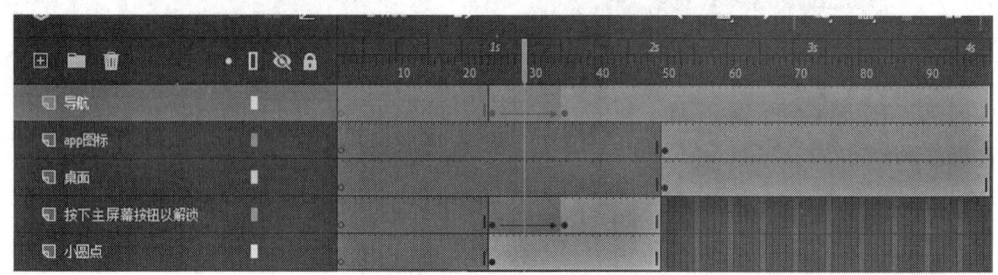

图4-187　时间轴效果

步骤29　在"时间轴"面板中单击"新建图层"按钮⊞，将新建图层命名为"coffee"。选择第50帧，按F7键插入空白关键帧，在"库"面板中的文件夹中打开"coffee App"文件夹，按Ctrl+F8组合键新建元件，在打开的"创建新元件"对话框中设置"名称"为"coffee"，"类型"为"按钮"，如图4-188所示，单击"确定"按钮。

步骤30　进入"coffee"按钮元件编辑模式，在舞台中绘制一个矩形，使用"基本矩形工具"▣绘制宽为40 px、高为39.8 px的矩形，在"属性"面板中的"矩形选项"属性区中单击"矩形边角半径"按钮◻，设置数值为7.5，如图4-189所示。

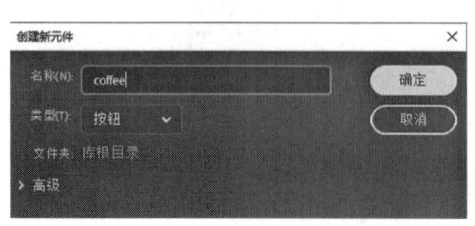

图4-188　"创建新元件"对话框

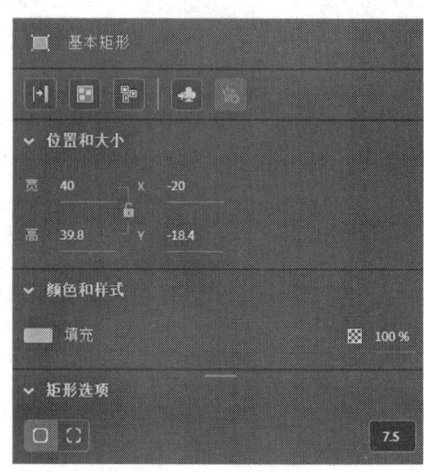

图4-189　"属性"面板

步骤31 在"时间轴"面板中选择"按下"和"点击"帧，按F6键插入关键帧，然后选择"点击"帧中的对象，使用"任意变形工具" ，按住Shift键和鼠标左键，将该对象以中心点为基点适当缩小，使其具有按钮效果，"时间轴"面板如图4-190所示。

图4-190 时间轴效果

步骤32 在"时间轴"面板中单击"新建图层"按钮 ，选择第1帧，使用"文本工具" 在舞台中输入文本"COFFEE"，在"属性"面板的"字符"属性区中设置"字体"为"微软雅黑"，"大小"为14 pt，"填充"为白色，"呈现"为"使用设备字体"，如图4-191所示，将文字调整至合适位置，效果如图4-192所示。

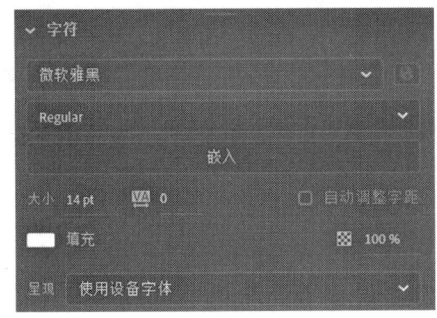 

图4-191 "属性"面板　　　　图4-192 文本效果

步骤33 按Ctrl+E组合键回到场景，选择"coffee"图层的第50帧，将"coffee"按钮元件拖至舞台中，调整元件至界面中的合适位置，利用辅助线使各按钮图标对齐，效果如图4-193所示。

图4-193 导入"coffee"按钮元件

步骤34 分别选择"coffee""app图标""桌面"图层中第99帧后的所有帧，按Shift+F5组合键删除帧，分别选择"coffee"图层的第65帧、第70帧、第75帧，按F6键插入关键帧；选择第70帧中的对象，使用"任意变形工具" 将对象适当缩小；选择第65~

74帧，右击，在弹出的菜单中选择"创建传统补间"选项，创建传统补间动画，"时间轴"面板如图4-194所示；分别锁定"coffee""app图标""桌面"图层。

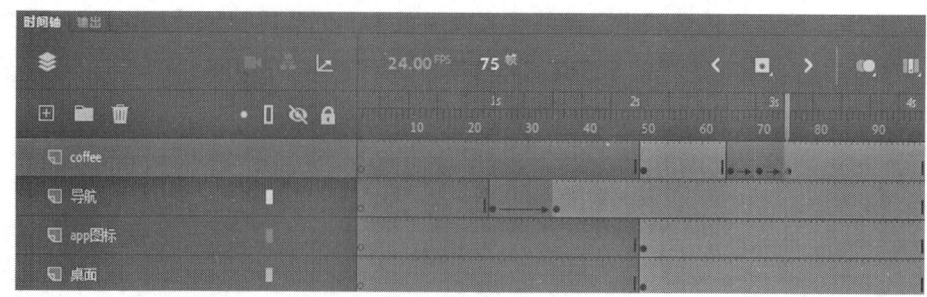

图4-194 "时间轴"面板

4. 编辑主页场景

步骤35 选择"窗口"→"场景"菜单命令或按Shift+F2组合键，打开"场景"面板，单击"添加场景"按钮■，将新建场景命名为"app主页"，将"场景1"命名为"启动界面"，如图4-195所示。

步骤36 在"启动界面"场景中选择"机身"图层的任意一帧，在舞台中复制对象，然后进入"app主页"场景，编辑主场景。

步骤37 双击"时间轴"面板中的"图层_1"，将其重命名为"机身"，右击舞台中的空白区域，在弹出的菜单中选择"粘贴到当前位置"命令，使用辅助线调整副本对象的位置。

步骤38 使用相同的方法，在"启动界面"场景中复制"导航"和"屏保"图层中的对象至"app主页"场景中，如图4-196所示。

步骤39 选择所有图层的第221帧，按F5键插入帧，将"屏保"图层重命名为"进入页"。选择"进入页"图层第1帧中的对象，在"颜色"面板中设置"填充类型"为"位图填充"，导入"首页1"图片，使用"渐变变形工具"■调整图片在矩形中的位置，效果如图4-197所示。

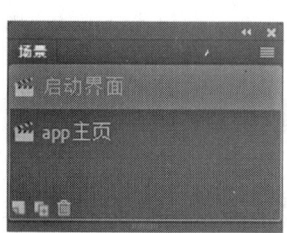

图4-195 "场景"面板

图4-196 "时间轴"面板

图4-197 APP主页效果

步骤40 再次选择对象，按F8键，右击，在弹出的菜单中选择"转换为元件"选项，打开"转换为元件"对话框，设置"名称"为"进入页"，"类型"为"图形"，如图4-198所示，单击"确定"按钮。

步骤41 选择"进入页"图层，右击，在弹出的菜单中选择"复制图层"选项，重复复制两次，分别将3个副本图层命名为"引导页1""引导页2""引导页3"，如图4-199所示。

图4-198 "转换为元件"对话框

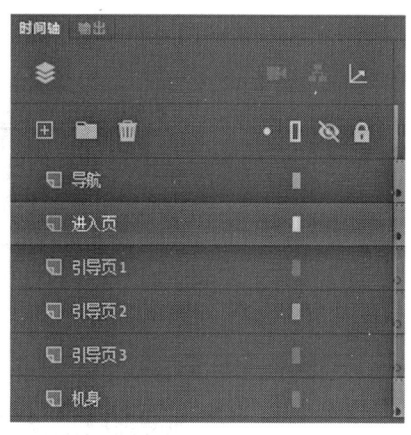

图4-199 "时间轴"面板

步骤42 分别选择3个图层中的对象，在"颜色"面板中设置"填充类型"为"位图填充"选项，导入素材文件中与各图层对应的图片进行填充，使用"渐变变形工具" ▣调整图片在矩形中的位置，效果如图4-200～图4-202所示。

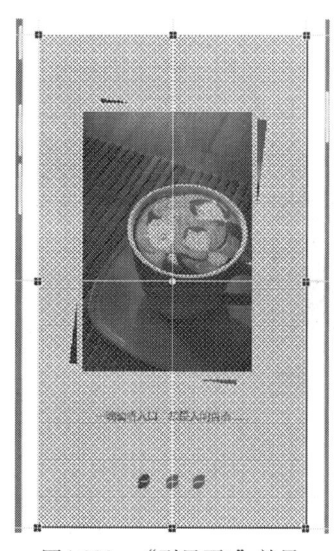

图4-200 "引导页1"效果

图4-201 "引导页2"效果

图4-202 "引导页3"效果

步骤43 按F8键，分别将各图层中的对象转换为元件，并将元件名称设置为各图层名，如图 4-203～图4-205所示。

图4-203　"转换为元件"对话框

图4-204　"转换为元件"对话框

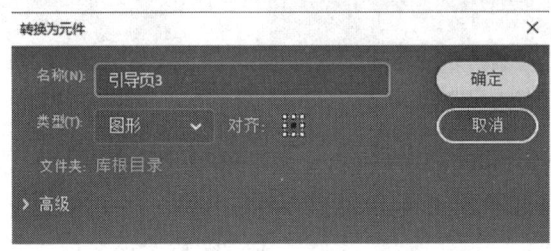

图4-205　"转换为元件"对话框

步骤44　分别选择各图层中的第15、30和50帧，按F6键插入关键帧，再分别选择各图层第1帧中的对象，在其"属性"面板的"色彩效果"属性区中设置"亮度"为100%，如图4-206所示。

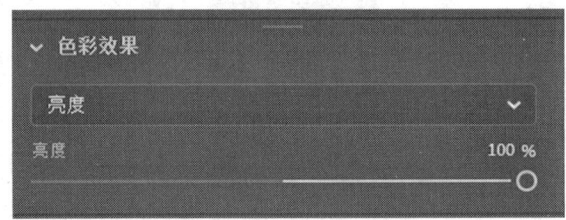

图4-206　"色彩效果"属性区

步骤45　分别选择各图层第50帧中的对象，在"属性"面板的"色彩效果"属性区中设置"Alpha"为0%，如图4-207所示。

图4-207　"色彩效果"属性区

步骤46　再分别选择各图层中的第1帧和第30帧，右击，在弹出的菜单中选择"创建传统补间"选项，时间轴动画效果如图4-208所示，删除除了第50帧以外的空白帧。

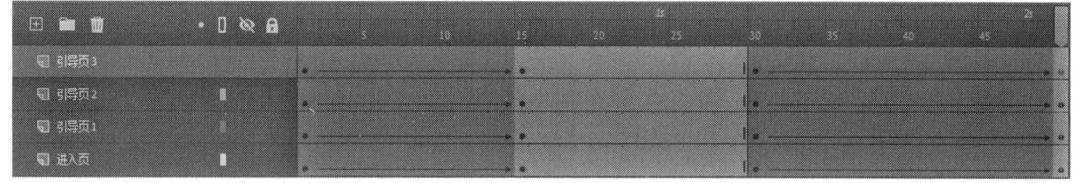

图4-208　时间轴效果

步骤47　选择"引导页1"图层，将鼠标指针放至该图层中的起始帧处，按住鼠标左键不放，将其拖至第30帧，使该图层中的第1帧在第30帧处；重复该操作，使"引导页2"图层中的起始帧在第59帧处，"引导页3"图层的起始帧在第88帧处，效果如图4-209所示。

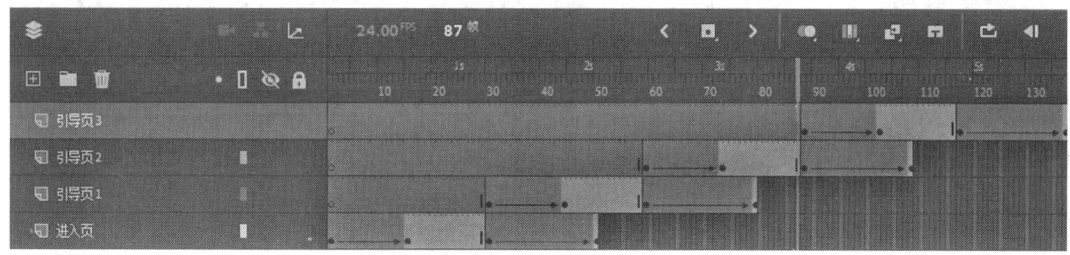

图4-209　时间轴效果

步骤48　根据播放顺序和播放效果，在"时间轴"面板中调整图层的顺序，如图 4-210所示。

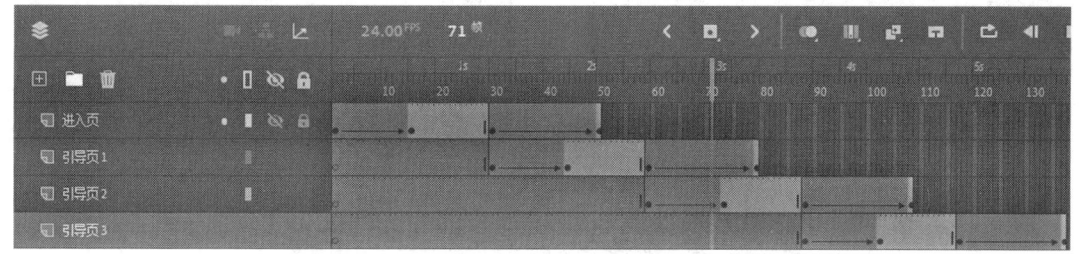

图4-210　图层效果

步骤49　在"时间轴"面板中单击"新建图层"按钮，将新建图层命名为"按钮"，选择该图层的第44帧，按F7键插入空白帧，选择"椭圆工具"绘制一个椭圆形，效果如图4-211所示。

步骤50　选择椭圆形，按F8键或右击，在弹出的菜单中选择"转换为元件"选项，在打开的"转换为元件"对话框中，设置"名称"为"椭圆按钮"，"类型"为"按钮"，效果如图4-212所示，单击"确定"按钮，水平复制出该元件的两个按钮，效果如图4-213所示。

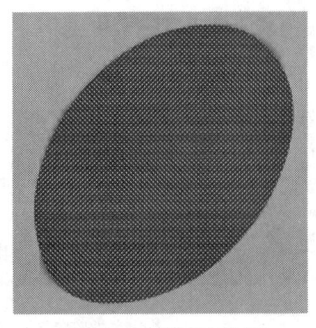

图4-211 椭圆形效果

图4-212 "转换为元件"对话框

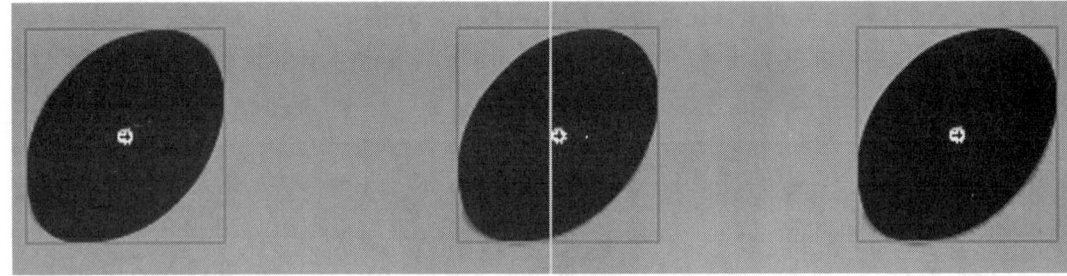

图4-213 按钮元件效果

步骤51 从左至右分别选择"椭圆按钮"元件，在"属性"面板中设置实例名称分别为"button1""button2""button3"，如图4-214～图4-216所示。

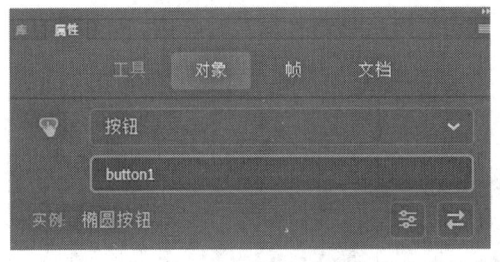

图4-214 设置按钮实例名称

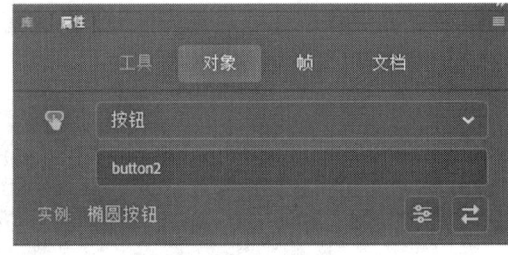

图4-215 设置按钮实例名称

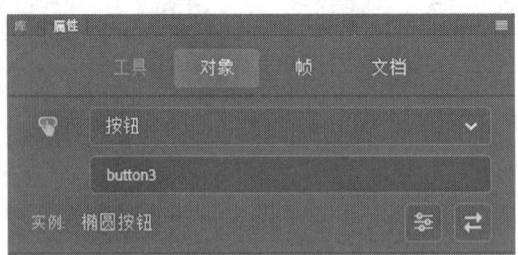

图4-216 设置按钮实例名称

步骤52 删除各图层多余的帧，"时间轴"面板效果如图4-217所示。

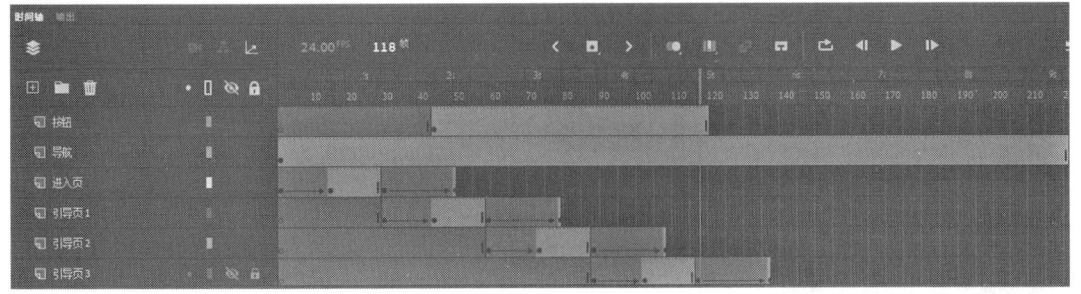

图4-217 "时间轴"面板

5. 制作主页界面

步骤53 选择"按钮"图层,在"时间轴"面板中单击"新建图层"按钮 ⊞,将新建图层命名为"主页",选择该图层中的第117帧,按F7键插入空白关键帧,使用"矩形工具"▢,绘制一个宽为231 px、高为409 px的矩形,设置"颜色"面板中的"填充效果"为"位图填充",导入"首页-主页.jpg"图片,使用"渐变变形工具"▨调整图片至合适比例,再调整矩形至合适位置,效果如图4-218所示。

步骤54 选择"导航"图层,按住鼠标左键不放,将其拖至顶层,为了方便制作其他页面,选择"主页"图层,右击,在弹出的菜单中选择"复制图层"选项,重复两次复制图层操作,图层效果如图4-219所示。

步骤55 从上向下分别将图层重命名为"店家""购物袋""我的",再将"主页"图层拖至顶层,如图4-220所示。

图4-218 主页界面效果

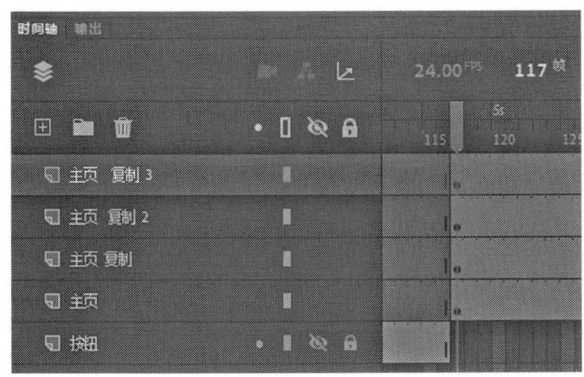

图4-219 "时间轴"面板

图4-220 图层效果

步骤56 分别为"店家""购物袋""我的"图层中的对象填充相应的位图,效果如图4-221~图4-223所示。

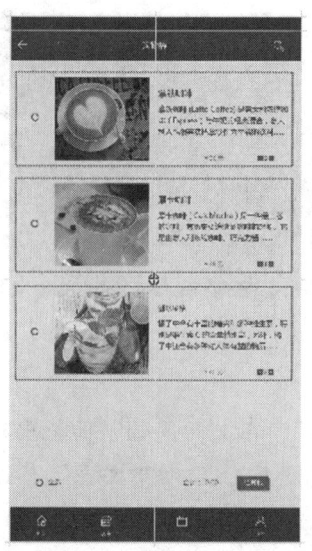

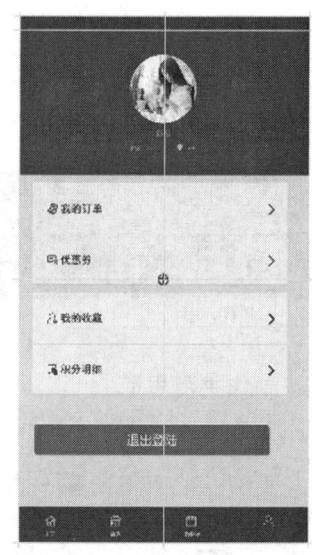

图4-221　"店家"图片效果　　　图4-222　"购物袋"图片效果　　　图4-223　"我的"图片效果

步骤57　再按F8键，分别将"主页""店家""购物袋""我的"图层中的对象转换为元件，效果如图4-224～图4-227所示。

图4-224　"转换为元件"对话框　　　　　图4-225　"转换为元件"对话框

图4-226　"转换为元件"对话框　　　　　图4-227　"转换为元件"对话框

步骤58　选择"主页"图层中的第137帧、第159帧和179帧，按F6键插入关键帧，分别选择第117帧和第179帧中的对象，在"属性"面板中设置"色彩效果"属性区中的"Alpha"为0%，如图4-228所示。

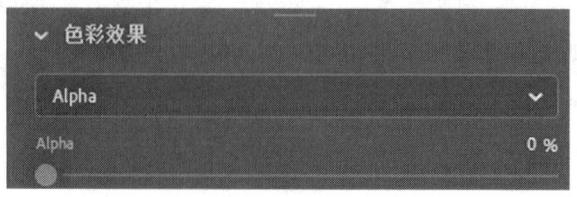

图4-228　"色彩效果"属性区

步骤59　在"主页"图层中再选择第117帧，右击，在弹出的菜单中选择"创建传统补间"选项，对该图层中的第159帧重复该操作，"时间轴"面板如图4-229所示。

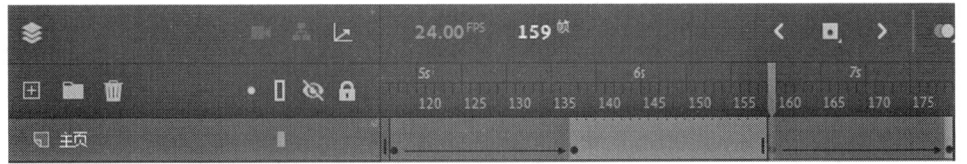

图4-229　时间轴效果

步骤60　分别选择"店家"和"购物袋"图层中的第138帧和第158帧，按F6键插入关键帧，分别选择第158帧中的对象，在其"属性"面板中的"色彩效果"属性区中设置"Alpha"为0%，如图4-230所示。

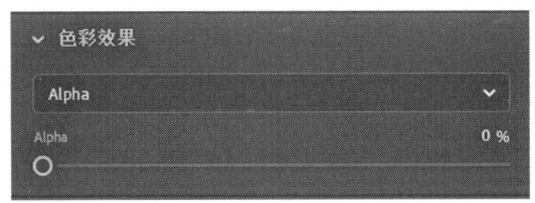

图4-230　"色彩效果"属性区

步骤61　分别选择"店家"和"购物袋"图层中的第138帧，右击，在弹出的菜单中选择"创建传统补间"选项，删除两个图层中第158帧后的所有帧，删除"我的"图层中第137帧后的所有帧，如图4-231所示。

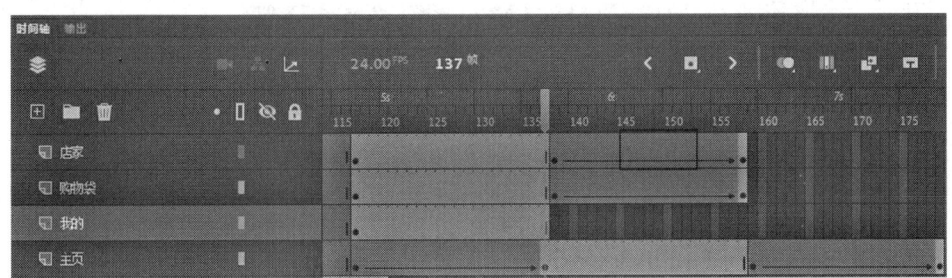

图4-231　时间轴效果

步骤62　为了得到更好的动画效果，需要调整图层顺序，如图4-232所示。

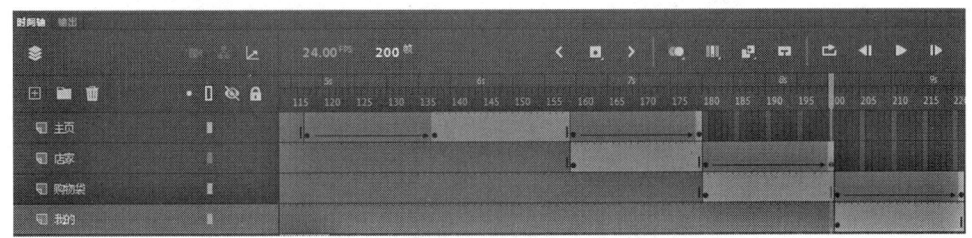

图4-232　图层效果

步骤63　在"时间轴"面板中单击"新建图层"按钮⊞，将新建图层重命名为"饮料"，选择该图层中的第138帧，按F7键插入空白关键帧，绘制一个宽为231 px、高为409 px的矩形。

步骤64　选择矩形，设置"颜色"面板中的"填充"为"位图填充"，导入"饮料页.jpg"图片，使用"渐变变形工具"■将填充的图片调整至合适比例，再调整矩形至合适的位置，效果如图4-233所示。

步骤65　选择对象，右击，在弹出的菜单中选择"转换为元件"选项，在打开的"转换为元件"对话框中设置名称为"饮料动画"，"类型"为"影片剪辑"，如图4-234所示，单击"确定"按钮，在舞台中双击"饮料动画"元件，进入"饮料动画"影片剪辑元件编辑模式。

步骤66　在"时间轴"面板中，将对应的图层命名为"饮料"，然后单击"新建图层"按钮■，将新建图层命名为"挡板"，使用"矩形工具"■，绘制一个宽为231 px、高为409 px的矩形，调整矩形至合适的位置，效果如图4-235所示，选择两个图层中的第20帧，按F5键插入帧。

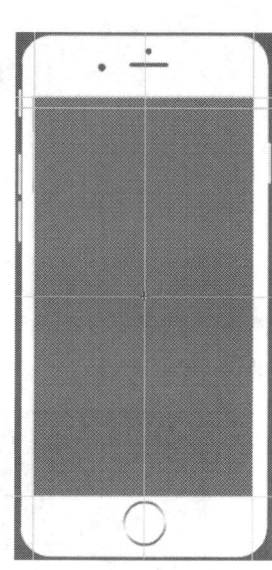

图4-233　"饮料页"图片效果　　　图4-234　"转换为元件"对话框　　　图4-235　矩形效果

步骤67　选择"饮料"图层第1帧中的对象，右击，在弹出的菜单中选择"转换为元件"选项，在打开的"转换为元件"对话框中设置"名称"为"饮料"，"类型"为"图形"，如图4-236所示，单击"确定"按钮。

图4-236　"转换为元件"对话框

步骤68　选择该图形元件，将其水平向右移动至机身外，效果如图4-237所示。

步骤69　选择"饮料"图层中的第10帧和第20帧，按F6键插入关键帧，将鼠标指针定位在第10帧，选择该元件，将其水平向左移动至机身的合适位置，效果如图4-238所示。

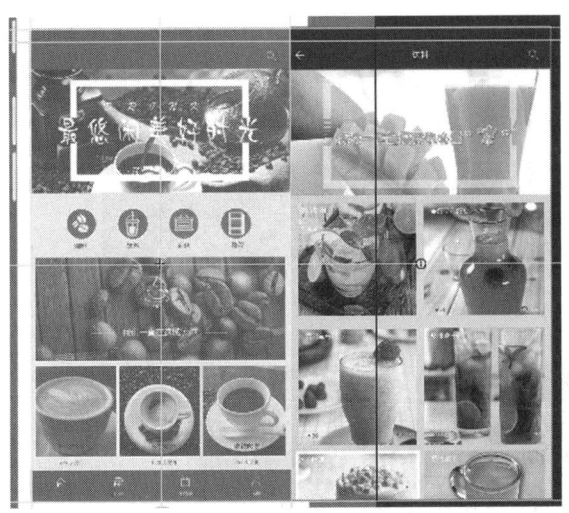

图4-237 "饮料"元件效果

图4-238 "饮料"元件效果

步骤70 选择"饮料"图层中的第1帧至第10帧，右击，在弹出的菜单中选择"创建传统动画"选项；选择"挡板"图层，右击，在弹出的菜单中选择"遮罩层"选项，使两个图层在相交时显示饮料图片，在不相交时则不显示饮料图片，以实现水平位移动画效果，如图4-239所示。

图4-239 "时间轴"面板

步骤71 在"时间轴"面板中单击"新建图层"按钮 ⊞，将新建图层命名为"按钮"，从"库"面板中将"按钮"元件拖至舞台，调整其至合适的大小和位置，按住Shift+Alt组合键，水平复制该元件，效果如图4-240所示。

图4-240 "按钮"元件复制效果

步骤72 选择从左至右的第2个元件，在其"属性"面板中设置实例名称为"yinliao"，如图4-241所示。

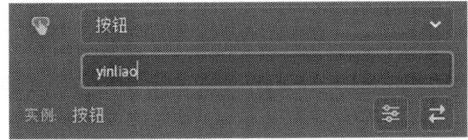

图4-241 "按钮"元件实例名称

步骤73 选择"按钮"图层中的第2、10和11帧,分别按F7键插入空白关键帧;选择第10帧,从"库"面板中将"按钮"元件拖至舞台中的左上角,调整其大小和位置,效果如图4-242所示,在其"属性"面板中设置实例名称为"fanhui",如图4-243所示。

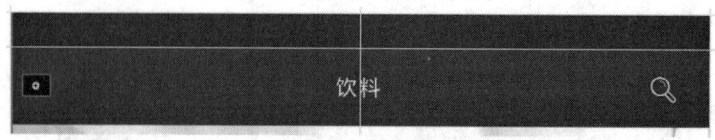

图4-242 "按钮"元件效果

图4-243 "按钮"元件实例名称

6. 添加动作脚本

步骤74 选择"按钮"图层中的第1帧,右击,在弹出的菜单选择"动作"选项,打开"动作"面板,在"动作"面板的脚本窗口中输入"stop();"。

步骤75 单击该帧在舞台中的第2个按钮,再单击"动作"面板中的"代码片断"按钮<>;在打开的"代码片断"面板中展开"ActionScript"→"时间轴导航"文件夹,双击"单击以转到帧并播放"选项,如图4-244所示,在"动作"面板中输出脚本语言,更改大括号里的字段为"gotoAndPlay(2);",如图4-245所示。

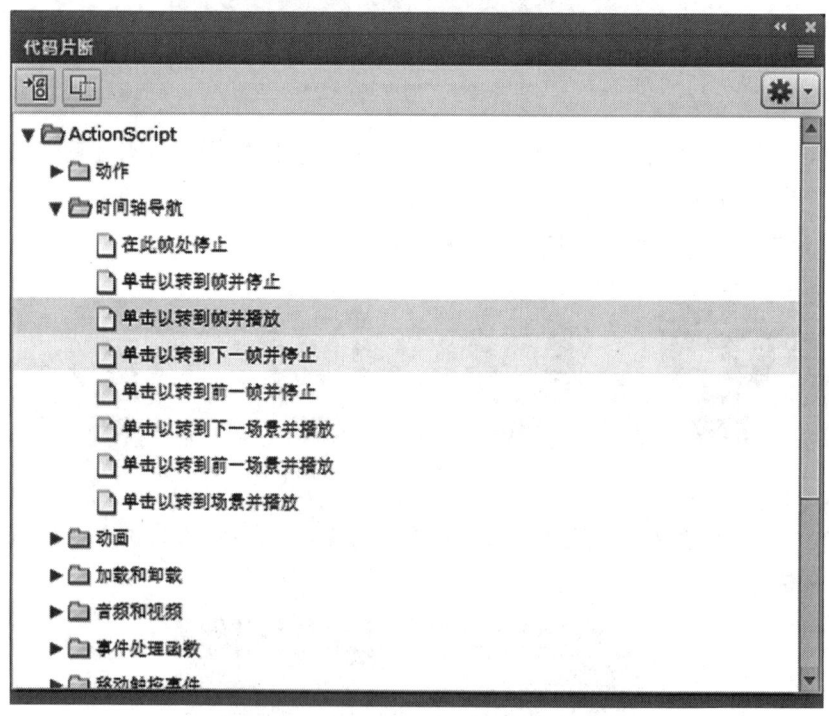

图4-244 "代码片断"面板

```
stop():
yinliao.addEventListener(MouseEvent.CLICK, fl_ClickToGoToAndPlayFromFrame_9):
function fl_ClickToGoToAndPlayFromFrame_9(event:MouseEvent):void
{
    gotoAndPlay(2):
}
```

图4-245　脚本语言

步骤76　重复上述操作，选择"按钮"图层第10帧中的对象，在"动作"面板的脚本窗口中输入"stop();"，再单击"代码片断"按钮<>，在"代码片断"面板中展开"ActionScript"→"时间轴导航"文件夹，双击"单击以转到帧并停止"选项，在"动作"面板输出脚本语言，更改大括号中的字段为"gotoAndStop(11);"，如图4-246所示。

```
stop():
fanhui.addEventListener(MouseEvent.CLICK, fl_ClickToGoToAndPlayFromFrame_10):
function fl_ClickToGoToAndPlayFromFrame_10(event:MouseEvent):void
{
    gotoAndPlay(11):
}
```

图4-246　脚本语言

步骤77　分别选择"按钮"图层中的第1帧和第10帧的元件，设置其"属性"面板"色彩效果"属性区中的"Alpha"为0%，如图4-247、图4-248所示。

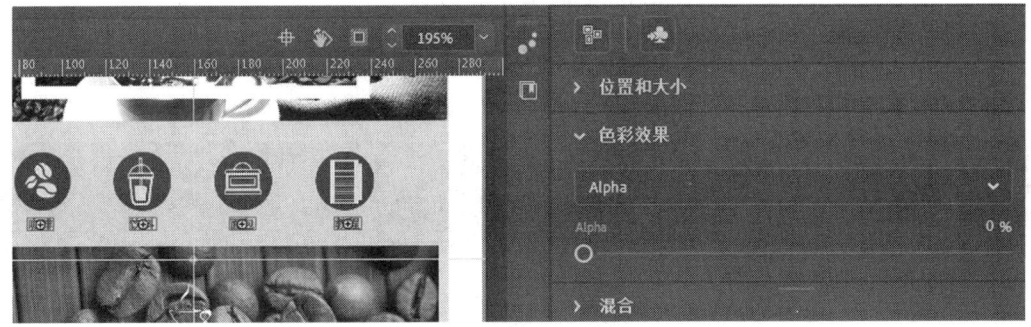

图4-247　"色彩效果"属性区

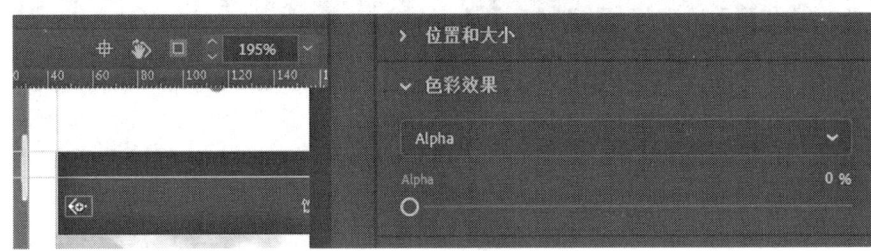

图4-248　"色彩效果"属性区

步骤78　双击舞台中的空白区域，回到"app主页"场景，在"饮料"图层中删除第157帧后的帧，"时间轴"面板效果如图4-249所示。

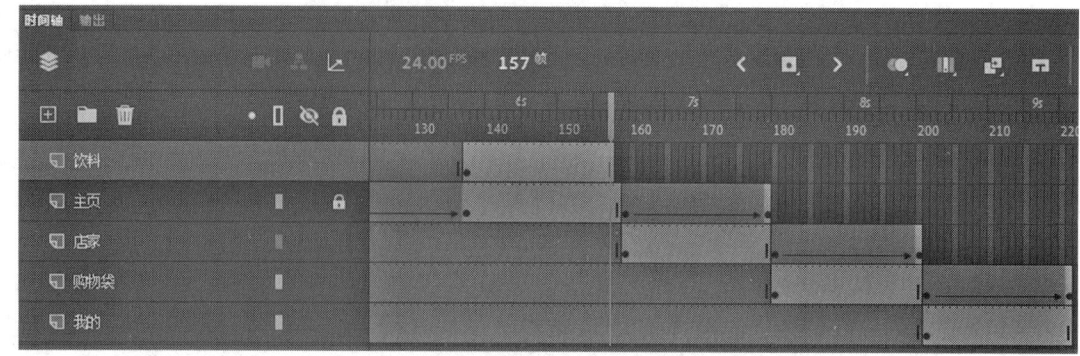

图4-249 "时间轴"面板

步骤79 在"时间轴"面板中单击"新建图层"按钮⊞，将新建图层命名为"主页按钮"，选择该图层中的第132帧，按F7键插入空白关键帧，从"库"面板中将"按钮"元件拖至舞台中的最下方以遮挡文本；重复3次该操作，分别调整元件的大小和位置，效果如图4-250所示。

图4-250 按钮元件效果

步骤80 从左至右分别设置"属性"面板中的实例名称为"zy""dj""gwd""wd"，如图4-251～图4-254所示。

图4-251 "按钮"元件实例名称

图4-252 "按钮"元件实例名称

图4-253 "按钮"元件实例名称

图4-254 "按钮"元件实例名称

步骤81 选择"按钮"图层中的第50帧，右击，在弹出的菜单中选择"动作"选项，打开"动作"面板。

步骤82 选择"按钮"图层中左侧的第1个按钮对象，单击"动作"面板中的"代码片断"按钮<>，打开"代码片断"面板，展开"ActionScript"→"时间轴导航"文件夹，双击"单击以转到帧并播放"选项，如图4-255所示，在"动作"面板中输出脚本语言，更改大括号中的字段为"gotoAndPlay(59);"，如图4-256所示，此时在"时间轴"面板中会自动生成一个"Actions"图层。

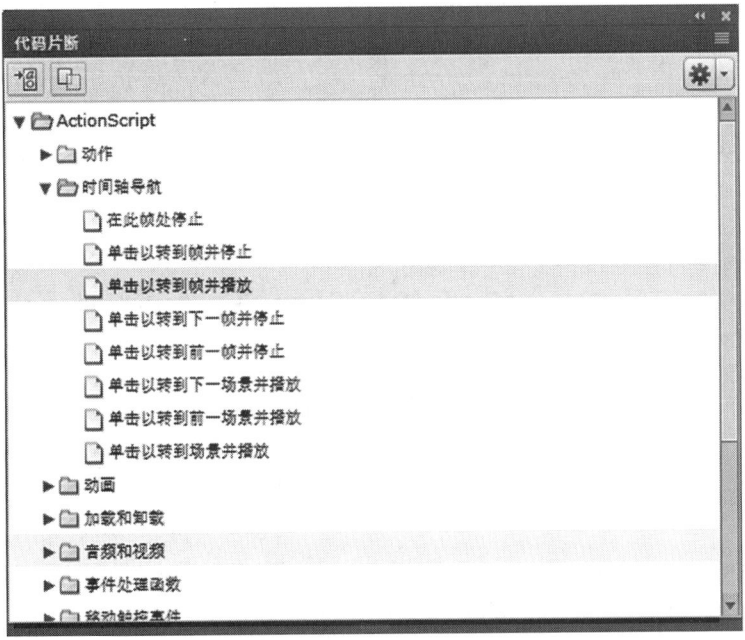

图4-255 "代码片断"面板

```
button1.addEventListener(MouseEvent.CLICK, fl_ClickToGoToNextFrame);
function fl_ClickToGoToNextFrame(event:MouseEvent):void
{
    gotoAndPlay(59);
}
```

图4-256 脚本语言

步骤83 重复上一步操作，从左至右分别对两个按钮设置脚本语言，并分别更改大括号中的字段为"gotoAndPlay(88);"和"gotoAndPlay(117);"，如图4-257所示。

```
button2.addEventListener(MouseEvent.CLICK, fl_ClickToGoToAndPlayFromFrame_7);
function fl_ClickToGoToAndPlayFromFrame_7(event:MouseEvent):void
{
    gotoAndPlay(88);
}
button3.addEventListener(MouseEvent.CLICK, fl_ClickToGoToAndPlayFromFrame_8);
function fl_ClickToGoToAndPlayFromFrame_8(event:MouseEvent):void
{
    gotoAndPlay(117);
}
```

图4-257 脚本语言

步骤84 选择"按钮"图层中的所有按钮对象，在"属性"面板中设置"色彩效果"属性区中的"Alpha"为0%，使3个按钮透明显示，效果如图4-258所示。

图4-258 设置按钮透明效果

步骤85　选择"饮料"图层中的第137帧，右击，在弹出的菜单中选择"动作"选项，打开"动作"面板，在"主页按钮"图层中选择从左至右第1个按钮，再单击"动作"面板中的"代码片断"按钮 <>，打开"代码片断"面板，展开"ActionScript"→"时间轴导航"文件夹，双击"单击以转到帧并播放"选项，在"动作"面板中输出脚本语言，更改大括号中的字段为"gotoAndPlay(132);"，如图4-259所示。

```
zy.addEventListener(MouseEvent.CLICK, fl_ClickToGoToAndPlayFromFrame_11);
function fl_ClickToGoToAndPlayFromFrame_11(event:MouseEvent):void
{
    gotoAndPlay(132);
}
```

图4-259　脚本语言

步骤86　重复上一步操作，选择"主页按钮"图层中的其他3个按钮，设置脚本语言，并更改大括号中的字段，如图4-260所示。

```
dj.addEventListener(MouseEvent.CLICK, fl_ClickToGoToAndPlayFromFrame_12);
function fl_ClickToGoToAndPlayFromFrame_12(event:MouseEvent):void
{
    gotoAndPlay(162);
}

gwd.addEventListener(MouseEvent.CLICK, fl_ClickToGoToAndPlayFromFrame_13);
function fl_ClickToGoToAndPlayFromFrame_13(event:MouseEvent):void
{
    gotoAndPlay(183);
}

wd.addEventListener(MouseEvent.CLICK, fl_ClickToGoToAndPlayFromFrame_14);
function fl_ClickToGoToAndPlayFromFrame_14(event:MouseEvent):void
{
    gotoAndPlay(204);
}
```

图4-260　脚本语言

步骤87　在"时间轴"面板中单击"新建图层"按钮 ⊞，将新建图层命名为"停止"，选择该图层中的第50、87、116、137、158、179、200和221帧，按F7键插入空白关键帧，分别选中帧，右击，在弹出的菜单中选择"动作"选项，打开"动作"面板，在脚本窗口中输入"stop();"；移动"导航"图层至"主页按钮"图层的上一层，"时间轴"面板如图4-261所示。

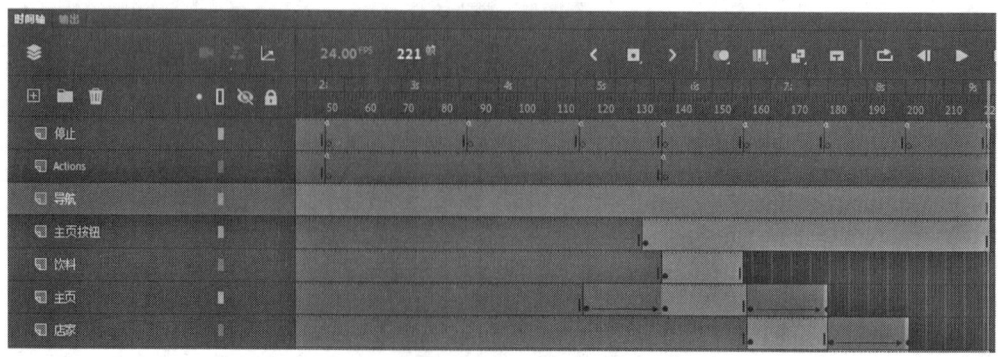

图4-261　"时间轴"面板

步骤88 选择"主页按钮"图层中的所有按钮，在"属性"面板中的"色彩效果"属性区中设置"Alpha"为0%，使按钮透明显示，效果如图4-262所示。

图4-262 按钮透明效果

步骤89 单击舞台上方的"编辑场景"下拉按钮，在弹出的菜单中选择"启动界面"选项，如图4-263所示，回到该场景。

步骤90 选择"机身"图层第1帧中的"开机按钮"元件，在其"属性"面板中设置实例名称为"home"，如图4-264所示。

图4-263 切换场景

图4-264 "按钮"元件实例名称

步骤91 选择第1帧，右击，在弹出的菜单中选择"动作"选项，打开"动作"面板，在脚本窗口中输入"stop();"；再选择"机身按钮"元件，单击"动作"面板中的"代码片断"按钮 <>，打开"代码片断"面板，展开"ActionScript"→"时间轴导航"文件夹，双击"单击以转到帧并播放"选项，在"动作"面板中输出脚本语言，更改大括号中的字段为"gotoAndPlay(2);"，如图4-265所示。

```
当前帧
Actions:1                           使用向导添加  -★ ⊕ <> 〓 Q ❓
1
2    stop();
3
4    home.addEventListener(MouseEvent.CLICK, fl_ClickToGoToAndPlayFromFrame);
5
6    function fl_ClickToGoToAndPlayFromFrame(event:MouseEvent):void
7    {
8        gotoAndPlay(2);
9    }
10
```

图4-265 脚本语言

步骤92 在"时间轴"面板中会自动生成一个"Actions"图层，选择该图层中的第75帧，按F7键插入空白关键帧，选择"coffee"图层对应该帧中的元件，在"属性"面板中设置实例名称为"coffee"，如图4-266所示。

图4-266 "按钮"元件实例名称

步骤93 选择"Actions"图层中的第100帧，按F7键插入空白关键帧，右击，在弹出的菜单中选择"动作"选项，打开"动作"面板，在脚本窗口中输入"stop();"；选择该帧中"coffee"图层中的按钮，单击"动作"面板中的"代码片断"按钮<>，打开"代码片断"面板，展开"ActionScript"→"时间轴导航"文件夹，双击"单击以转到下一场景并播放"选项，在"动作"面板中输出脚本语言，更改大括号里的字段为"Movie-Clip(this.root).gotoAndPlay(1, "app主页");"，如图4-267所示。

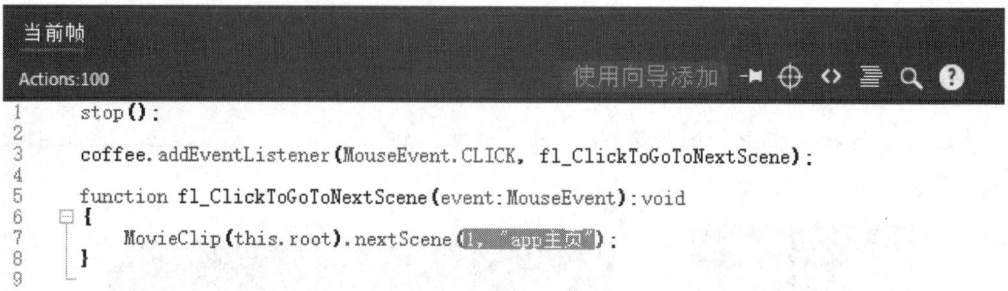

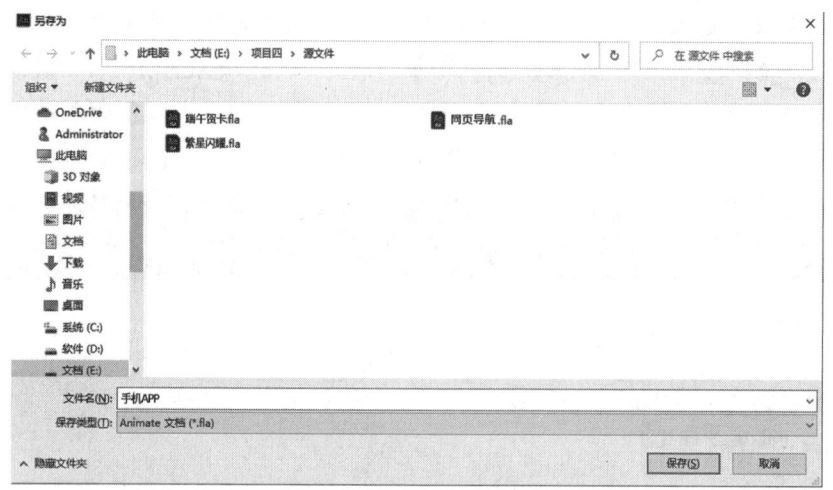

图4-267 脚本语言

步骤94 选择"文件"→"保存"菜单命令或按Ctrl+S组合键，打开"另存为"对话框，指定文件的保存位置，设置"文件名"为"手机APP"，"保存类型"为"Animate文档（*.fla）"，如图4-268所示，单击"保存"按钮。

图4-268 "另存为"对话框

步骤95 选择"控制"→"测试"菜单命令或按Ctrl+Enter组合键预览效果。

4.3 本章总结

通过对本章内容的学习，可以深入了解Animate中元件的创建与编辑；熟练掌握不同类型元件的应用，包括图形、影片剪辑和按钮；初步掌握"动作"面板的代码实现。

4.4 练习与实践

➢ 单选题

1. 在Animate中，新建元件的快捷键是（　　　）。

   A. Ctrl＋D　　　　　B. Ctrl＋F8　　　　　C. Ctrl＋B　　　　　D. Ctrl＋N

2. 在Animate中，以下关于图形元件的表述正确的是（　　　）。

   A. 图形元件可重复使用　　　　　　　　B. 图形元件不可重复使用

   C. 可以在图形元件中使用声音　　　　　D. 可以在图形元件中使用交互式控件

➢ 多选题

1. 进入元件编辑模式的操作是（　　　）。

   A. 选择"编辑"→"编辑元件"菜单命令

   B. 按Ctrl+E组合键

   C. 在"库"面板中双击要编辑的元件

   D. 按Ctrl+F组合键

2. 以下关于使用元件的优点表述不正确的是（　　　）。

   A. 使用元件可以使电影的编辑更加简单化

   B. 使用元件可以使发布文件的大小显著缩减

   C. 使用元件可以使电影的播放速度加快

   D. 使用元件可以使动画效果更加生动

➢ 判断题

1. 图形元件不可重复使用。

   A. 对　　　　　　　B. 错

2. Alpha用于控制实例在场景中显示的透明度。

   A. 对　　　　　　　B. 错

➢ 实训任务　制作元宵节祝福动画

项目背景介绍

制作元宵节祝福动画。

设计任务概述

1. 设置文档。

2. 绘制舞台背景。

3. 导入并组合素材图片。

4. 制作动画。

5. 完成时间：40分钟

设计参考图（见右图）

第**5**章

后期加工

▲ **本章导读**

本章主要讲解引导层、遮罩层、音乐和视频等知识，通过对本章的学习，可以掌握增强动画效果的技巧。

▲ **学习目标**

了解引导层的应用。

了解遮罩层的应用。

了解Animate中视频的相关知识。

了解Animate中音频的相关知识。

▲ **实训任务**

假日海边

卷轴画

画中画

茶文化宣传片

配套电子文件

▲ **效果欣赏**

5.1 引导层

引导层分为普通引导层和运动引导层。普通引导层是通过将图层的属性改变为引导层而产生的，引导层中的对象在播放动画时不显示。运动引导层则通过定义对象的运动路径，引导与之链接的对象的运动轨迹，作为引导的运动路径在播放动画时不显示。在制作动画时，需要使被引导层成为元件实例，再创建传统补间动画，而补间动画、补间形状和逐帧动画是无法实现该效果的。

5.1.1 普通引导层

在"时间轴"面板中选择图层，右击，在弹出的菜单中选择"引导层"选项，将其转换为引导层，此时图层的图标发生改变，如图5-1所示；也可以右击，在弹出的菜单中选择"属性"选项，打开"图层属性"对话框，在"类型"属性区中单击"引导层"单选按钮，如图5-2所示，单击"确定"按钮。

> **提示**　如果想要将普通引导层转换为图层，也可以在右键菜单中进行选择。

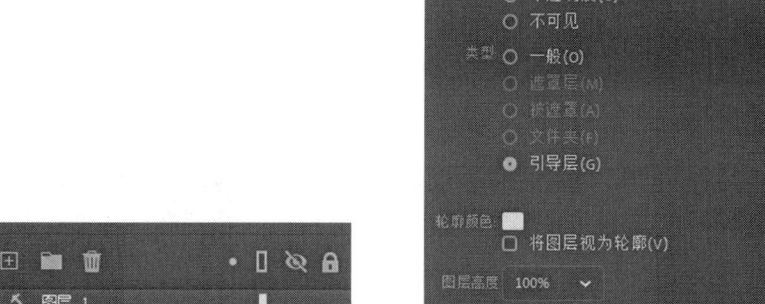

图5-1　引导层　　　　图5-2　"图层属性"对话框

5.1.2 运动引导层

如果想要控制传统补间动画中对象的移动，需要创建运动引导层。在运动引导层中可以绘制多个路径，补间实例、组或文本块可以沿这些路径运动（运动路径为矢量图形），而在被引导层中可以是多个对象沿指定的路径运动，也可以将多个图层链接到一个运动引导层，使多个图层中的对象沿同一条指定的路径运动。

选择图层，右击，在弹出的菜单中选择"添加传统运动引导层"选项，可以看到，在原图层的上方创建了一个运动引导层，表示原图层已绑定到该运动引导层，如图5-3所示。可以使用"钢笔工具"✐、"铅笔工具"✐、"线条工具"╱、"椭圆工具"◯、"矩形工具"▣、"画笔工具"✐，在该运动引导层中绘制路径作为引导线，然后在第1帧和最后一帧处拖动原图层中的对象，使其贴紧引导线的起点与终点，创建传统补间动画，动画效果如图5-4所示。

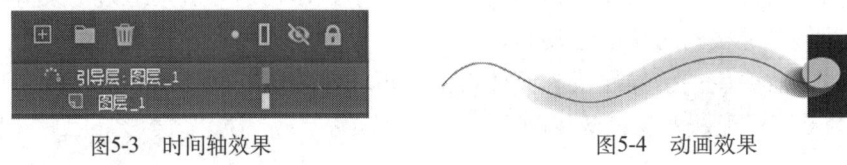

图5-3 时间轴效果　　　　　　　　　　图5-4 动画效果

❖ 案例演练　假日海边

案例导入

烈日炎炎，在海边吹吹风、玩玩水，可以放松自我，感受特别的惬意。本案例要求制作一个有度假氛围的海边场景。

扫码观看视频

设计说明

与"海边度假"有关的画面少不了蓝天、白云、沙滩等元素，再配合放飞一些五颜六色的气球，令人心情愉悦。

案例操作

1. 打开素材

步骤01　选择"文件"→"打开"菜单命令，打开"打开"对话框，选择"假日海边素材"素材，如图5-5所示，单击"打开"按钮。

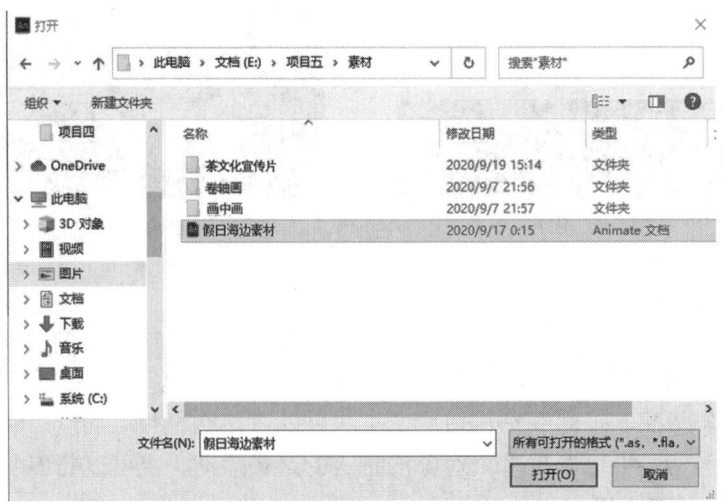

图5-5　"打开"对话框

2. 绘制背景

步骤02 在主场景的"时间轴"面板中单击"新建图层"按钮囲，将新建图层命名为"背景"，从"库"面板中将"背景"元件拖入舞台，打开"对齐"面板，勾选"与舞台对齐"复选框，如图5-6所示，在"对齐"属性区中单击"水平居中"按钮▇和"垂直中齐"按钮▇，效果如图5-7所示。

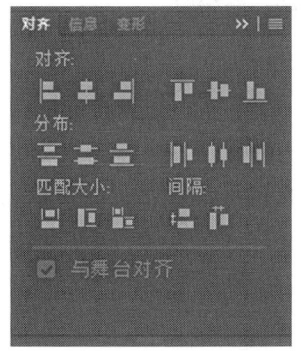

图5-6 "对齐"面板

图5-7 背景效果

步骤03 在"时间轴"面板中单击"新建图层"按钮囲，将新建图层命名为"云朵"，从"库"面板中将"云朵"元件拖入舞台，与舞台的左上角对齐，效果如图5-8所示。

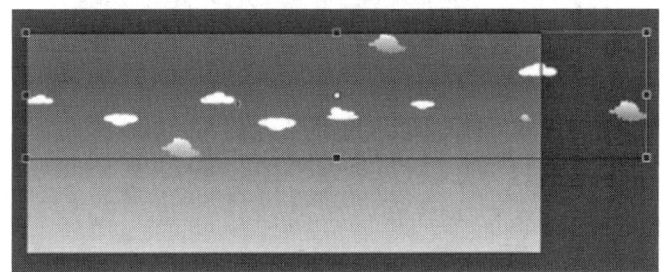

图5-8 导入"云朵"元件

步骤04 在"时间轴"面板中单击"新建图层"按钮囲，将新建图层命名为"石头"，绘制一个石头形状，在"颜色"面板中设置"填充"为墨绿色（#666D0F），无笔触，绘制效果如图5-9所示。

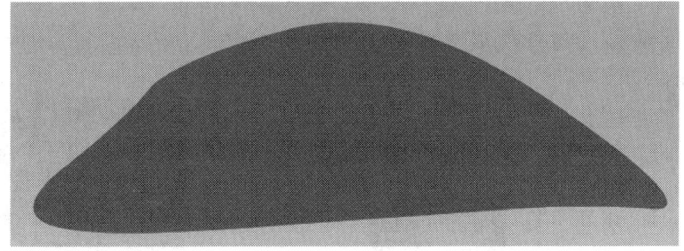

图5-9 石头效果

步骤05 在"时间轴"面板中单击"新建图层"按钮囲，将新建图层命名为"树"，从"库"面板中将"树"元件拖入舞台，重复操作多次，随意调整舞台中对象的大小和位置，效果如图5-10所示。

图5-10　树效果

3. 制作气球动画

步骤06　在"时间轴"面板中单击"新建图层"按钮▦，将新建图层命名为"气球"，从"库"面板中将"气球源"元件拖入舞台，选择元件，右击，在弹出的菜单中选择"转换为元件"选项，打开"转换为元件"对话框，设置"名称"为"气球动"，"类型"为"影片剪辑"，如图5-11所示，单击"确定"按钮。

图5-11　"转换为元件"对话框

步骤07　双击"气球源"元件，进入元件编辑模式，选择"图层_1"，右击，在弹出的菜单中选择"添加传统运动引导层"选项，新建一个引导层，使用"铅笔工具"✏️绘制一个气球飘动的路径，效果如图5-12所示。

步骤08　选择引导层的第384帧，按F5键插入帧；选择"图层_1"的第384帧，按F6键插入关键帧；选择该帧中的气球元件对象，将其中心点与引导线的下方端点重合，效果如图5-13所示。

步骤09　选择"图层_1"第1帧中的气球元件对象，将其中心点与引导线的上方端点重合，效果如图5-14所示。

步骤10　选择"图层_1"的第1帧，右击，在弹出的菜单中选择"创建传统补间"选项，创建传统补间动画，制作气球随线条上升的动画效果，双击空白区域回到主场景。

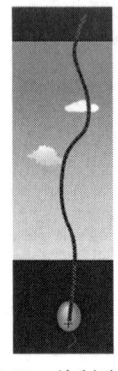
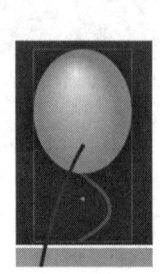
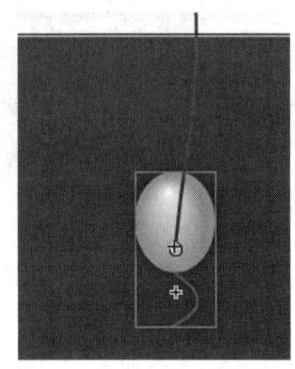

图5-12　绘制路径　　图5-13　与引导线的下方端点重合　　图5-14　与引导线的上方端点重合

步骤11 选择"气球动"影片剪辑元件,右击,在弹出的菜单中选择"转换为元件"选项,打开"转换为元件"对话框,设置"名称"为"气球组合","类型"为"影片剪辑",如图5-15所示,单击"确定"按钮。

图5-15 "转换为元件"对话框

步骤12 双击"气球组合"影片剪辑元件,进入元件编辑模式,将多个"气球动"元件拖入"气球组合"元件,在元件"属性"面板中设置"色彩效果"属性区中的颜色、位置、方向等属性,效果如图5-16所示。

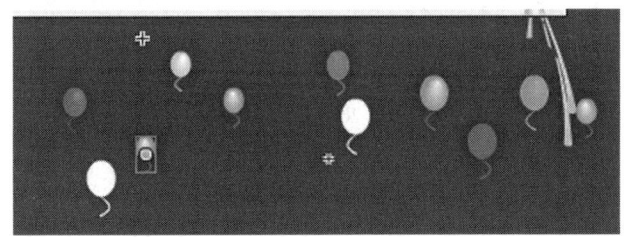

图5-16 设置效果

步骤13 选择所有元件,右击,在弹出的菜单中选择"分散到图层"选项,使各气球分散到不同的图层中,效果如图5-17所示。

步骤14 分别选择各图层的第384帧,按F5键插入帧,随机移动各图层帧的开始位置,效果如图5-18所示,回到主场景。

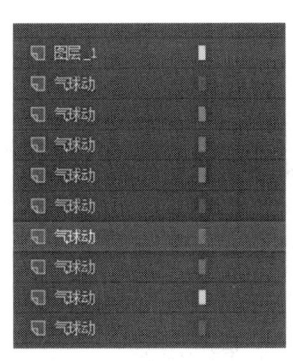

图5-17 分散到图层

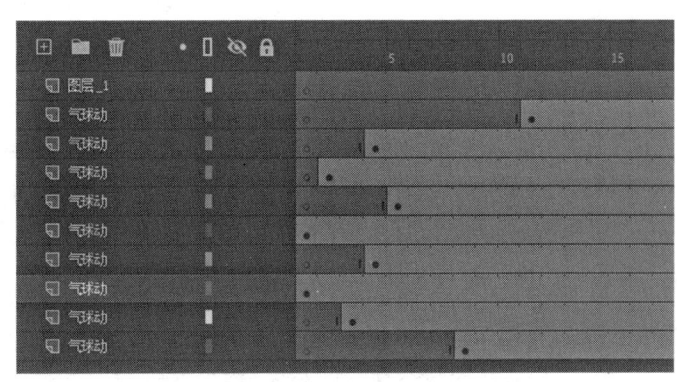

图5-18 随机移动图层帧的开始位置

4. 制作云朵动画

步骤15 在"时间轴"面板中选择"云朵"图层中的元件,右击,在弹出的菜单中选择"转换为元件"选项,打开"转换为元件"对话框,设置"名称"为"云朵动","类型"为"影片剪辑",如图5-19所示,单击"确定"按钮,双击该元件,进入元件编辑模式。

图5-19 "转换为元件"对话框

步骤16 选择时间轴的第392帧，按F6键插入关键帧，将该帧中的对象向左移动，效果如图5-20所示；选中第1帧，右击，在弹出的菜单中选择"创建传统补间"选项，制作传统补间动画。

图5-20 云朵效果

步骤17 双击空白区域回到主场景，选择云朵元件对象，按住Alt键和鼠标左键进行多次复制，调整云朵元件对象在舞台中的位置。

5. 保存文件

步骤18 选择"文件"→"另存为"菜单命令或按Ctrl+S组合键，打开"另存为"对话框，指定文件的保存路径，设置"文件名"为"假日海边"，"保存类型"为"Animate文档（*.fla）"，如图5-21所示，单击"保存"按钮。

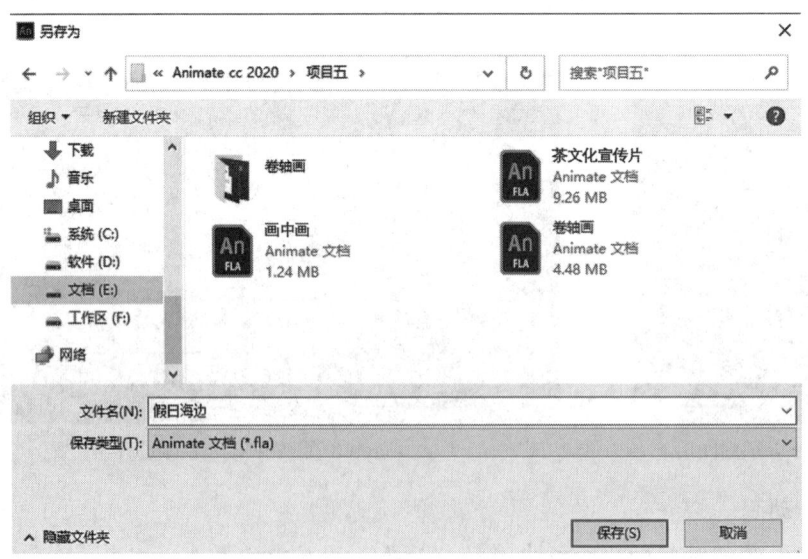

图5-21 "另存为"对话框

步骤19 选择"控制"→"测试"菜单命令或按Ctrl+Enter组合键，生成播放文件，效果如图5-22所示，本案例制作完成。

图5-22　最终效果

5.2 遮罩层

遮罩层是图层的一种，可以用来显示下方图层中对象的部分区域。遮罩层中的对象可以是文本、图形、元件等，但不能是位图填充、渐变、透明色和线条等，遮罩层可以遮罩多个图层中的对象。遮罩层和被遮罩层都可用于制作动画效果。

在舞台中绘制两个对象，效果如图5-23所示，为两个对象分别新建图层，图层显示如图5-24所示。

图5-23　绘制效果

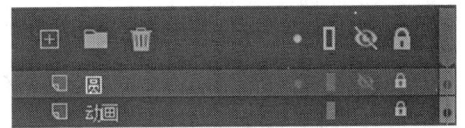

图5-24　图层效果

选择"圆"图层，右击，在弹出的菜单中选择"遮罩层"选项，如图5-25所示，此时两个图层形成遮罩关系，如图5-26所示，遮罩效果如图5-27所示。

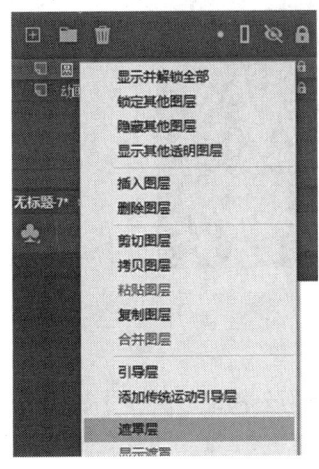

图5-25　"遮罩层"选项

图5-26　图层效果

图5-27　遮罩效果

提示　如果想要解除对遮罩层的锁定，可以单击"时间轴"面板中的锁图标。

❖ 案例演练　卷轴画

案例导入

某集团要求制作一个古风宣传动画，以卷轴画形式展示企业文化。

扫码观看视频

设计说明

本案例以一幅卷轴画作为背景，画轴徐徐展开，宣传画面渐入。

案例操作

1. 新建文件

步骤01　选择"文件"→"新建"菜单命令或按Ctrl+N组合键，打开"新建文档"对话框，设置"宽""高"分别为640 px、480 px，"平台类型"为"ActionScript 3.0"，如图5-28所示，单击"创建"按钮。

图5-28　"新建文档"对话框

2. 导入素材

步骤02　选择"文件"→"导入"→"导入到库"菜单命令（如图5-29所示），打开"导入到库"对话框，如图5-30所示，选择素材图片，单击"打开"按钮，"库"面板显示如图5-31所示。

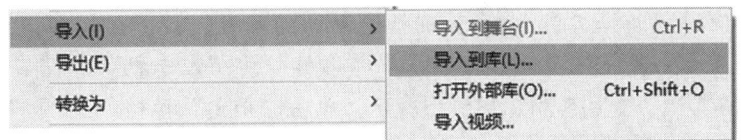

图5-29 "导入到库"命令

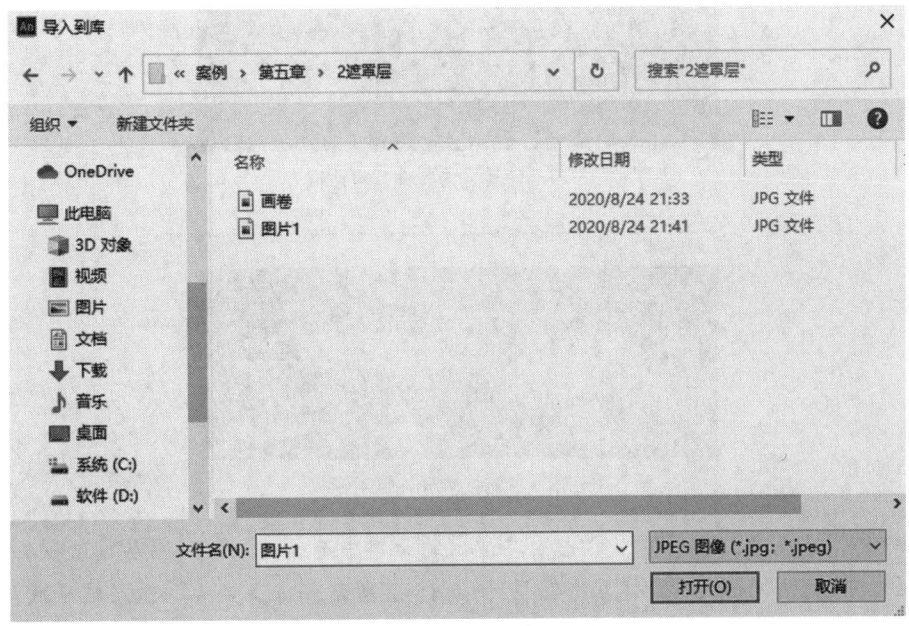

图5-30 "导入到库"对话框

图5-31 "库"面板

3. 制作画卷动画

步骤03 在主场景的"时间轴"面板中单击"新建图层"按钮，将新建图层命名为"画卷"，在"库"面板中将"画卷"素材图片拖至舞台中心，调整其至合适大小，效果如图5-32所示。

步骤04 选择对象，按Ctrl+B组合键分离对象，取消选区，使用"魔术棒工具"选取画卷边缘的白色部分，按Delete键删除，效果如图5-33所示。

图5-32 图片效果

图5-33 删除图片多余部分

步骤05　使用"选择工具" 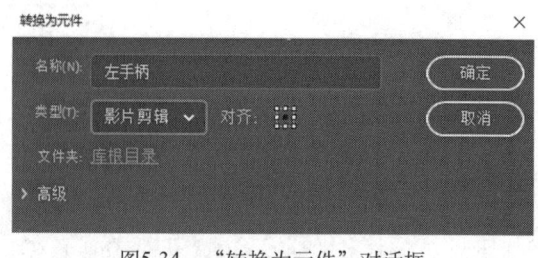分别框选画卷的卷轴，按F8键，将其分别转换为元件，打开"转换为元件"对话框，分别设置"名称"为"左手柄"和"右手柄"，"类型"为"影片剪辑"，如图5-34、图5-35所示，单击"确定"按钮。

图5-34　"转换为元件"对话框

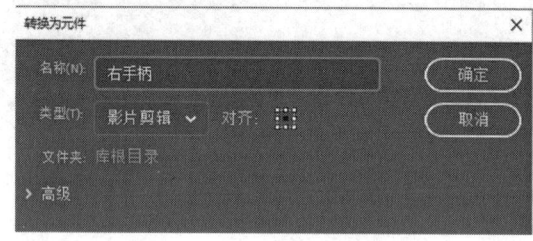

图5-35　"转换为元件"对话框

步骤06　选择左、右卷轴，右击，在弹出的菜单中选择"分散到图层"选项，此时在主场景的"时间轴"面板中新建两个图层，如图5-36所示，将"画卷"图层拖至底层。

图5-36　图层效果

步骤07　在"时间轴"面板中单击"新建图层"按钮 ，将新建图层命名为"图片"，使用"矩形工具" 绘制一个465×212 px的矩形，在"颜色"面板中设置"填充类型"为"位图填充"，无笔触，导入"图片1"，如图5-37所示，使用"渐变变形工具" 调整填充的位图，效果如图5-38所示。

图5-37　"颜色"面板

图5-38　填充位图效果

步骤08　在"时间轴"面板中单击"新建图层"按钮 ，将新建图层命名为"挡板"，绘制一个465×212 px的矩形，在"颜色"面板中设置"填充"为黑色，无笔触，效果如图5-39所示。

步骤09　在"时间轴"面板中单击"新建图层"按钮□，将新建图层命名为"遮罩卷布"，使用"矩形工具"□绘制一个与"画卷"图层中对象大小相同的矩形，在"颜色"面板中设置"填充"为蓝色，无笔触，效果如图5-40所示，将该图层拖至"画卷"图层的上方。

图5-39　黑色矩形效果

图5-40　蓝色矩形效果

步骤10　在"时间轴"面板中选择最顶层的图层，单击"新建图层"按钮□，将新建图层命名为"特效"，选择第31帧，按F7键插入空白关键帧，绘制一个6×6 px的圆形，在"颜色"面板中设置"填充类型"为"径向渐变"，在渐变色条下再添加3个白色色标，从左至右设置"A"（透明度）分别为2%、2%、50%、2%和20%，设置笔触为白色，如图5-41所示。

步骤11　选择对象，右击，在弹出的菜单中选择"转换为元件"选项，打开"转换为元件"对话框，设置"名称"为"泡"，"类型"为"影片剪辑"，如图5-42所示，单击"确定"按钮。

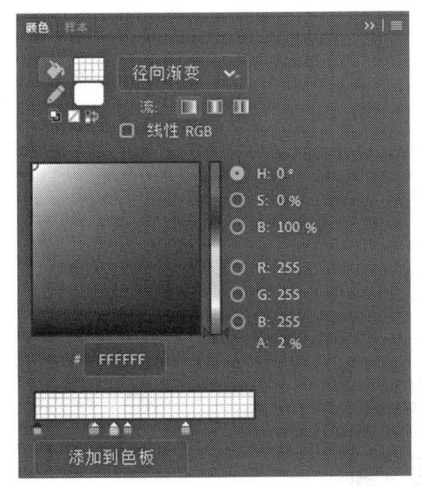

图5-41　"颜色"面板

图5-42　"转换为元件"对话框

步骤12　双击"泡"影片剪辑元件，进入元件编辑模式，选择第20帧，按F6键插入关键帧，选择对象，按住Shift键，使用"任意变形工具"□以中心点为基点等比例放大对象；再选择第1帧，右击，在弹出的菜单中选择"创建补间形状"选项，选择第21帧，按F7键插入空白关键帧，时间轴显示如图5-43所示，按Ctrl+E组合键回到主场景。

图5-43　时间轴效果

4. 制作卷轴动画

步骤13　在主场景的"时间轴"面板中，分别选择各图层的第90帧，按F5键插入帧；选择"右手柄"图层的第80帧，按F6键插入关键帧；选择"右手柄"图层第1帧中的对象，将其放至卷轴左侧，与"左手柄"图层中的对象平行，效果如图5-44所示。

步骤14　右击"右手柄"图层的第1帧，在弹出的菜单中选择"创建传统补间"选项，创建传统补间动画，时间轴效果如图5-45所示。

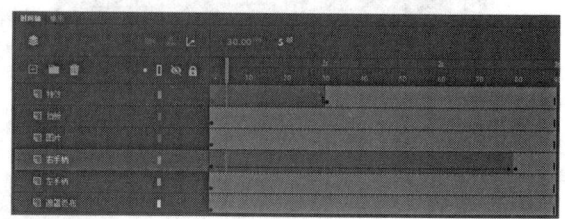

图5-44　移动右卷轴至左侧对齐效果　　　　图5-45　"右手柄"图层的时间轴效果

步骤15　选择"挡板"图层第1帧中的对象，将其移动至与"图片"图层中的对象水平左对齐的位置；选择"挡板"图层的第8帧，按F6键插入关键帧，效果如图5-46所示。

图5-46　调整效果

步骤16　选择"挡板"图层的第73帧，按F6键插入关键帧，选择该帧中的对象，将其移动至与"图片"图层中的对象水平右对齐的位置，使"挡板"图层中的对象遮住"图片"图层中的对象，效果如图5-47所示。

步骤17　选择"挡板"图层的第8帧，右击，在弹出的菜单中选择"创建补间形状"选项，创建传统补间动画，时间轴效果如图5-48所示。

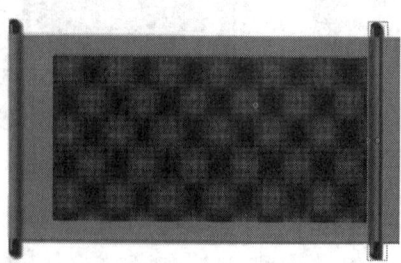

图5-47　调整效果

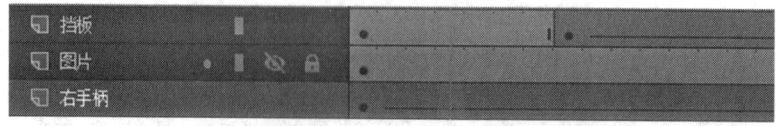

图5-48　时间轴效果

步骤18 在主场景的"时间轴"面板中选择"挡板"图层,右击,在弹出的菜单中选择"遮罩层"选项,遮罩层显示如图5-49所示,卷轴效果如图5-50所示。

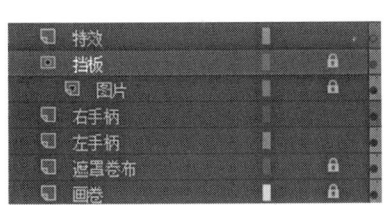

图5-49 图层效果

图5-50 遮罩效果

步骤19 选择"遮罩卷布"图层,选择第80帧,按F6键插入关键帧,回到第1帧,选择对象,将其向左平移,效果如图5-51所示。

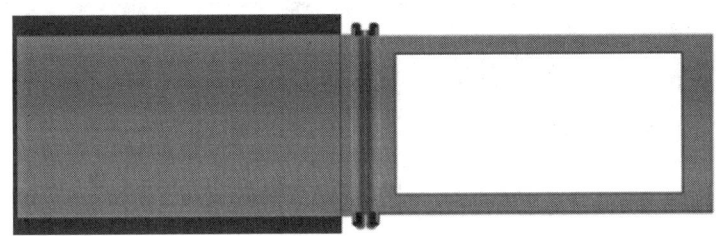

图5-51 调整效果

步骤20 选中"遮罩卷布"图层的第1帧,右击,在弹出的菜单中选择"创建补间形状"选项,创建传统补间动画,再选择该图层,右击,在弹出的菜单中选择"遮罩层"选项,效果如图5-52所示。

步骤21 选择"特效"图层的第31帧,在"库"面板中将多个"泡"元件拖入舞台的画卷中,任意调整位置和大小,效果如图5-53所示。

图5-52 遮罩效果

图5-53 导入元件效果

步骤22 在"时间轴"面板中单击"新建图层"按钮⊞,将新建图层命名为"AS",选择第90帧,按F7键插入空白关键帧,选择"窗口"→"动作"菜单命令或按F9键,打开"动作"面板,在其中输入"stop();",在动画播放到该帧时停止,如图5-54所示。

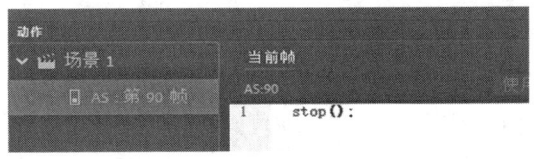

图5-54 设置代码

5. 保存文件

步骤23　选择"文件"→"保存"菜单命令或按Ctrl+S组合键，打开"另存为"对话框，指定文件的保存路径，设置"文件名"为"卷轴画"，"保存类型"为"Animate文档（*.fla）"，如图5-55所示，单击"保存"按钮。

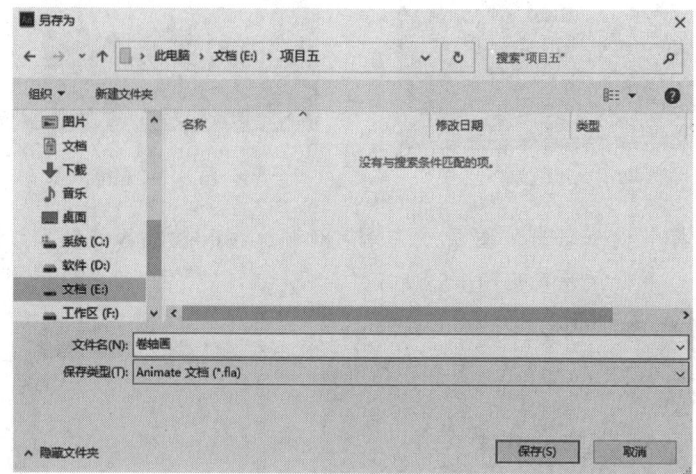

图5-55　"另存为"对话框

步骤24　选择"控制"→"测试"菜单命令或按Ctrl+Enter组合键，生成播放文件，效果如图5-56所示，本案例制作完成。

图5-56　最终效果

5.3 视频

5.3.1 视频格式

在Animate中可以处理多种格式的视频文件。其中，FLV是在Animate中使用的主要视频文件格式，包含Animate文档的媒体对象、时间轴和脚本信息。媒体对象是组成Animate文档内容的图形、文本、声音和视频对象；时间轴用于控制何时将特定的媒体对象显示在舞台中；脚本信息是指ActionScript代码，可以将其添加到Animate文档中，以更好地控制文档行为，并使文档产生交互响应。此外，SWF是在网页上显示的文件格式，是其他应用程序所支持的一种开放标准。SWF即FLA的编译版本，当发布一个FLA文件时，Animate会相应创建一个SWF文件。

 ### 5.3.2 导入视频

要将视频文件导入 Animate ，必须使用以FLV或 H.264 格式编码的视频文件。在Animate中可以导入存储在计算机本地的视频文件，也可导入已经上传到Web服务器等位置的视频文件。

步骤01　选择"文件"→"导入"→"导入视频"菜单命令，打开"导入视频"对话框，如图5-57所示。

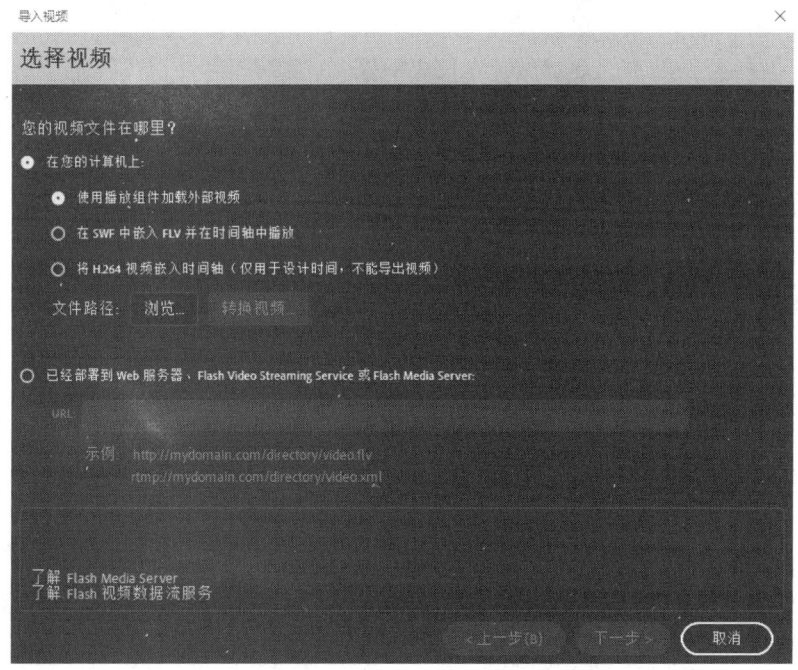

图5-57　"导入视频"对话框

扩展知识

选择视频

- 使用播放组件加载外部视频：导入视频并创建一个 FLVPlayback 组件实例以控制视频播放。
- 在SWF中嵌入FLV并在时间轴中播放：将FLV嵌入Animate文档，并将其放置在时间轴中。
- 将 H.264 视频嵌入时间轴（仅用于设计时间，不能导出视频）：将H.264视频嵌入 Animate 文档。使用此选项导入视频时，视频会被放置在舞台中，以用于制作动画的参考。当播放时间轴动画时，视频中的帧将呈现在舞台中，音频也将回放。
- 已经部署到Web服务器、Flash Video Streaming Service或Flash Media Server：导入已经上传到Web服务器等位置的视频文件。

步骤02 在"选择视频"界面中单击"文件路径"右侧的"浏览"按钮,打开"打开"对话框,在本地计算机中选择需要导入的视频文件,如图5-58所示,单击"打开"按钮,回到"选择视频"界面,此时"文件路径"的下方显示出视频导入的路径,单击"下一步"按钮。

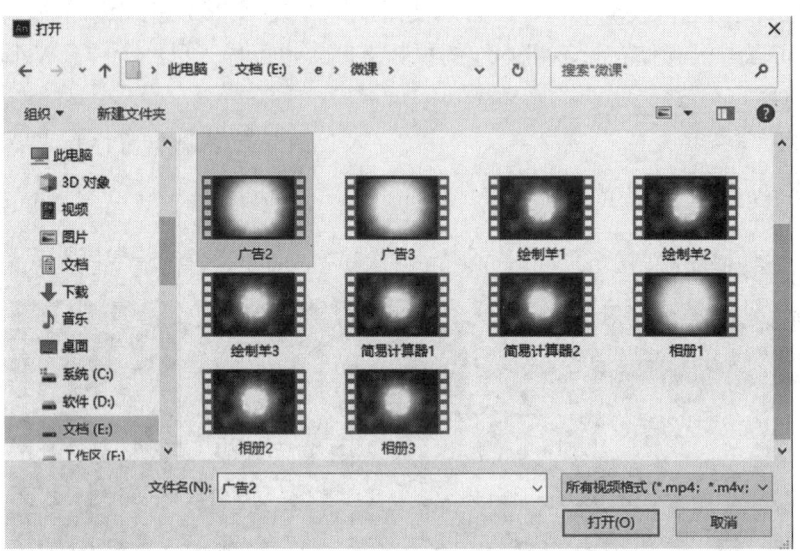

图5-58 "打开"对话框

步骤03 进入"设定外观"界面,在"外观"下拉列表中选择外观类型,如图5-59所示,单击"下一步"按钮。

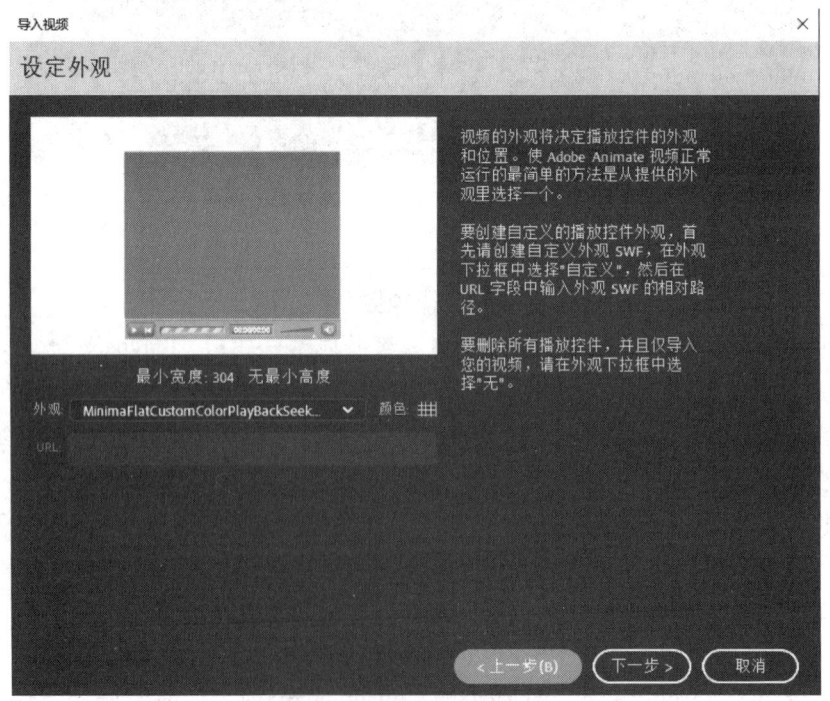

图5-59 "设定外观"界面

步骤04 进入"完成视频导入"界面，在此可以浏览视频文件的相关信息，如图5-60所示，单击"完成"按钮。

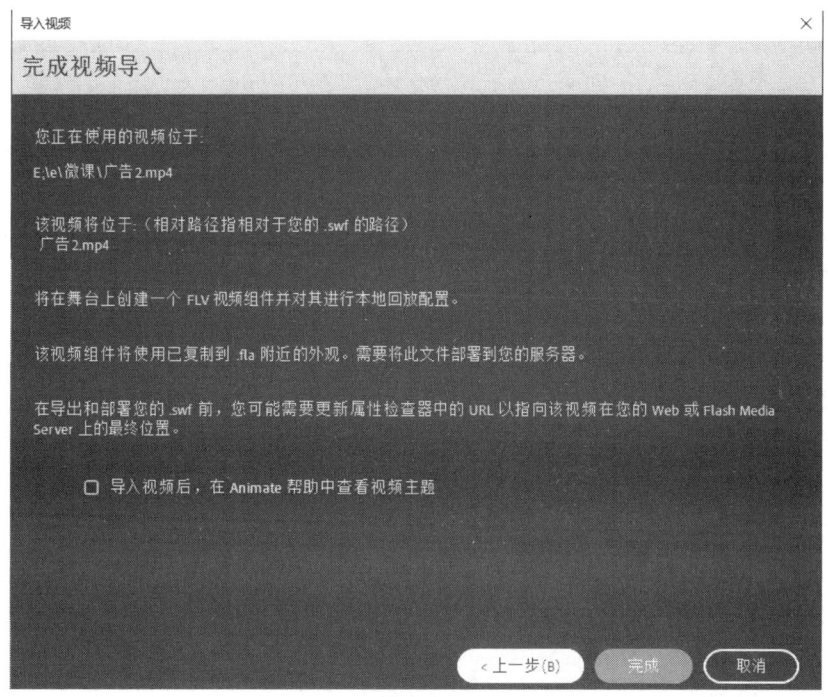

图5-60 "完成视频导入"界面

步骤05 视频文件被导入舞台和"库"面板中，如图5-61所示。

图5-61 视频文件导入效果

5.4 音频

5.4.1 音频格式

好的音频可以为动画注入灵魂，使其更加生动。可以使音频独立于时间轴连续播放，或使用时间轴将动画与音轨保持同步。如果向按钮添加音频，可以使按钮具有更强的交互性，通过音频的淡入淡出，使音轨更加优美。

在Animate中有两种常用音频类型，即事件声音和数据流。事件声音必须在完全下载后才能开始播放，除非明确停止，否则将一直连续播放。数据流在前几帧下载了足够的数据后即可开始播放，数据流需与时间轴同步以便在网页上播放。

Animate支持的音频格式包括MP3、WAV和AIFF等。其中，MP3音频数据经过压缩，比 WAV 或 AIFF音频数据小，并且音质没有较大改变。

5.4.2 导入音频

选择"文件"→"导入"→"导入到舞台"菜单命令，打开"导入"对话框，如图5-62所示，选择音频文件，单击"打开"按钮，此时音频文件已导入舞台和"库"面板（如图5-63所示），时间轴中显示出音频波流，如图5-64所示。

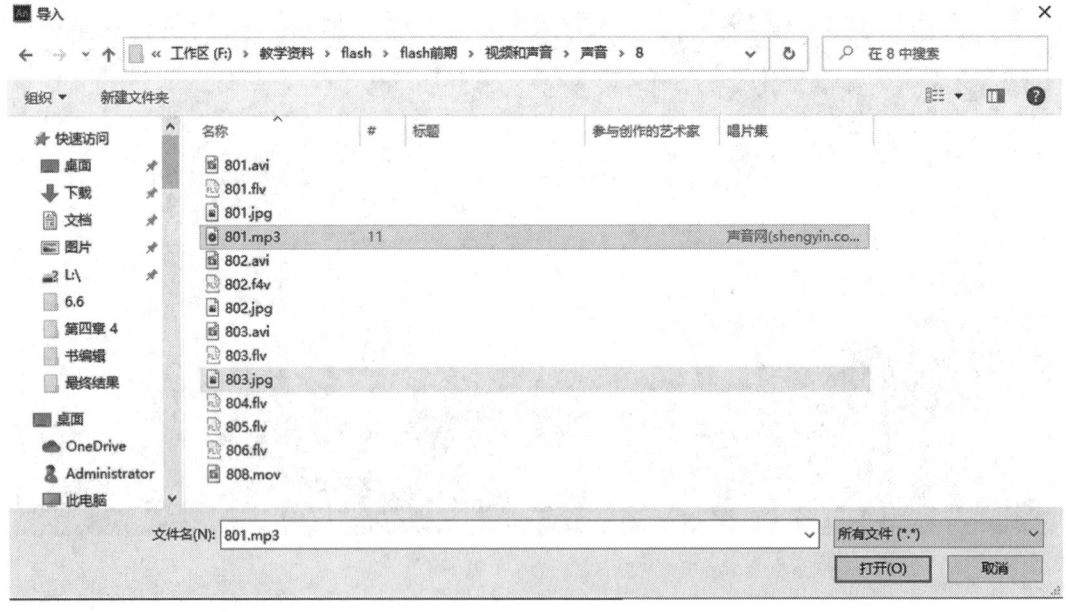

图5-62　"导入"对话框

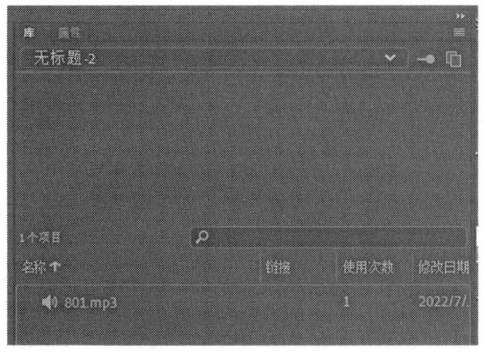

图5-63　音频文件

图5-64　音频波流

 ### 5.4.3　音频属性

在"属性"面板中可以对音频的相关属性进行设置，如图5-65所示。

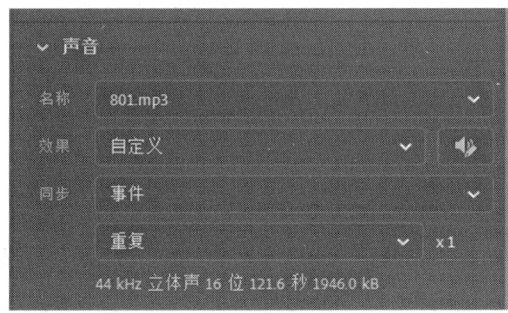

图5-65　"属性"面板

"效果"下拉列表中主要选项释义如下。

● 无：表示不对音频文件应用效果。选择此选项，将删除以前应用的效果。

● 左声道/右声道：表示只将左声道或右声道切换到另一声道。

● 淡入：表示随着音频的播放逐渐增加音量。

● 淡出：表示随着音频的播放逐渐减小音量。

● 自定义：表示允许使用"编辑封套"创建自定义的音频淡入点和淡出点。

"同步"下拉列表中主要选项释义如下。

● 事件：用于将音频和事件的发生过程同步。当动画播放完毕并且没有指令时，音频未播放完也会继续播放，而动画再次重复，音频又多了一个声音。一般在按钮元件中使用该功能设置事件。

● 开始：与"事件"选项功能相近。动画播放完毕，没有指令则回到第1帧继续播放动画，音频不会随动画的结束重新播放，而会继续播放未播放完的音频，直到音频结束、动画回到第1帧时，再次重新开始播放。

● 停止：用于使指定的声音静音。

● 数据流：用于同步音频，以便在网站上播放。Animate会强制动画和数据流同步。与事件声音不同，数据流随着SWF文件的停止而停止，并且数据流的播放时间不会比帧的播放时间长。数据流在动画中是比较常用的一种方式。

❖ **案例演练 画中画**

 案例导入

某公司录制了几段宣传视频，经过编辑剪辑后合成动画，想要制作成在计算机中播放动画的效果。

扫码观看视频

 **设计说明**

本案例以办公环境的画面作为背景，在画面中的计算机屏幕中播放公司宣传视频。

 **案例操作**

1. 新建文件

步骤01 选择"文件"→"新建"菜单命令或按Ctrl+N组合键，打开"新建文档"对话框，在"预设"区中单击"高清"按钮，设置"宽""高"分别为1280 px、720 px，"平台类型"为"ActionScript 3.0"，如图5-66所示，单击"创建"按钮。

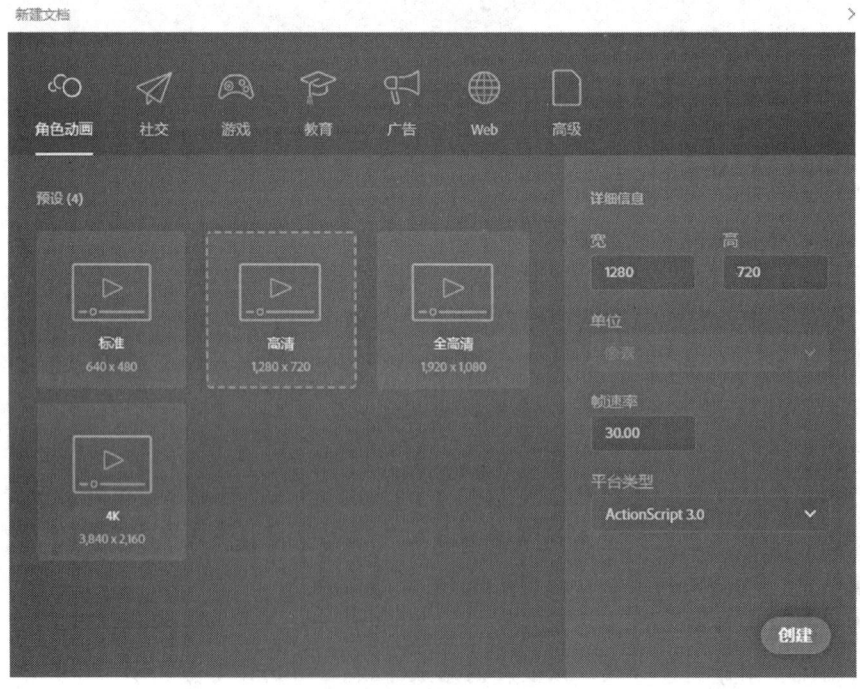

图5-66 "新建文档"对话框

05

224

2. 导入图片

步骤02　选择"文件"→"导入"→"导入到库"菜单命令（如图5-67所示），打开"导入到库"对话框，选择素材图片，如图5-68所示，单击"打开"按钮，"库"面板显示如图5-69所示。

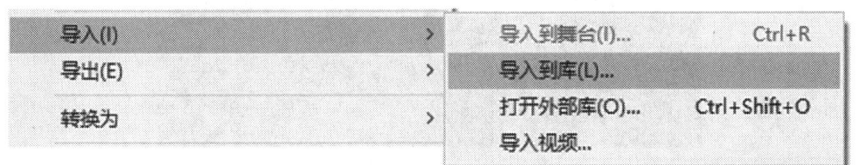

图5-67　"导入到库"命令

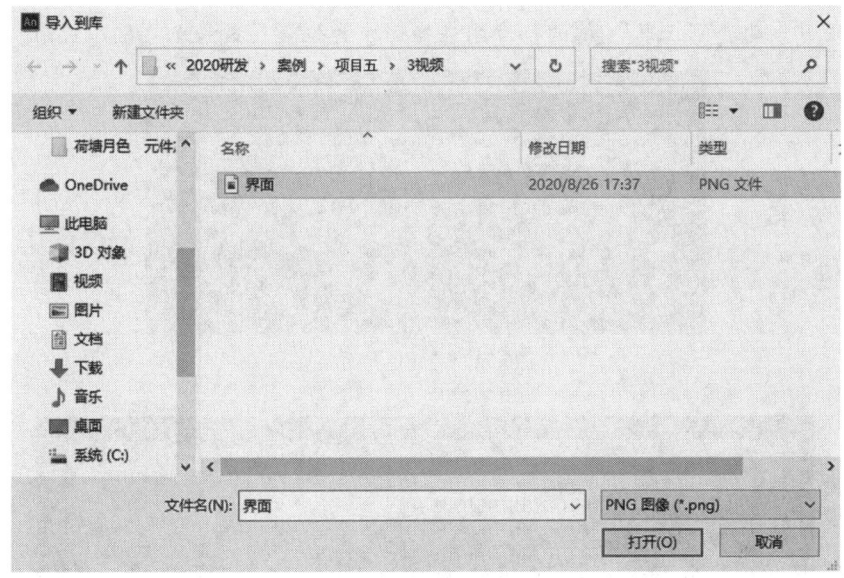

图5-68　"导入到库"对话框

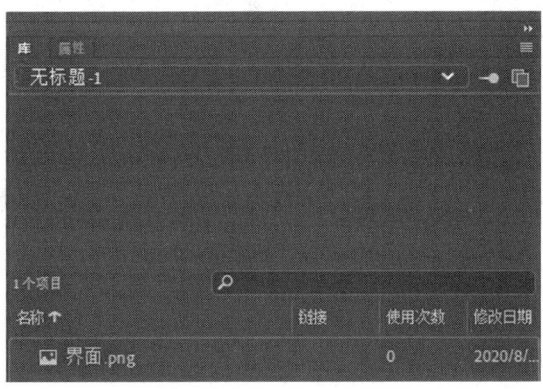

图5-69　"库"面板

步骤03　在"时间轴"面板中单击"新建图层"按钮⊞，将新建图层命名为"界面"，选择"矩形工具"▇，在舞台中绘制一个1280×720 px的矩形，在"属性"面板中设置"X""Y"均为0，使矩形与舞台中心对齐，如图5-70所示。

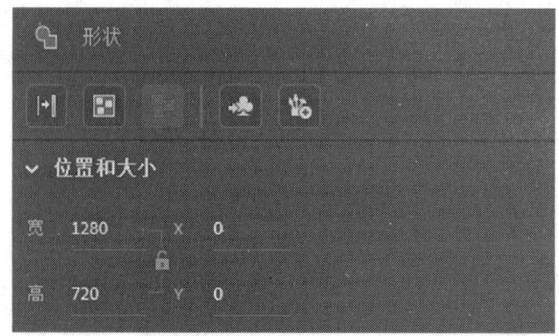

图5-70　"属性"面板

步骤04　在"颜色"面板中设置"填充类型"为"位图填充"，导入位图，如图5-71所示，使用"渐变变形工具" ▓ 调整位图在矩形中的位置，效果如图5-72所示。

图5-71　"颜色"面板

图5-72　位图填充效果

3. 导入视频

步骤05　在"时间轴"面板中单击"新建图层"按钮 ⊞ ，将新建图层命名为"视频"，选择"文件"→"导入"→"导入视频…"菜单命令，打开"导入视频"对话框，如图5-73所示。

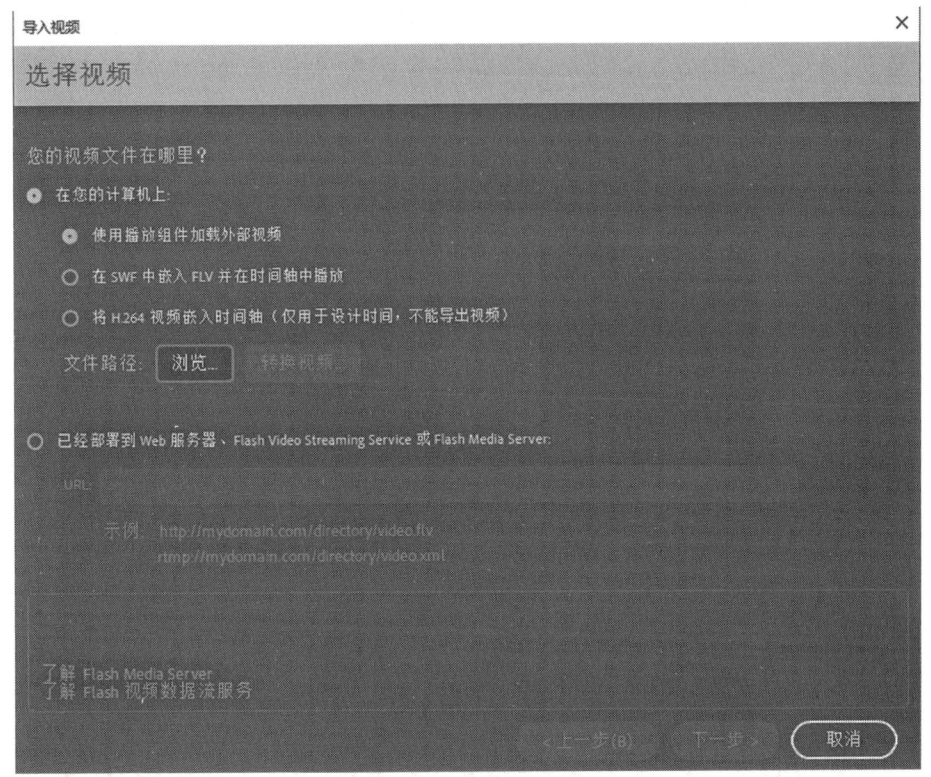

图5-73 "导入视频"对话框

步骤06 在"选择视频"界面中单击"文件路径"右侧的"浏览"按钮,打开"打开"对话框,选择要导入的视频文件,如图5-74所示,单击"打开"按钮,回到"选择视频"界面,此时"文件路径"的下方显示出视频导入的路径,单击"下一步"按钮。

图5-74 "打开"对话框

步骤07　进入"设定外观"界面，如图5-75所示，在"外观"下拉列表中选择外观效果，单击"下一步"按钮。

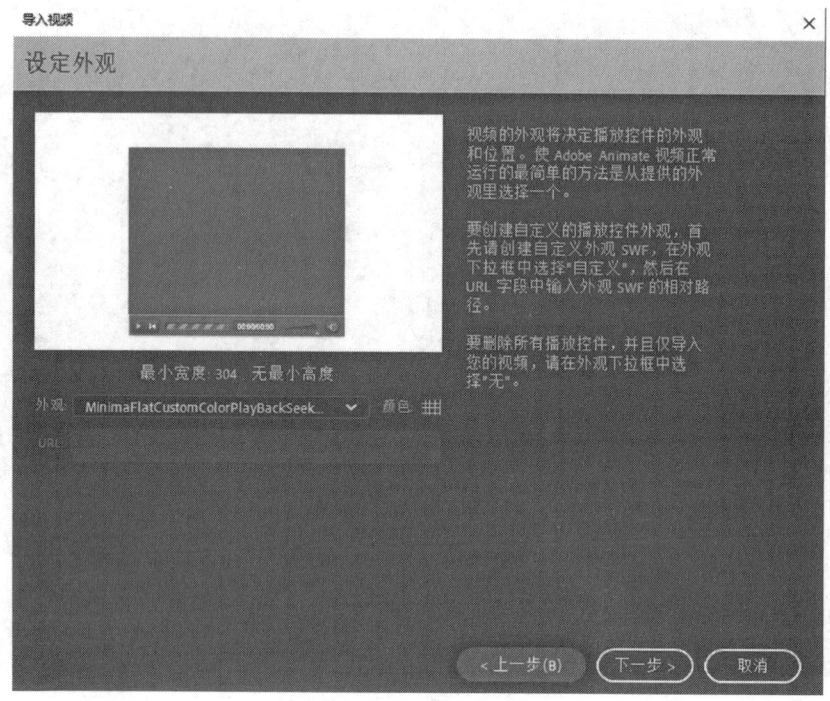

图5-75　"设定外观"界面

步骤08　进入"完成视频导入"界面，在此查看视频文件的详细信息，如图5-76所示，单击"完成"按钮。

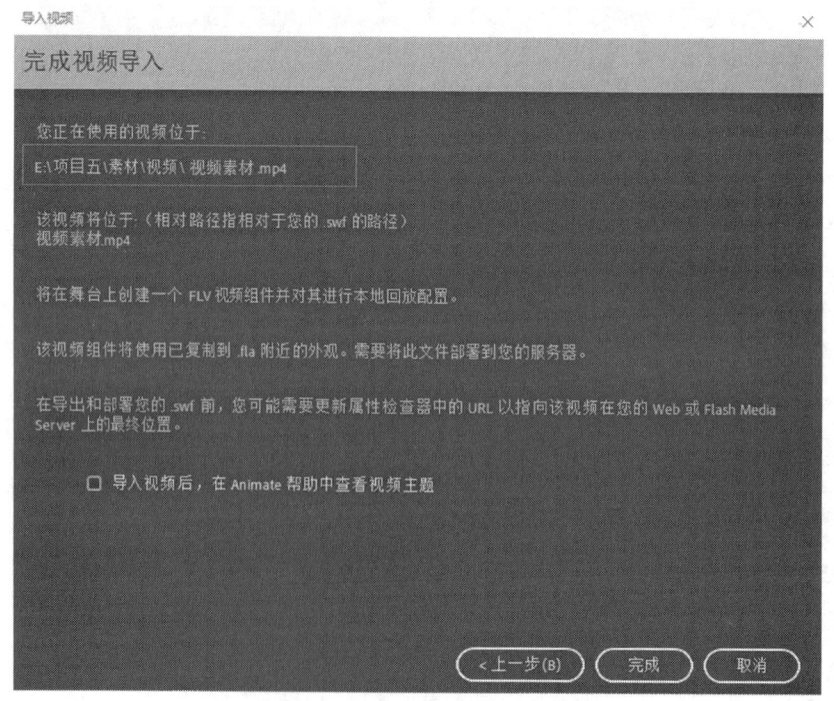

图5-76　"完成视频导入"界面

步骤09 在"库"面板和舞台中已导入视频文件，效果如图5-77所示。

图5-77 视频文件导入效果

4. 调整对象

步骤10 在"时间轴"面板中单击"新建图层"按钮⊞，将新建图层命名为"屏幕"，在舞台中绘制一个矩形，与"界面"图层中计算机屏幕的位置和大小一致，效果如图5-78所示。

步骤11 选择"视频"图层中的对象，调整其大小和位置，与"屏幕"图层中的对象一致，效果如图5-79所示。

图5-78 绘制效果

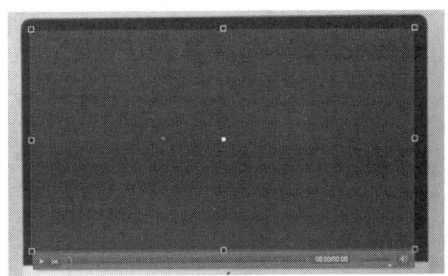

图5-79 调整效果

步骤12 选择"屏幕"图层，右击，在弹出的菜单中选择"遮罩层"选项，图层显示如图5-80所示，遮罩效果如图5-81所示，调整对象在舞台中的位置。

图5-80 图层效果

图5-81 遮罩效果

5. 保存文件

步骤13　选择"文件"→"保存"菜单命令或按Ctrl+S组合键，打开"另存为"对话框，指定文件的保存路径，设置"文件名"为"画中画"，"保存类型"为"Animate文档（*.fla）"，如图5-82所示，单击"保存"按钮。

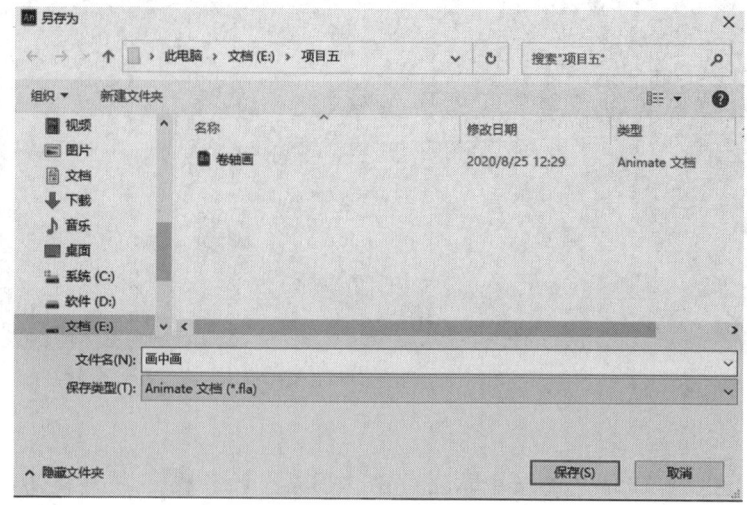

图5-82　"另存为"对话框

步骤14　选择"控制"→"测试"菜单命令或按Ctrl+Enter组合键，生成播放文件，效果如图5-83所示，本案例制作完成。

图5-83　最终效果

❖ 案例演练　茶文化宣传片

 案例导入

为宣传某品牌茶叶和采茶景点，需要在该品牌网站和官方APP上展示宣传茶文化的短片，要求整个动画意境悠长深远。

扫码观看视频

设计说明

本案例以水墨山峦作为背景，以梅花和古诗寓意风骨，前景为一壶清茶，点明主题。

案例操作

1. 新建文件

步骤01 选择"文件"→"新建"菜单命令或按Ctrl+N组合键，打开"新建文件"对话框，设置"宽""高"分别为640 px、350 px，"平台类型"为"ActionScript 3.0"，如图5-84所示，单击"创建"按钮。

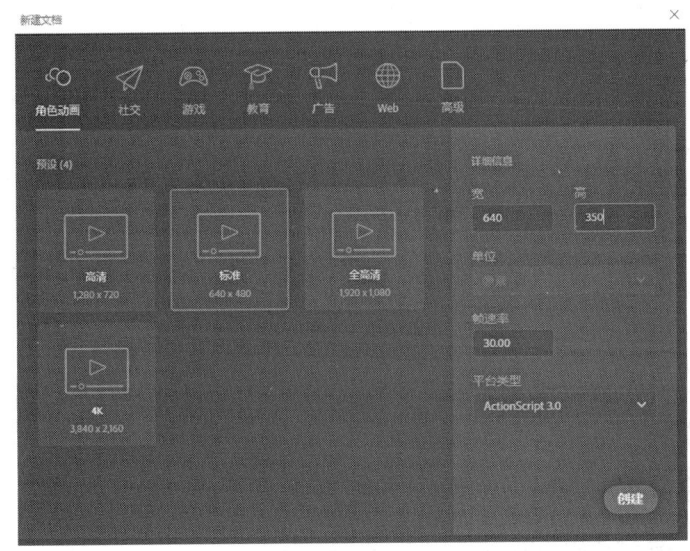

图5-84 "新建文档"对话框

2. 导入素材

步骤02 选择"文件"→"导入"→"导入到库"菜单命令，打开"导入到库"对话框，选择素材文件，如图5-85所示，单击"打开"按钮，"库"面板显示如图5-86所示。

图5-85 "导入到库"对话框

名称 ↑	链接	使用次数	修改日期
茶壶.jpg		0	2020/8/5
山.jpg		0	2020/8/5
蝴蝶.PNG		0	2010/4/...
背景音乐.mp3		0	2020/9/...

图5-86　"库"面板

3. 编辑背景

步骤03　在"时间轴"面板中单击"新建图层"按钮⊞，将新建图层命名为"背景"，从"库"面板中将"山"图片拖入舞台，使用"任意变形工具"▦将图片调整至与舞台大小一致。

步骤04　选择"修改"→"位图"→"转换位图为矢量图"菜单命令，打开"转换位图为矢量图"对话框，设置"颜色阈值"为10，"最小区域"为8像素，如图5-87所示，单击"确定"按钮，取消选区，删除不需要的对象，图片调整效果如图5-88所示，锁定该图层。

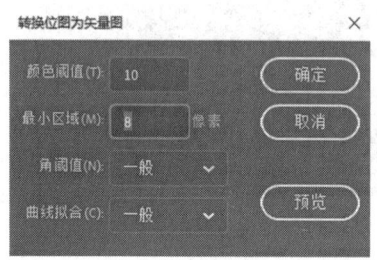

图5-87　"转换位图为矢量图"对话框　　　　　图5-88　背景效果

4. 编辑树枝

步骤05　在"时间轴"面板中单击"新建图层"按钮⊞，将新建图层命名为"树枝"，选择"传统画笔工具"✎，在其"属性"面板的"颜色和样式"属性区中设置"填充"为绿色（#4A4424），在"传统画笔选项"属性区中设置"大小"为7，如图5-89所示，在舞台中绘制树枝形状，效果如图5-90所示。

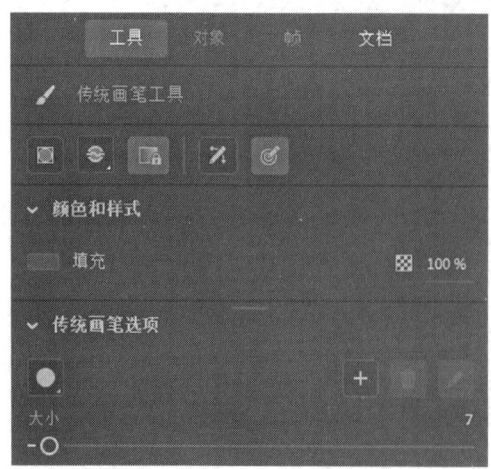

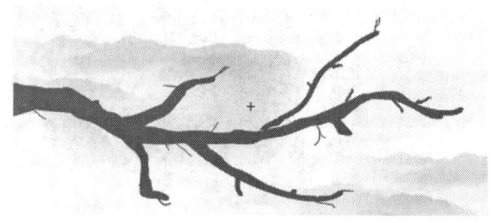

图5-89　"属性"面板　　　　　　　　图5-90　树枝效果

步骤06　选择树枝，右击，在弹出的菜单中选择"转换为元件"选项，打开"转换为元件"对话框，设置"名称"为"花朵顺序"，"类型"为"影片剪辑"，如图5-91所示，单击"确定"按钮，双击该元件，进入元件编辑模式。

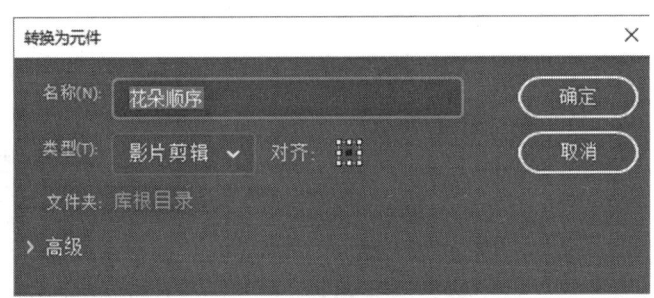

图5-91　"转换为元件"对话框

步骤07　在"时间轴"面板中单击"新建图层"按钮 ⊞，将新建图层命名为"树枝"；在"时间轴"面板中再次单击"新建图层"按钮 ⊞，将新建图层命名为"遮罩"。

步骤08　选择"传统画笔选项"工具 ✐，在其"属性"面板中设置"填充"为黑色，在"遮罩"图层中以逐帧动画方式绘制遮罩，一点点遮住树枝，动画效果如图5-92所示。

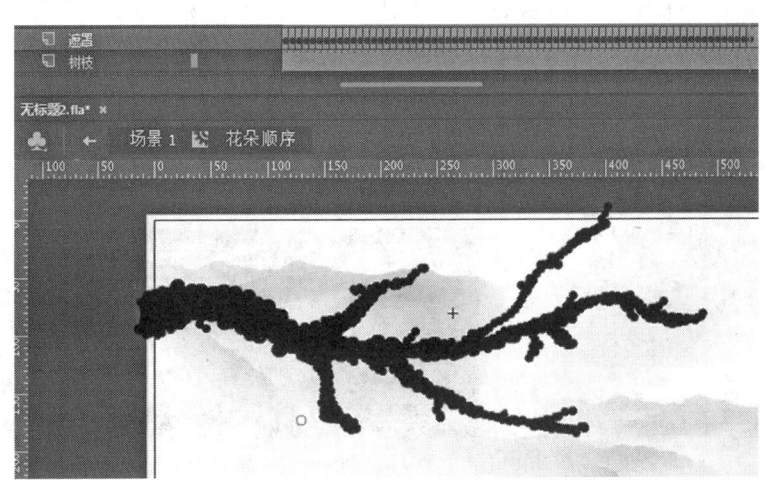

图5-92　动画效果

步骤09　选择"遮罩"图层，右击，在弹出的菜单中选择"遮罩层"选项，图层效果如图5-93所示，分别选择"遮罩"和"树枝"图层的第275帧，按F6键插入帧。

图5-93　图层效果

5. 编辑花朵

步骤10　在"时间轴"面板中单击"新建图层"按钮 ⊞，将新建图层命名为"花

1"，选择该图层的第130帧，按F7键插入空白关键帧，选择"椭圆工具" ，在其"属性"面板中单击"创建对象"按钮 ，设置"填充"为水红色（#FF7FFF），无笔触，在舞台中绘制一个椭圆形，将其作为花瓣，调整花瓣的形状，组合效果如图5-94所示。

步骤11　使用"任意变形工具" 调整花瓣的中心点，效果如图5-95所示，在"变形"面板中设置"旋转"为72°，如图5-96所示，单击"重制选区和变形"按钮 4次，生成花朵形状，效果如图5-97所示。

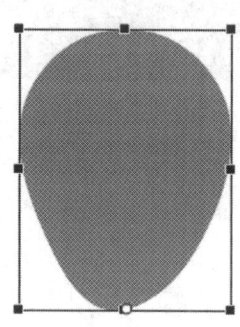
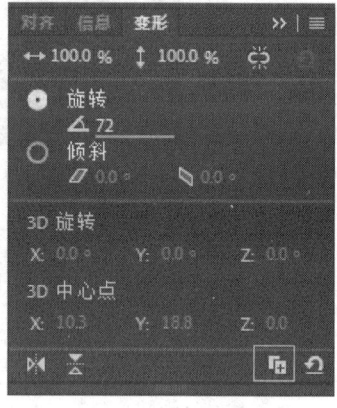

图5-94　花瓣效果　　　　图5-95　调整花瓣的中心点　　　　图5-96　"变形"面板

步骤12　右击对象，在弹出的菜单中选择"转换为元件"选项，打开"转换为元件"对话框，设置如图5-98所示，单击"确定"按钮，双击"花朵"图形元件，进入元件编辑模式。

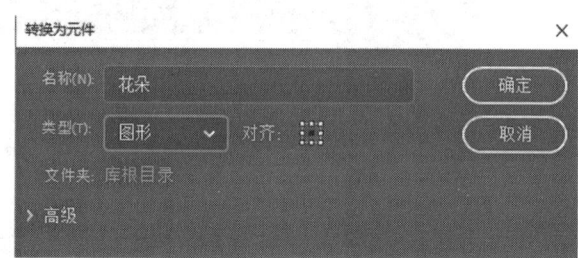

图5-97　花朵效果　　　　图5-98　"转换为元件"对话框

> 提示　　如果操作的对象是组合对象，需在选中后右击，在弹出的菜单中选择"取消组合"选项或按Ctrl+B组合键。

步骤13　在"颜色"面板中，设置"填充类型"为"径向渐变"，无笔触，调整渐变色条为白色到水红色（#FF66FF），如图5-99所示，调整渐变在对象中的位置，效果如图5-100所示。

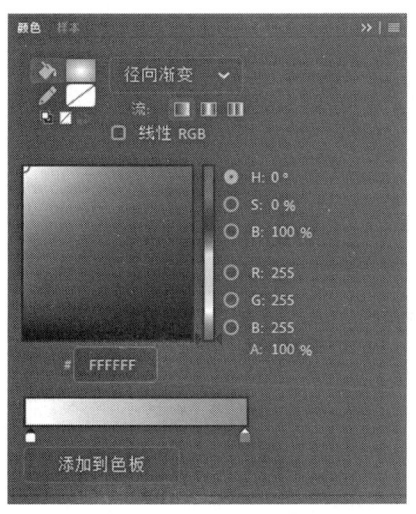

图5-99　"颜色"面板

图5-100　花朵效果

步骤14　在舞台中绘制一根花蕊，组合效果如图5-101所示，使用"任意变形工具" 调整花蕊的中心点，效果如图5-102所示。

步骤15　在"变形"面板中设置"旋转"为45°，如图5-103所示，单击"重制选区和变形"按钮7次，效果如图5-104所示，花朵整体效果如图5-105所示。

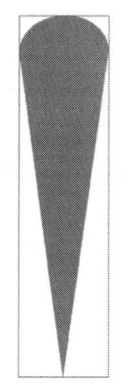

图5-101　花蕊效果

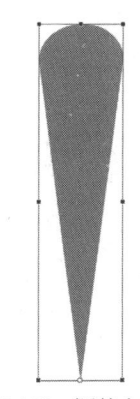

图5-102　调整中心点

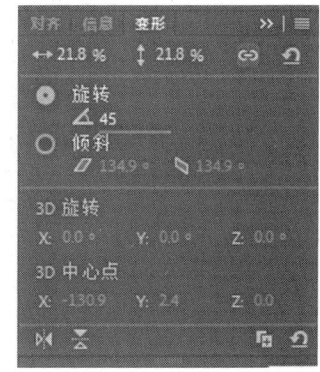

图5-103　"变形"面板

图5-104　花蕊效果

图5-105　花朵整体效果

步骤16　回到"花朵顺序"影片剪辑元件的元件编辑模式，右击，在弹出的菜单中选择"转换为元件"选项，打开"转换为元件"对话框，设置"名称"为"花朵动"，"类型"为"影片剪辑"，如图5-106所示，单击"确定"按钮。

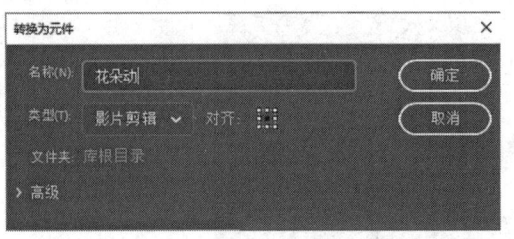

图5-106 "转换为元件"对话框

步骤17 双击"花朵动"影片剪辑元件,进入元件编辑模式,在"时间轴"面板中双击"图层_1",将其重命名为"花朵"。

步骤18 选择"花朵"图层的第30帧,按F6键插入关键帧;选择第50帧,按F5键插入帧;选择第1帧中的对象,使用"任意变形工具" ⬚ 以中心点为基点缩小对象,效果如图5-107所示。

步骤19 选择第1帧,右击,在弹出的菜单中选择"创建传统补间"选项,创建传统补间动画。

步骤20 在"时间轴"面板中单击"新建图层"按钮 ⊞,将新建图层命名为"AS",选择该图层的第50帧,按F7键插入空白关键帧。

步骤21 选择该帧,右击,在弹出的菜单中选择"动作"选项,打开"动作"面板,输入代码"stop();",设置动画在此帧处停止,如图5-108所示。

图5-107 调整效果

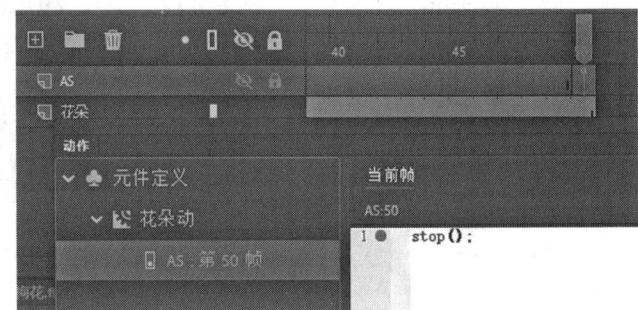

图5-108 "动作"面板

步骤22 回到"花朵顺序"影片剪辑元件的元件编辑模式,单击"花1"图层的第130帧,从"库"面板中将"花朵动"影片剪辑元件多次拖入舞台,将其随意放置在树枝上,效果如图5-109所示。

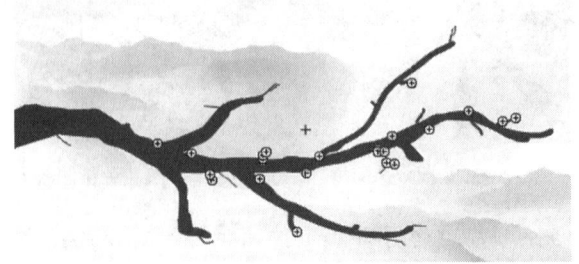

图5-109 调整效果

步骤23 在"时间轴"面板中单击"新建图层"按钮 ⊞,新建两个图层,将新建图层分别命名为"花2""花3"，分别选择两个图层的第150、170帧，按F7键插入空白帧。

步骤24 重复上一步操作，单击这两个图层的空白关键帧，从"库"面板中将"花朵动"影片剪辑元件多次拖入舞台，随意放置在树枝上，使花朵在不同的时间绽放，效果如图5-110、图5-111所示。

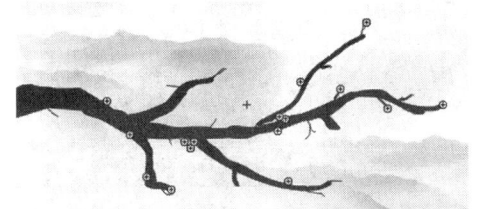

图5-110 "花2"图层花朵效果

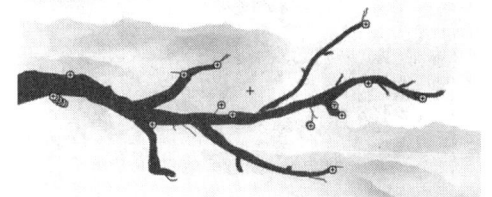

图5-111 "花3"图层花朵效果

步骤25 分别选择所有图层的第275帧，按F5键插入帧，在"时间轴"面板中单击"新建图层"按钮⊞，将新建图层命名为"AS"，选择该图层的第275帧，按F7键插入空白关键帧。

步骤26 选择该空白关键帧，右击，在弹出的菜单中选择"动作"选项，打开"动作"面板，输入代码"stop();"。

步骤27 回到主场景，选择"树枝顺序"元件，选择"修改"→"变形"→"水平旋转"菜单命令，调整其位置至右侧，制作树枝从右至左伸出画面的动画效果。

6. 编辑文本

步骤28 在"库"面板中单击"新建元件"按钮🔲，打开"创建新元件"对话框，设置"名称"为"文字"，"类型"为"影片剪辑"，如图5-112所示，单击"确定"按钮。

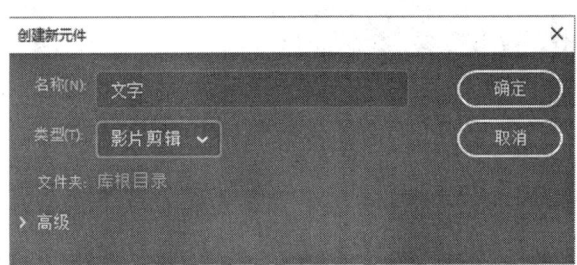

图5-112 "创建新元件"对话框

步骤29 在"时间轴"面板中单击"新建图层"按钮⊞，将新建图层命名为"文字"，选择"文字"图层的第110帧，按F7键插入空白关键帧。

步骤30 选择"文本工具"🅣，在其"属性"面板中设置"文本类型"为"静态文本"；在"字符"属性区中设置"字符"为"华文行楷"，"大小"为20 pt，"填充"为黑色，"呈现"为"使用设备字体"；在"滤镜"属性区中选择"斜角"滤镜，设置"模糊X"为7，"模糊Y"为4，"距离"为4，"阴影"为绿色（#666600），"类型"为"外侧"，如图5-113所示。

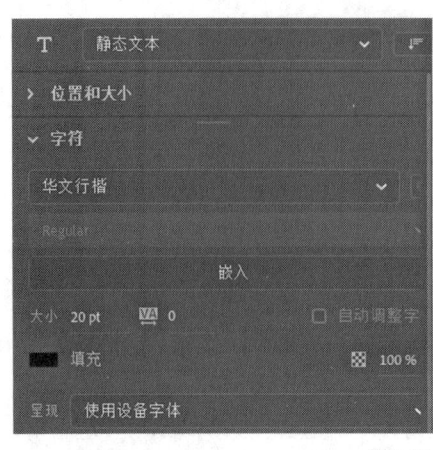
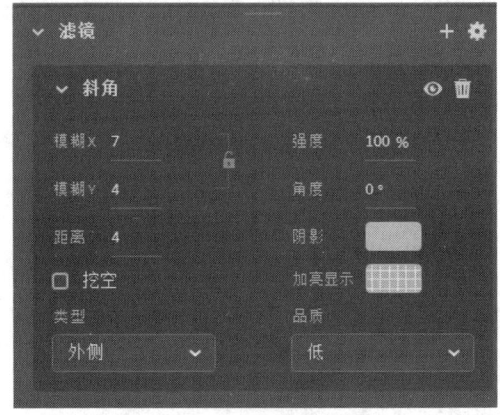

图5-113 "属性"面板

步骤31 在舞台左侧输入3列文本，从右至左分别是"梅花""墙角数枝梅，凌寒独自开""遥知不是雪，为有暗香来"，设置"梅花"的"大小"为28 pt，选中所有文本，右击，在弹出的菜单中选择"分散到图层"选项，效果如图5-114所示。

步骤32 绘制一条48 px的线段，笔触为黑色，将其放至"梅花"图层，效果如图5-115所示，删除"时间轴"面板中的多余图层。

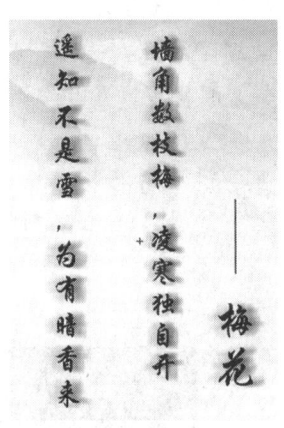

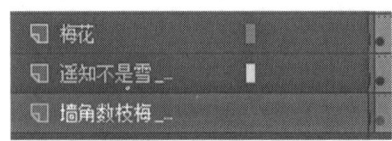

图5-114 分散到图层效果 图5-115 线段效果

步骤33 在"文字"影片剪辑元件的时间轴上，选择"遥知不是雪，为有暗香来"图层中的第110关键帧，将其拖至第210帧处；选择"墙角数枝梅，凌寒独自开"图层中的第110关键帧，将其拖至第160帧处；分别选择各图层中的第275帧，按F5键插入帧，时间轴效果如图5-116所示。

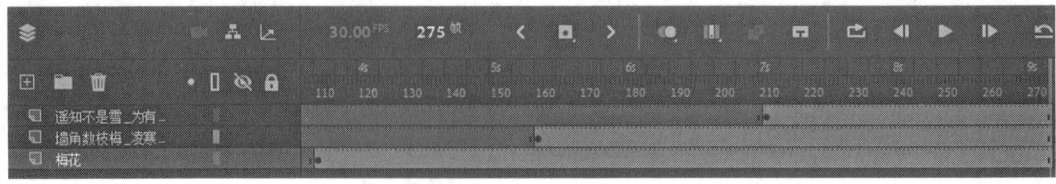

图5-116 时间轴效果

步骤34 在"时间轴"面板中单击"新建图层"按钮，将新建图层命名为"遮罩矩形1"，选择该图层的第110帧，按F7键插入空白关键帧，绘制一个33×254 px的矩形，在"属性"面板中设置"填充"为红色，无笔触，将矩形放至"梅花"图层中对象的最上方，效果如图5-117所示。

步骤35 选择矩形，右击，在弹出的菜单中选择"转换为元件"选项，打开"转换为元件"对话框，设置"名称"为"矩形"，"类型"为"图形"，如图5-118所示，单击"确定"按钮。

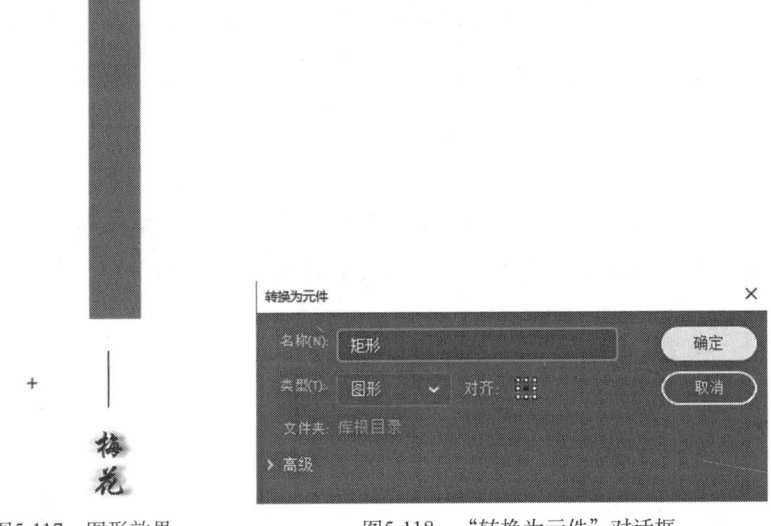

图5-117 图形效果　　　　　图5-118 "转换为元件"对话框

步骤36 复制图层"遮罩矩形1"两次，双击副本图层名称，分别重命名为"遮罩矩形2""遮罩矩形3"，如图5-119所示。

步骤37 选择"遮罩矩形2"图层的第160帧，按F7键插入空白关键帧；选择"遮罩矩形3"图层的第210帧，按F7键插入空白关键帧；分别拖动"矩形"图形元件至两个图层的空白关键帧处，调整矩形至文本的上方，效果如图5-120所示。

步骤38 分别选择"时间轴"面板中"遮罩矩形1"的第150帧，"遮罩矩形2"的第200帧，"遮罩矩形3"图层的第250帧，按F6键插入关键帧；分别将各帧中的矩形向下移动，使其遮住文本，效果如图5-121所示。

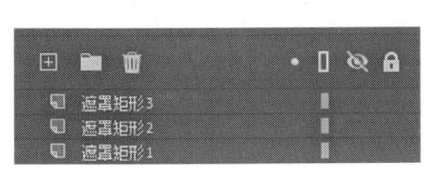

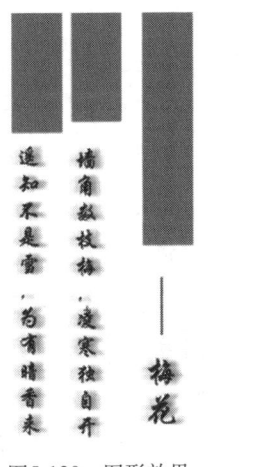

图5-119 重命名图层　　　　图5-120 图形效果　　　　图5-121 图形效果

步骤39 在"时间轴"面板中分别选择"遮罩矩形 1"图层的第 110 帧、"遮罩矩形 2"图层的第160帧和"遮罩矩形 3"图层的第210帧，右击，在弹出的菜单中选择"创建传统补间"选项，创建传统补间动画，时间轴显示如图5-122所示。

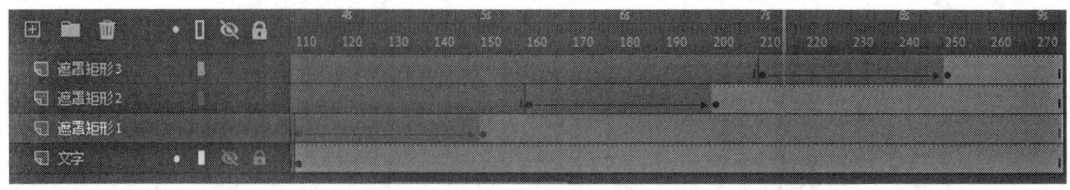

图5-122 时间轴效果

步骤40 调整文本图层和遮罩矩形图层的图层顺序，使其按照遮罩关系对应放置，如图5-123所示，再分别选择"遮罩矩形1""遮罩矩形2""遮罩矩形3"图层，右击，在弹出的菜单中选择"遮罩层"选项，遮罩层设置效果如图5-124所示，遮罩效果如图5-125所示。

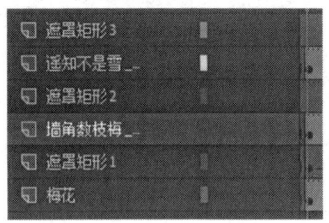

图5-123 调整图层顺序

图5-124 图层效果

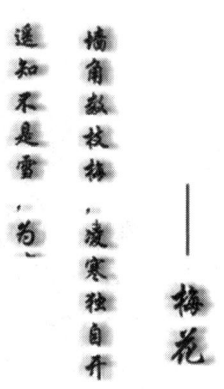

图5-125 遮罩效果

步骤41 在"时间轴"面板中单击"新建图层"按钮⊞，将新建图层命名为"AS"，选择该图层的第275帧，按F7键插入空白关键帧；按F9键，打开"动作"面板，输入代码"stop();"。

步骤42 按Ctrl+E组合键回到主场景，在"时间轴"面板中单击"新建图层"按钮⊞，将新建图层命名为"文字"，将"文字"元件拖入舞台，调整其至合适位置。

7. 编辑茶壶

步骤43 在主场景的"时间轴"面板中单击"新建图层"按钮⊞，将新建图层命名为"茶壶"，从"库"面板中将"茶壶"图片拖入舞台中的合适位置，将其调整至合适大小，效果如图5-126所示。

步骤44 选择"茶壶"图片，选择"修改"→"位图"→"转换位图为矢量图"菜单命令，打开"转换位图为矢量图"对话框，设置"颜色阈值"为10，如图5-127所示，单击"确定"按钮，矢量图效果如图5-128所示。

图5-126　将茶壶图片拖入舞台

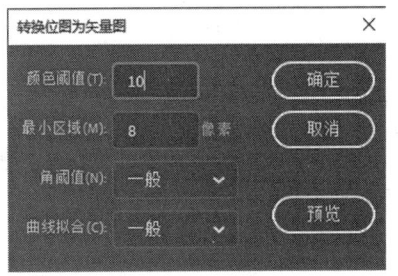
图5-127　"转换位图为矢量图"对话框

步骤45　取消选区，删除不需要的部分，选中矢量图，在"属性"面板中单击"创建对象"按钮█，组合效果如图5-129所示。

图5-128　矢量图效果

图5-129　茶壶效果

8. 编辑蝴蝶

步骤46　在主场景的"时间轴"面板中单击"新建图层"按钮█，将新建图层命名为"蝴蝶"，选择该图层的第1帧，从"库"面板中将"蝴蝶"图片拖入舞台中合适的位置。

步骤47　选择"蝴蝶"图片，右击，在弹出的菜单中选择"转换为元件"选项，打开"转换为元件"对话框，设置"名称"为"蝴蝶"，"类型"为"影片剪辑"，如图5-130所示，单击"确定"按钮。

图5-130　"转换为元件"对话框

步骤48　双击"蝴蝶"影片剪辑元件，进入元件编辑模式，选择"修改"→"分离"菜单命令或按Ctrl+B组合键，使用"线条工具"█将蝴蝶的翅膀和身体分别放置在不同的图层中，并将图层分别命名为"左翅膀""右翅膀""身体"，如图5-131所示。

图5-131　图层效果

步骤49　分别将这3个图层中的对象转换为图形元件，元件名称与图层名称一致，"库"面板中的元件显示如图5-132所示。

步骤50　在"蝴蝶"影片剪辑元件中，分别选择"左翅膀""右翅膀"图层的第4、7帧，按F6键插入关键帧，再分别选择"左翅膀""右翅膀"图层第4帧中的对象，然后分别使用"任意变形工具"调整其中心点至身体左、右侧并缩小对象的宽度，效果如图5-133所示，制作翅膀动画。

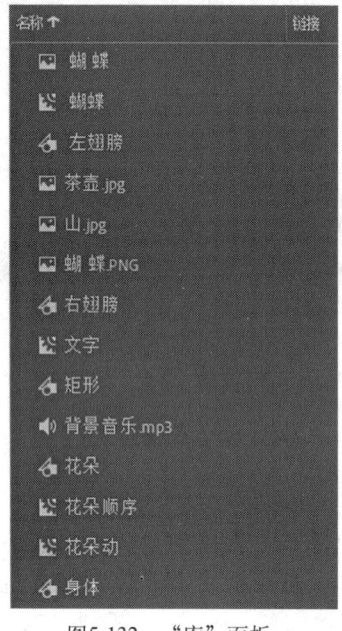

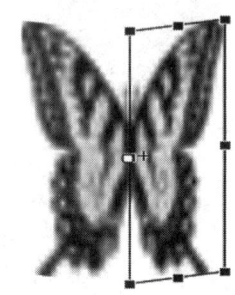

图5-132　"库"面板　　　　　　　　图5-133　调整中心点位置

步骤51　分别选择"左翅膀""右翅膀"图层的第1、4帧，右击，在弹出的菜单中选择"创建传统补间"选项，创建传统补间动画，时间轴显示如图5-134所示。

图5-134　时间轴效果

步骤52　回到主场景，将"蝴蝶"影片剪辑元件拖入舞台，将其放置在"茶壶"元件中茶碗的边缘，效果如图5-135所示，调整对象在舞台中的位置和方向。

图5-135　蝴蝶效果

9. 保存文件

步骤53 选择"文件"→"保存"菜单命令或按Ctrl+S组合键，打开"另存为"对话框，指定文件的保存路径，设置"文件名"为"茶文化宣传片"，"保存类型"为"Animate文档（*.fla）"，如图5-136所示，单击"保存"按钮。

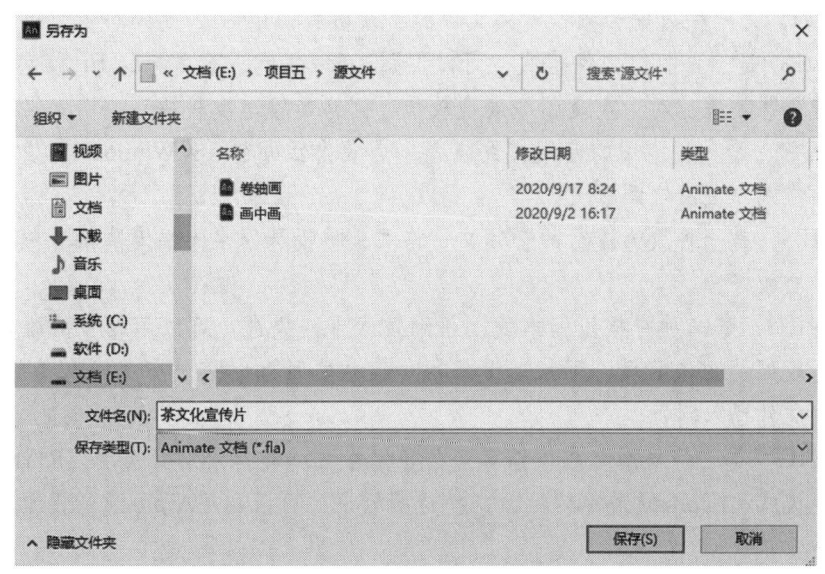

图5-136 "另存为"对话框

步骤54 选择"控制"→"测试"菜单命令或按Ctrl+Enter组合键，生成播放文件，效果如图5-137所示，本案例制作完成。

图5-137 最终效果

📖 扩展知识

常用文件格式

● SWF：是常用于多媒体、矢量图或ActionScript的Adobe Flash播放格式，以*.swf为后缀名，具有动画、交互性和声音等多种功能实现，需要安装Flash Palyer播放器插件才能快捷预览，使用方便、直接，具有占用空间小、画面清晰、成本低等优势。

- **FLV**：是一种可以导入或导出带编码音频的视频格式，采用H.263编码，体积小，视频质量良好，下载速度快。
- **F4V**：是Adobe公司推出的一种高清视频格式，采用H.264编码，码率最高可达到 50 Mb/s。
- **AVI**：是一种数据音频和视频文件的交错格式，允许音/视频同步回放。
- **GIF**：是一种图像文件格式，可以识别256种颜色，不支持24 bit彩色模式，支持透明效果，对于灰度图像表现较佳，网络传输速度较快。
- **WAV**：是一种常用的音频文件格式，是微软公司专门为Windows开发的数字音频格式，占用空间较大。
- **MP3**：是一种较为流行的音频文件格式，被设计用来大幅度降低音频数据量，音质较好。
- **JPEG**：是一种有损压缩格式，压缩技术十分先进，可以用较少的磁盘空间得到较好的图像品质，下载速度较快，但并非所有浏览器都支持将各种JPEG格式文件插入网页。
- **PNG**：是一种采用无损压缩算法的位图格式，支持索引、灰度、RGB这3种颜色模式和Alpha通道等特性，支持透明效果，可以利用Alpha通道设置图像的透明背景。

5.5 本章总结

通过对本章内容的学习，可以深入了解视频和音频的导入与应用，熟练掌握引导层和被引导层以及遮罩和被遮罩层的关系与运用。

5.6 练习与实践

➤ 单选题

1. 在Animate中，关于矢量图和位图下面说法正确的是（　　）。
   - A. 可以导入在其他应用程序中创建的矢量图和位图
   - B. 使用Animate的绘图工具绘制的图形为矢量图
   - C. 一般来说，矢量图比位图的文件大
   - D. 允许创建并生成动画效果的是矢量图
2. Animate中不是图层的类型有（　　）。
   - A. 遮罩层
   - B. 引导层
   - C. 标准图层
   - D. 声音图层

➢ **多选题**

1. 下列关于遮罩层说法正确的是（　　　）。

 A. 遮罩层图形的颜色会影响被遮罩层的效果

 B. 被遮罩层的内容只有透过遮罩层的形状才能显示出来

 C. 遮罩层必须位于被遮罩层的下方

 D. 遮罩层必须位于被遮罩层的上方

2. 在制作引导层路径动画时，使用（　　　）可以绘制出所需路径。

 A. 铅笔工具　　　　　　　B. 线条工具

 C. 矩形工具　　　　　　　D. 椭圆工具、矩形工具或画笔工具

3. 如果想设置在播放过程中音量逐渐变小的效果，则音频可被设置为(　　　)。

 A. 淡入　　　　　　B. 淡出　　　　　　C. 向右淡出　　　　　　D. 向左淡出

4. 控制当前影片剪辑元件跳转到"8"帧标签处开始播放的代码是（　　　）。

 A. gotoAndPlay("8");　　　　　　　　B. this.GotoAndPlay("8");

 C. this.GotoAndPlay("8");　　　　　　D. this.gotoAndPlay("8");

5. 在Animate中，打开"动作"面板的快捷键是（　　　）。

 A. F5　　　　　　B. F8　　　　　　C. F9　　　　　　D. F3

➢ **判断题**

1. MP3格式的声音文件可以被导入Animate中。

 A. 对　　　　　　　B. 错

2. 一个动画中只可以有一个场景存在。

 A. 对　　　　　　　B. 错

➢ **实训任务　制作古诗画卷轴展开的动画**

项目背景介绍

制作一个展开的古诗画卷轴，并添加细雨纷纷的特效。

设计任务概述

1. 设置文档。

2. 绘制舞台背景。

3. 导入素材，编辑文字，并加以组合。

4. 制作背景图片、雨丝和文本的动画。

5. 完成时间：40分钟。

设计参考图（见右图）

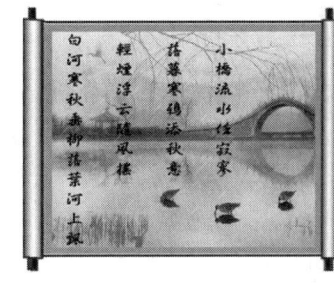

命令操作快捷键

➢ 文件

命令操作	快捷键	命令操作	快捷键
新建文件	Ctrl+N	另存为	Ctrl+Shift+S
从模板新建文件	Ctrl+Shift+N	退出	Ctrl+Q
打开文件	Ctrl+O	导入到舞台	Ctrl+R
在Bridge中浏览	Ctrl+Alt+O	导出影片	Ctrl+Alt+Shift+S
关闭文件	Ctrl+W	打开外部库	Ctrl+Shift+O
全部关闭文件	Ctrl+Alt+W	发布设置	Ctrl+Shift+F12
保存	Ctrl+S	发布	Alt +Shift+F12

➢ 视图

命令操作	快捷键	命令操作	快捷键
放大	Ctrl+=	显示/隐藏标尺	Ctrl+Alt+Shift+R
缩小	Ctrl+-	显示/隐藏网格	Ctrl+'
以100%显示	Ctrl+1	显示/隐藏辅助线	Ctrl+；
显示帧	Ctrl+2	锁定辅助线	Ctrl+Alt+；
显示全部	Ctrl+3	贴紧至对象	Ctrl+ Shift+U
舞台居中	Ctrl+0		

➢ 窗口

命令操作	快捷键
显示/隐藏"库"面板	Ctrl+L
注释选区	Ctrl+M
在编辑影片和编辑元件模式之间切换	Ctrl+E
显示/隐藏"时间轴"面板	Ctrl+Alt+T
显示/隐藏"工具"面板	Ctrl+F2
显示/隐藏"属性"面板	Ctrl+F3
显示/隐藏"动作"面板	F9
显示/隐藏"编译器错误"面板	Alt+F2
显示/隐藏"对齐"面板	Ctrl+K

命令操作	快 捷 键
显示/隐藏"颜色"面板	Ctrl+Shift+F9
显示/隐藏"信息"面板	Ctrl+I
显示/隐藏"样本"面板	Ctrl+F9
显示/隐藏"变形"面板	Ctrl+T
显示/隐藏"组件"面板	Ctrl+F7
显示/隐藏"历史记录"面板	Ctrl+F10
显示/隐藏"场景"面板	Shfit+F12
隐藏面板	F4

➤ 编辑和修改

命令操作	快 捷 键	命令操作	快 捷 键
组合	Ctrl+G	前进	Ctrl+↑
取消组合	Ctrl+Shift+G	后退	Ctrl+↓
分离	Ctrl+B	移至顶层	Ctrl+Shift+↑
粘贴到当前位置	Ctrl+Shift+V	移至底层	Ctrl+Shift+↓
复制	Ctrl+C	缩小字母间距（字距微调）	Ctrl+Alt+←
直接复制	Ctrl+D	扩大字符间距（字距微调）	Ctrl+Alt+→
全选	Ctrl+A	文档属性	Ctrl+J
取消全选	Ctrl+Shift+A	转换为元件	F8

➤ 插入

命令操作	快 捷 键
新建元件	Ctrl+F8
插入帧	F5
插入关键帧	F6
插入空白关键帧	F7

➢ 控制

命令操作	快捷键
播放	Enter
后退	Shift+,
转到结尾	Shift+.
前进一帧	.
后退一帧	,
向前步进至下一个关键帧	Alt+.
向后步进至上一个关键帧	Alt+,
测试	Ctrl+Enter
测试场景	Ctrl+Alt+Enter

➢ 其他

命令操作	快捷键
取消所选对象的旋转或缩放	Ctrl+Shift+Z
将选区向左旋转90°	Ctrl+Shift+7
使用数值缩放和/或旋转所选内容	Ctrl+Alt+S
自动设置编辑器代码格式	Ctrl+Shift+F
显示隐藏字符	Ctrl+Shift+8
取消突出显示所选项目	Ctrl+Shift+E
显示帧脚本导航器	Ctrl+Alt+[
显示/隐藏补间形状提示	Ctrl+Alt+|
在最前端模拟中打开一个新窗口，它是活动窗口的副本	Ctrl+Alt+K
显示或更改当前影片中的场景列表	Shift+F2
将绘图纸外观标记在两个方向增加相等的大小	Ctrl+向右/左移动
将整个绘图纸外观标记分别向右/左移动	Shift+向右/左移动
帮助	F1

参 考 文 献

[1] 孔祥亮, 冯彦乔. Animate CC 2019动画制作案例教程 [M]. 北京: 清华大学出版社, 2020.

[2] 丁珏. Animate 动画设计与制作项目教程 [M]. 苏州: 苏州大学出版社, 2021.

[3] 徐艳. Adobe Animate CC动画设计与制作 [M]. 北京: 北京希望电子出版社, 2021.

[4] 邱相彬. Animate交互动画课件设计与制作 [M]. 北京: 电子工业出版社, 2021

[5] 刘佳, 於水. Animate CC二维动画制作 [M]. 北京: 北京联合出版有限公司, 2022.

[6] 李婷. Animate CC 动画制作案例教程 [M]. 北京: 电子工业出版社, 2022.

[7] 卢连梅. Animate CC课件制作案例教学经典教程: 第2版 [M]. 北京: 电子工业出版社, 2022.

[8] CHUN R. Adobe Animate 2021经典教程 [M]. 北京: 人民邮电出版社, 2022.

[9] 黄培忠. Animate 二维动画制作 [M]. 北京: 科学出版社, 2022.

[10] 曾凡涛. Animate动画设计教程 [M]. 北京: 人民邮电出版社, 2022.